国家自然科学基金（41272278）
皖北煤电集团公司科研项目（2010-02）
教育部高等学校博士学科点专项科研基金（20123415110002）
安徽高校科研平台创新团队建设项目（2016-2018-24）资助

基于采动效应分析的
煤层底板注浆改造效果研究

吴基文　翟晓荣　段中稳　沈书豪　窦仲四　孙本魁　魏大勇　著

科 学 出 版 社

北 京

内 容 简 介

本书以皖北恒源煤矿为研究对象，采用理论分析、实验室试验、数值模拟、现场测试等研究方法，以钻探和物探为主要手段，在对井田 6 煤底板突水危险性预评价的基础上，提出底板含水层注浆改造方案，介绍了底板含水层注浆改造工程实施过程，研究注浆前后底板岩体结构特征及其差异性；建立了五种不同的底板工程地质模型，模拟分析注浆前后各种结构类型底板的采动效应；对注浆改造底板采动效应进行监测，并与非注浆工作面底板采动效应进行对比，揭示注浆前后工作面底板采动变形破坏特征的差异性及其岩体结构控制机理，评价底板加固与含水层注浆改造效果，为承压水体上煤层安全高效开采提供水文地质保障。研究成果对皖北矿区乃至华北矿区类似条件的矿井水害治理具有重要的指导意义。

本书可供地质工程、勘查技术与工程及矿井地质灾害防治等专业从事相关课题研究的科研人员、工程技术人员及大专院校的师生参考。

图书在版编目（CIP）数据

基于采动效应分析的煤层底板注浆改造效果研究/吴基文等著. —北京：科学出版社，2016

ISBN 978-7-03-051098-3

Ⅰ．①基… Ⅱ．①吴… Ⅲ．①煤层–含水层–注浆加固–研究 Ⅳ．①TD265.4

中国版本图书馆 CIP 数据核字（2016）第 308950 号

责任编辑：焦 健 韩 鹏/责任校对：张小霞
责任印制：肖 兴/封面设计：铭轩堂

科 学 出 版 社 出版
北京东黄城根北街 16 号
邮政编码：100717
http://www.sciencep.com

中国科学院印刷厂 印刷

科学出版社发行 各地新华书店经销

*

2016 年 12 月第 一 版 开本：787×1092 1/16
2016 年 12 月第一次印刷 印张：14 3/4
字数：349 000
定价：198.00 元

（如有印装质量问题，我社负责调换）

前　　言

高产高效是当今世界发达国家煤炭工业先进水平的标志，是我国煤炭工业发展的方向。影响煤炭高产高效生产的因素，除了采煤方法、采掘机械及运输、通信、安全等配套技术外，主要取决于资源条件和开采地质条件。水文地质条件是影响矿井煤层安全高效开采的重要开采地质条件之一，煤矿水害防治是保证煤层安全开采的重要措施。矿井突水是一种煤炭资源开发中由来已久的灾害性地质现象，突水的结果往往造成重大经济损失和人员伤亡事故。据不完全统计，在过去 20 年里就有 250 多个煤矿被淹，经济损失高达 350 亿元人民币，同时对矿区水资源与环境也造成巨大的破坏。因此，开展煤矿水害防治研究是十分必要的。

底板突水是我国煤矿矿井水害的主要形式，尤其是华北煤田，底板突水引起的矿井水害普遍且突出，55%以上的矿井水害是由底板突水引起的。此类水害事故的发生，对我国当前受底板承压水威胁的煤炭资源的开采产生了限制，因此，如何实现承压水体上压煤的安全回采已成为华北型煤田众多矿井所共同面对的热点问题。

高承压岩溶水体上煤层开采主要采用"深降强排"和"带（水）压开采"两种方法。"深降强排"法开采虽然技术可靠性较高，但排水费用也高，不仅会使生产成本明显提高，而且造成水资源浪费，导致地质环境和生态环境的严重破坏。与其相比，承压水体上带压开采不仅具有生产成本低的优点，而且可以有效减低对地质环境的干扰，利于地面资源和环境的保护。目前，实现"带（水）压开采"主要采用底板注浆加固和含水层改造技术，即底板注浆改造技术，已在许多煤矿进行过实践，取得了很好的效益。但是，对底板注浆改造效果还只是定性的评价，没有上升到定量研究，注浆改造后底板工程地质与水文地质条件如何改变，也缺少系统评价。在底板采动效应方面的研究成果大多是对于非注浆工作面底板进行的，底板注浆改造效果如何评价，这方面至今还缺乏系统研究。鉴于此，作者在多项基金的支持下，与皖北煤电集团公司合作，开展了基于采动效应分析的底板含水层注浆改造效果研究，取得了多项研究成果和显著的经济效益、社会效益，其中一项研究成果经同行专家鉴定达到了国际先进水平，并获得 2013 年度中国煤炭工业协会科学技术奖二等奖和 2013 年度安徽省宿州市科学技术奖一等奖。研究成果对皖北矿区乃至华北类似条件的矿井水害防治均有重要的指导意义和应用价值，具有广阔的推广应用前景。本书就是在这些研究成果的基础上完成的。

本书以皖北煤电集团恒源煤矿为依托，在系统分析矿区和井田地质和水文地质条件的基础上，采用五图-双系数法对矿井 6 煤层底板突水危险性进行了综合评价；以恒源煤矿Ⅱ615、Ⅱ6117 和Ⅱ6112 工作面底板水害防治工程为研究对象，采用理论分析、实验室试验、数值模拟、现场测试、物探和钻探等研究方法，系统开展煤层底板注浆加固与含水层改造效果研究。提出底板含水层注浆改造方案，对比研究注浆前后底板工程地质与水文地质特征，基于底板采动效应的原位监测和数值模拟，评价注浆效果，揭示底板采动效应的岩体结构控制机理，为高承压岩溶水体上煤层开采底板注浆改造水害防治技术提供理论支撑。并将研究成果应用于煤矿生产实际，取得了显著的经济效益和社会效益。

本书共九章，由吴基文教授、翟晓荣讲师、段中稳教授级高级工程师、沈书豪博士研究生、窦仲四博士研究生、孙本魁教授级高级工程师和魏大勇教授级高级工程师合作完成。其中前言、第1章、第8章、第9章由吴基文教授和段中稳教授级高级工程师合作撰写，第2章、第4章由孙本魁教授级高级工程师、魏大勇教授级高级工程师和窦仲四博士生合作撰写，第3章由沈书豪博士生和吴基文教授合作撰写，第5章、第6章由吴基文教授、沈书豪博士生和翟晓荣讲师合作撰写，第7章由翟晓荣讲师和窦仲四博士生撰写，全书由吴基文教授统稿。

本书研究工作自始至终得到了皖北煤电集团公司总工程师吴玉华教授级高级工程师、安徽恒源煤电股份有限公司总工程师孔一凡教授级高级工程师以及通防地测处易德礼高级工程师、胡荣杰工程师、王道坤工程师等的热情指导和大力支持。在现场资料收集、采样与测试过程中，得到了安徽恒源煤电股份有限公司煤矿（恒源煤矿）总工程师李承军高级工程师、王继华高级工程师、崔亚利工程师以及地测与钻探注浆公司技术人员的大力帮助。

自2010年以来，安徽理工大学张平松教授、吴荣新教授、肖玉林博士研究生以及吴基文教授的研究生韩云春、颜恭彬、黄伟、邱国良、张郑伟、彭涛、王浩、李博、宣良瑞、郭艳、郑晨、彭军、郑挺等做了大量的现场资料收集与室内外试验工作。研究生王广涛和靳拓参与了本书插图的清绘工作。

借本书出版之际，作者对以上各位专家、老师和朋友们对本项研究和本书出版的指导、支持和帮助表示衷心感谢！对本书引用文献中作者的支持和帮助表示衷心感谢！向参与本项研究的同事和研究生们表示衷心感谢！

本著作的研究和出版得到了国家自然科学基金（41272278）、教育部高等学校博士学科点专项科研基金（20123415110002）、皖北煤电集团公司科研项目（2010-02）和安徽高校科研平台创新团队建设项目（2016-2018-24）的资助。在此表示衷心感谢。

限于研究水平和条件，书中难免存在不足之处，望读者不吝赐教。

2016 年 11 月于安徽淮南

目　　录

第1章 绪 论

1.1 研究目的和意义

我国是世界上矿山水害最严重的国家之一，煤矿床水文地质条件十分复杂。随着煤炭需求的增加，开采不断向深部发展。然而，由于深部的地下水、地温、地应力等对开采不利的因素很多，导致开采的风险性也随之加大。特别是矿井突水事故，已成为当今煤矿安全生产中急需解决的现实问题（邢一飞等，2016）。底板突水是我国煤矿矿井水害的主要形式之一（魏久传、李白英，2000；彭苏萍、王金安，2001；孟如平等，2011；贾星磊，2014），尤其是华北煤田，底板突水引起的矿井水害普遍且突出，55%以上的矿井水害是由底板突水引起的（李金凯，1990）。据不完全统计，在1956~1994年不足40年时间里，中国北方煤矿发生底板突水事故1300余次，其中导致淹井的重、特大事故200余次，造成数十亿元的经济损失，人员伤亡达数千人（高延法等，1999；邢一飞等，2016）。此类水害事故的发生，对我国当前受底板承压水威胁的煤炭资源的开采产生了限制，同时也对煤炭开采的经济效益和安全性产生了负面影响。因此，如何实现承压水体上压煤的安全回采已成为华北型煤田众多矿井所共同面对的严重问题。

高承压岩溶水体上煤层开采底板水害防治主要有两种方法：一种方法是"深降强排"法，主要是通过疏放太厚组灰岩水（太灰水）达到降低水压的目的，该方法技术可靠性较高，但排水费用高，并且造成水资源浪费，特别是对于深部采区，由于其水压高、降压慢、疏放时间长、疏降困难，影响生产接替，应尽量少用或不用；另一种方法是"带（水）压开采"，主要采用底板注浆加固和含水层改造技术，即底板注浆改造技术，通过增加底板隔水层强度和隔水层厚度，使受注含水层改造为不含水层或弱含水层，实现带压开采，该方法是解决底板突水威胁的有效途径之一，能够消除重大突水隐患，实现矿井安全生产，同时可减少排水量、节约排水费用、降低成本，并且保护了水资源，达到节能减排的效果，对于深部矿井底板灰岩水害防治效果更加明显。该方法已在全国多个煤矿进行了应用，取得了显著的经济效益和社会效益。但是，对于底板注浆改造效果的研究还主要限于定性评价，定量方面的研究较少。注浆改造后底板工程地质与水文地质条件如何改变，注浆底板采动效应即变形破坏特征有何差异，底板注浆改造效果如何评价等，这些方面的系统研究还十分欠缺。因此，无论从煤炭资源的安全开采，还是从环境保护来看，对承压水体上煤层开采的研究，都具有重要的现实意义。通过对注浆前后工作面底板工程地质与水文地质条件的对比，研究其采动效应的差异性，评价工作面底板注浆改造效果，为高承压岩溶水体上煤层开采底板注浆改造控水技术提供理论支撑，为底板突水危险性预测和评价提供可靠数据，为承压水体上安全高效绿色开采提供地质保障。

1.2   国内外研究进展

1.2.1   岩体改造研究进展

地质工程的基本理论有三个层次，即岩体结构控制、工程地质体控制和工程地质过程改造与控制。所谓岩体是指赋存于一定的地质环境中，由一些不连续结构面的切割所形成一定的岩体结构的地质体（谷德振，1985）。孙广忠（1988）指出岩体不是简单的连续介质材料，而是在岩体结构控制下具有多种力学性质和力学模型，该理论的提出推动了工程地质的发展。地质体改造技术逐渐成为地质工程的一项重要任务，岩体改造包括岩石改造、岩体结构改造和岩体所处环境改造。在岩体改造方面，注浆技术就是一种重要手段。在我国煤矿防治水中，注浆技术得到了广泛的应用，已经积累了丰富的经验（王国际，2000）。在山东的肥城矿区、河南的焦作矿区、安徽的淮北矿区等地都运用过注浆技术对煤矿进行过防治水，而且取得了较好的效果，有些方面已达到国际先进水平。如于树春（1997）、李长青（2005）、王心义（2005）等人在研究煤层底板含水层改造过程中都使用了注浆技术，取得了良好的效果。但是，他们没有对注浆后的底板在采动过程中的变形破坏特征进行研究。

1.2.2   底板采动效应机理研究进展

煤层底板的采动效应涉及底板的变形和破坏，从而影响底板阻水性能。国内外很多学者对煤层底板采动效应进行了大量研究，为底板水的防治提供了可靠的依据。

1. 国外研究进展

不同国家的地质条件和煤层赋存状态有所不同，煤层底板突水问题在其他一些国家并不存在，如美国、加拿大、澳大利亚和英国等。在煤矿开采过程中受到底板突水危害的国家只有匈牙利、波兰、南斯拉夫、西班牙等。由于这些国家对煤矿开采已经超过一百多年的时间，因此在底板突水机理方面的研究处在领先的水平。大约在 20 世纪初，西方的专家就开始关注煤层底板隔水层的作用，通过积累并分析大量的煤层底板突水资料得出：如果煤层底板存在着隔水层，那么底板突水事故就会相应减少（山东矿业学院，1990；冶金工业部鞍山黑色冶金矿山设计院，1983），随着隔水层厚度的增加，底板突水次数和突水量会相应减少。匈牙利的学者韦格弗伦斯在 1944 年首次提出了一个新的概念——"底板相对隔水层"。他的观点是底板突水受到底隔厚度以及底板承压水的水压力大小的共同影响；1948 年苏联专家斯列萨列夫将采空区的底板岩层看成是两端固定的梁，在梁的底部受到均匀分布的荷载，并给出了预测煤层底板突水的计算公式（杨成田，1981；魏志勇，1997）；20 世纪 50 年代后，国外主要研究岩体结构与阻水能力的关系，以及岩体强度与抗破坏的关系；苏联专家为了研究底板岩层的变形过程，使用了相似材料立体模型；多尔恰尼诺夫（1984）等学者认为，在高应力的作用下，岩体或支承压力区呈现出渐进脆性破坏的现象，其破坏形式体现在裂隙渐渐扩展并且发生沿裂隙的剥离和掉块，从而促使底板高承压水突入矿井。20 世纪 60 年代至 70 年代，底板突水机理研究在静力学理论基础上，研究者也强调了地质因素的重要性，主要是考虑隔水层岩性和强度。其代表性成果是匈牙利和南斯拉夫等学者提出的相对隔水层厚度，即以泥岩抗水压的能力作为标准隔水层厚度，将其他不同岩性的岩层换算成泥岩的厚度，并以其作为判断承压水上开采煤层底板突水与否的标准。这样换算后的等值厚度，不仅仅是厚度的概念，其中包含有强度要素。20 世纪 70 年代至 80 年代末期，很多学者从更广阔的角度研究了底板的破坏机理。其中最有代表性的是 C.F.Santos、Z.T.Bieniawski 等。他们基于改进的 Hoek-Brown 岩体强度准则，并引入临界能量释放点理论以及取决于岩石性质和承受破坏应力前的岩石已破裂程度和与岩体指标 RMR 相关的岩体质量参数（m，s），分析了底板的承载能力。苏联学者 A. A. Ворисов 首先采用相似材料立体模对采空区底板岩层的变形进行了研究，Faria 等从岩石力学的角度研究了底板破坏机理，这些理论与方法对矿井突水研究具有重要的指导作用（Salis and Duckstein，1983；布雷斯、布朗，1990；Singh and Jakeman，2001；Kuznetsov and Trofimov，2002； Nevolin *et al.*，2003；Wolkersdorfer and Bowell，2005）。

2. 国内研究进展

关于煤层底板方面的研究在中国起步比国外要晚一些，但距今也经过了约 40 年的时间。在研究的初始阶段，还是主要依靠国外的经验进行研究，而现在主要依据我国当前的具体国情和各矿区具体的地质条件，进行现场观测，然后有针对性地进行科学研究，逐渐发展形成了一套具有鲜明特色的理论体系和评价方法。

20 世纪 80 年代至 90 年代，淄博矿务局和张金才均认为采空区底板岩层是四端固支的板，而且其下部受到均布水压力的作用，上部受到采动破坏带重力的作用及隔水带体力的作用（张金才，1989）。对底板进行弹塑性分析的时候使用的是结构力学理论，可以得出煤层底板所能具有的最大水压力的弹性及塑性理论解，当煤层底板承受的实际水压力小于最大水压力时，说明可以进行煤层的安全开采，反之则底板突水事故就有可能发生。另外，张金才等则从力学理论角度进行了分析，提出底板岩体是由采动导水裂隙带和底板隔水带所组成，称之为岩体的"两带"模型（张金才、刘天泉，1993；张金才、肖奎仁，1993），并且给出了其厚度的计算公式；王作宇（1992）依据塑性滑线场理论共同计算出了另一种模型，能体现出底板塑性破坏区域的形态和破坏深度；张金才、刘天泉（1990）对煤层底板采动裂隙带的深度和展布形态进行了仔细的分析，研究得出了煤层底板导水裂隙带深度的计算方法；张金才等（1997）专家利用弹性和塑性理论对长壁工作面、条采工作面的围岩应力以及煤层底板破坏深度进行了研究，最后给出其计算公式。钱鸣高等（1995）将底板在破坏前的老底看做是板结构，而采动破坏以后的块状结构底板看作为"砌体梁结构"，并综合考虑到其受断层的影响，采用板的极性分析理论，得出在不同边界条件约束下，底板破坏最大荷载的形态分布以及底板最大变形点位置，并且采用 S-R 稳定理论，分析得出了在破坏后底板块状岩体结构的稳定条件和范围，这是底板突水条件的理论依据。施龙青（1998）在把隔水底板作为脆性岩体的基础上，对采空区导水断裂面、不导水断裂面分别进行力学研究，提出在相同条件下，深部比浅部煤层的开采容易产生诱发断裂突水事故，而且随着矿压增大，这种现象越易发生，矿压的增加可能会导致不导水型断裂转化为导水型断裂（施龙青、宋振骐，1990）。李运成等（2006）对层状底板岩层结构的采动效应进行了研究。吴基文等（2011）以岩体工程地质力学和岩体结构力学理论为指导，基于原位测试、相似材料模拟、数值模拟等方法，研究了底板采动的应力分布特征、变形破坏深度及其岩层组合结构、地质构造的控制特点，以及岩体结构对底板采动效应的影响机制及规律，总结提出了底板采动效应的岩体结构控制作用机理，揭示了底板采动变形破坏的分带性特征。翟晓荣（2015）对流固耦合条件下不同深度煤层开采底板破坏特征进行了综合分析与对比，深部高地应力及高承压水耦合作用下，煤层底板采后破坏形态与浅部明显不同，揭示了矿井深部煤层底板采动破坏特征及其突水机理。

目前关于底板采动效应研究的主要理论有以下三种：

一是岩-水应力关系说。该学说由煤炭科学研究总院西安分院于20世纪90年代提出（杨善安，1994；朱第植、王成绪，1998）。根据现场的矿压观测和底板岩体变形规律，发现矿压和底板承压水压力共同作用才是导致底板突水重要原因。工作面底板一般在超前支撑压力的影响下，会使采空区前后方的底板岩层呈现压缩状态；而如果在煤壁边缘和采空区以内，由于卸压的作用，底板岩体就会处于卸载的膨胀状态。底板岩体由压缩状态向膨胀状态转变时，其过程中会产生剪切和拉张破坏。当导水断裂的产状与采动破坏变形带达到一致的时候，底板突水危险性就会增加，所以一旦底板的承压含水层有丰富的水源及较大的水压就会发生突水事故。岩水应力关系法，从物理和应力概念方面来理解，认为底板突水应当具备以下条件，即：存在导水裂隙带，而且使底隔破坏到一定深度，并与下部导升高度相连通或者波及下部含水层。该学说虽然综合考虑了岩石、水压和地应力的影响，揭示了其突水情况发生的动态机理，但是对采动导水裂隙带和承压水的再导升问题及岩体的抗张强度等问题没有得出定量的结论。

二是"下三带"理论。"下三带"概念是由李白英等（1988）提出的，即：采动底板破坏带、完整岩层带及原始导高带，通过实验研究发现底板破坏深度与采面斜长之间呈线性关系，是底板变形理论研究领域的一项新的成果，完整岩层隔水带可以阻隔底板突水。"下三带"理论阐述了底板突水机理，即底板的突水一方面是由于底板强度小于底板承压水的水压力，另一方面是因为在承压水的水压力和矿山压力的共同作用使底板的原始导升带提高，使得含水带与导水带之间连通从而导致底板突水。可以将单位厚度的完整岩层的阻水能力作为底板突水的判断标准。这种判定方式和突水系数的原理实际是一样的。"下三带"理论只是从概念上提出了"下三带"，没有清晰地阐述第一、三带的受力状态、第二带的破坏机制、断层构造和边界条件等影响。生产实践证明，"下三带"模型随煤层开采深度的加深而表现出与实际情况不符程度的增加。所以，"下三带"理论的推广和应用受到了限制。

在开采煤层底板的"下三带"理论的基础上，施龙青和韩进（2005）提出了"四带"划分理论，即：矿压破坏带、新增损伤带、原始损伤带和原始导高带。与"下三带"划分理论对比分析，根据它们的共同点和不同点，可以推出开采煤层底板"四带"划分理论中各带厚度的计算公式，并且得出底板突水判别方法。

三是原位张裂与零位破坏理论。在研究煤层底板效应的基础上，王作宇和刘鸿泉（1993）提出了"原位张裂和零位破坏理论"，即在矿压和水压的共同作用下，超前压力压缩段的岩体在整个结构上呈现出上半部受到水平方向的挤压力作用、而下半部则受到水平方向的拉张，所以在岩体中部附近的底面上会产生原位张裂。有人认为底板岩体结构状态的质变是由超前压力压缩段的过渡引起的，处于压缩状态的岩体应力急剧增加，致使岩体的保留能小于围岩的贮存能，岩体就以脆性破坏的形式释放出残余弹性应变能，使能量重新达到平衡，从而达到底板岩体零位破坏的效果，而影响这种零位破坏情况的基本参数是底板岩体的内摩擦角的大小。能够引起底板产生破坏的前提是顶板自重应力场产生的采场支承压力，控制底板的最大破坏深度的基本条件是煤柱煤体塑性破坏宽度。该理论在原来的基础上进一步引用塑性滑移线场理论对采动底板的最大破坏深度进行分析研究。最终在突水判据上，仍然选择采用突水系数的概念，所以该理论依然没有摆脱突水系数法和下三带理论存在的那些问题。

1.2.3　底板采动效应研究方法进展

相似材料模型试验和数值分析是底板采动变形破坏研究的重要方法。底板采动变形破坏现象、采动底板应力分布特点及底板位移规律主要是通过相似材料模型试验和数值模拟分析发现的，试验、分析成果对于丰富底板水害防治理论具有重要意义。

自苏联学者 А.А.Борнсоь 采用相似材料模型成功模拟显现了底板采动过程的变形特点后（黎良杰，1996），我国煤炭科学研究总院开采研究分院、西安科技大学、山东科技大学、中国矿业大学、中国科学院地质研究所等单位相继将这项试验技术引入了顶底板采动变形的模拟研究（蒋金泉、宋振骐，1987；李鸿昌，1988；申宝宏、张金才，1989；王金安，1990；中国科学院地质研究所，1992；黎良杰、钱鸣高，1995；黎良杰等，1997）。

与顶板变形破坏模拟研究相比，底板采动模拟的模型在技术合理性方面有其局限性，如底板承压水压力采用限位弹簧模拟，难以真实反映承压水的导升、运移及其渗流作用对含有断层、裂隙等构造的煤层开采的影响。另一方面，底板变形主要是由采动压力引起的，但相似材料模型多限于平面应力状态，模拟显现的底板变形破坏往往与三维状态下底板位移规律存在一定出入，这也是相似材料模型试验的重要缺陷。

尽管如此，相似材料模型试验直观显现的底板采动变形基本特征对于了解底板采动效应宏观规律仍具有不可替代的重要作用。已有的一些重要研究发现，采动过程顶板来压与底板变形的关联性（王金安，1990；李海梅、关英斌，2002；王吉松等，2006）、断层附近变形的扩大效应（王金安，1990；王经明等，1997；冯启言、陈启辉，1998）、岩体结构、岩层组合对于底板采动变形的制约作用等均是由模型试验揭示的（黎良杰、钱鸣高，1995；黎良杰等，1997）。

数值分析方法在煤矿底板水害研究中得到广泛推广应用始于 20 世纪 80 年代早期，美国、英国、德国、日本等国较早地采用数值方法进行顶、底板采动应力、变形破坏规律的模拟分析（Gerard，1982a，1982b；Oad，1986；克赛如，1987），国内也在较短的时间内引入并推广了这项技术，高航、肖洪天、任德惠等相继发表了采动过程底板应力变化、煤柱变形、煤层底板移动规律等方面的数值分析结果（高航、孙振鹏，1987；肖洪天等，1989；任德惠，1989）。

20世纪90年代后期，随着计算机应用科学的进步，数值分析在底板水害防治研究领域不断得以拓展，模型的科学性和仿真程度不断提高，研究成果也不断丰富。许学汉和王杰（1992）通过三维数值模拟进行的底板采动应力变化规律研究，毕贤顺和王晋平（1997）关于外载荷、孔隙水压与底板变形关系的数值分析，褚廷民、谭可夫（1999）利用三维有限元数值分析方法进行的岩层组合、矿压强度对底板破坏空间的影响研究、李连崇（2003）就底板采动破坏与矿井突水关联机制进行的数值分析等，均模拟了多种因素复合影响下的底板采动效应显现特点及底板突水规律，其研究方法、研究成果具有典型意义和代表性。

现场原位实测是工程地质、水文地质条件研究的最重要手段。在水利、公路、铁路、城建等工程领域，堤坝、边坡、隧道、硐室、深基坑的应力、变形或位移实测早在20世纪80年代之前就已普及应用（铁科院西南研究所，1978；Duncan Fama and Pender，1980；中国科学院地质力学研究所、国家地震局地震地质大队，1981；Chen and Wan，1984； Kuriyagawa *et al.*，1989）。20世纪80年代以后，现场原位实测技术也陆续引入到矿井地应力、顶底板变形、构造导水性等方面的研究（刘盛东、李承华，2000；王辉、黄鼎成，2000；邱庆程、李伟和，2001；宿淑春等，2001；张平松，2004；张平松等，2004），对于底板采动应力分布、底板变形和破坏范围，目前可通过多种先进技术（压水测试、声波、超声成像等）实现现场实测（程九龙等，1999；程九龙，2000；王希良等，2000；张红日等，2000；张文泉等，2000；程学丰等，2001，2004；关英斌等，2003；刘传武等，2003；朱术云等，2009；苏培莉等，2014），其实测结果不但是反映底板采动效应的第一手资料，也为试验、理论分析提供了可靠的验证依据。

通过以上理论分析可以看出，底板结构和底板突水机理方面的研究已取得了重大进展，对承压水体上采煤起到了重要的推动作用。但是，这些研究只是针对未经注浆改造的煤层底板。煤层底板经过注浆改造后，其岩体结构发生了改变，相比于未进行改造的底板，采动变形破坏影响的范围是否有所变化，这方面还缺乏系统研究。本书针对注浆改造底板，通过建立工程地质模型，运用计算机技术进行数值模拟，模拟在一定条件下开采时注浆和未注浆底板变形破坏情况、应力应变场变化规律，并通过现场实测，对模拟结果进行验证；比较注浆前、后底板的变形、破坏特征，为煤层底板的注浆改造技术提供理论支撑，为高承压岩溶水体上煤层开采水害防治对策提供技术支撑，进而为煤矿安全生产提供水文地质保障。

1.3　主要研究内容和技术方法

本书以安徽恒源煤电股份有限公司煤矿为研究对象。

安徽恒源煤电股份有限公司煤矿（简称"恒源煤矿"，下同），隶属于安徽皖北煤电集团公司，原名刘桥二矿，为主井、立石门、暗斜井、分水平开拓（一水平标高-400m，二水平标高-600m），2006年矿井核定生产能力为200万t，为皖北煤电集团公司主力生产矿井之一。该井田属于华北型地层系统，含煤岩系为石炭-二叠系，共发育11个煤层组，其中下石盒子组 4 煤层和山西组 6 煤层为本矿井的主采煤层。主要含水层有新生界松散含水层、煤系砂岩裂隙含水层、太原组灰岩岩溶裂隙含水层（简称"太灰"，下同）、奥陶系灰岩岩溶含水层（简称"奥灰"，下同）（吴玉华等，2009）。矿井地质及水文地质条件较为复杂，6 煤层开采时存在较为严重的底板太灰水和奥灰水害威胁。恒源煤矿开采浅部 6 煤层时，主要采用疏水降压控水技术方法，解决底板高承压水岩溶水害问题，成功实现了多个工作面的安全开采。但是，随着 6 煤层开采深度的增加，水压逐渐增高，加之深部水文地质条件变得更加复杂化，疏水降压控水技术已经不能满足煤矿安全生产的要求。为此，该矿建立了地面注浆站系统，利用地面制浆井下注浆方法，对工作面底板实施注浆加固和含水层改造工程，取得了显著的效果和效益。在实践过程中，皖北煤电集团公司恒源煤矿联合高等院校、科研院所和地勘系统，根据本矿井地质和水文地质条件，围绕底板注浆改造技术进行了 10 余年的科学探索与实践，形成了具有皖北特色的底板注浆改造工艺技术与方法。本书是研究成果的一部分。

本书的主要研究内容与方法有：

（1）恒源煤矿矿井地质及水文地质条件分析

系统收集矿井历年勘探资料和相关研究报告，对恒源煤矿矿井区域地质、区域水文地质和矿井地质与矿井水文地质条件进行综合分析与评价，为矿井突水危险性评价与水害防治工程设计提供依据。

（2）恒源煤矿 6 煤层底板突水危险性预评价

系统收集矿井钻探成果和采掘成果资料，对注浆前矿井水文地质特征进行研究，包括构造、地层、岩相、岩性、含隔水层的组合特征、含水层的富水性，编制相关图件，利用五图-双系数法对井田 6 煤底板突水危险性进行预评价，为煤层底板注浆改造工程实施提供科学依据。

（3）煤层底板注浆改造工程实施

以 Ⅱ615、Ⅱ6117、Ⅱ6112 工作面为对象，开展工作面注浆改造工程的设计、施工与评价。

（4）注浆前、后底板岩体工程地质特征评价

在注浆前、和注浆后，分别布置钻孔，全取心，采样，开展注浆前、后底板岩层岩石物理力学试验和波速测试，确定岩石力学性质和岩石波速特征。对采样钻孔进行岩体声波测试，获取底板岩层的波速特征，计算注浆前后底板岩体强度，评价注浆前、后底板岩体结构差异性。

（5）注浆前、后底板含水层富水性钻探探查与评价

收集底板注浆改造钻孔和注浆检查孔成孔资料，比较两者出水量大小及其变化。

（6）注浆前、后底板含水层富水性物探探查与评价

采用并行网络电法，对工作面注浆前、后底板岩层进行探测，比较两者所测电阻率的差异性，评价底板岩体注浆加固与含水层改造效果。

（7）注浆前、后底板采动数值模拟研究

建立底板厚度模型、强度模型和加筋模型，采用数值模拟方法，研究注浆前、后底板采动变形破坏的差异性，并对 Ⅱ615、Ⅱ6117 工作面注浆前后底板采动效应进行模拟，

评价底板注浆改造对采动变形破坏的抑制作用，揭示底板岩体结构对采动效应的控制机理。

（8）非注浆底板与注浆底板采动变形破坏特征原位测试研究

采用震波 CT 法对非注浆工作面底板采动效应进行实测研究。采用电阻率 CT 法对注浆底板采动效应进行实测研究，比较两者的差异性。

（9）注浆后带压开采效果评价

采用突水系数法对注浆后的底板突水危险性进行重新评价，分析工程应用及其效益。

研究技术路线见图 1.1。

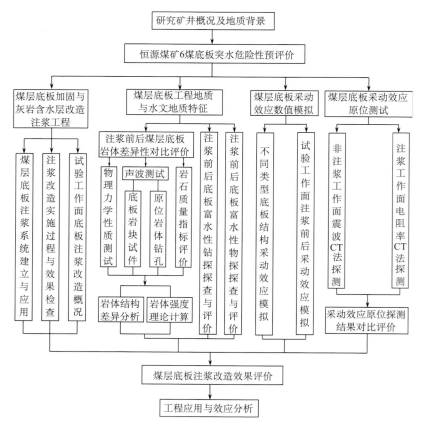

图 1.1　技术路线图

第 2 章　恒源煤矿矿井工程地质背景

2.1　矿 井 概 况

恒源煤矿位于安徽省淮北市濉溪县刘桥镇境内，东距濉溪县约 10km，东北距淮北市约 13km。矿井东—东南浅部以土楼断层和谷小桥断层与刘桥一矿为界，西—西北以省界为界与河南省永城市的新庄煤矿相接。矿井东西宽 2~4.2km，南北长 6.2km，面积 19.1km^2。

本矿地处淮北平原中部。矿区内地势平坦，地表自然标高 30~32m，有自 NW 向 SE 倾斜趋势。基岩无出露，均为巨厚新生界松散层覆盖。本区属淮河流域，区内有王引河、丁沟、任李沟、曹沟等小型沟渠自 NW 向 SE 经矿区后，再经沱河注入淮河。

恒源煤矿属淮北煤田，位于华北板块东南缘，东有郯庐大断裂，西有阜阳-麻城断裂，北有秦岭纬向构造带，南有五河-利辛断裂。据历史资料记载，安徽北部一带，自公元 925 年以来发生有感地震近 50 次，其中 1960 年以来本区发生较大的地震有七次。根据安徽省地震局 1996 年编制的安徽地震烈度区划图查得，本区属 4~6 级地震区，地震烈度为 7 度。

恒源煤矿是由合肥煤矿设计院设计，矿井于 1984 年 9 月 28 日破土动工，1993 年 7 月 1 日开始试生产，1993 年 12 月 26 日正式投产，矿井设计年产量为 60 万 t，服务年限为 84 年。采用主井分水平，立井、主要石门和集中运输大巷上下山开拓方式。主采煤层为 4、6 煤层，分三个水平开采。第一水平-400m，第二水平-600m，第三水平-600m 以深。根据生产需要，1985 年合肥煤矿设计院研究编制完成"刘桥二矿扩建初步设计"，同年 8 月 16 日，安徽省煤炭工业厅以皖煤生字（95）176 号文即"关于皖北矿务局刘桥二矿扩建初步设计的审查意见"同意将年产 60 万 t，技改后扩建为年产 120 万 t。2006 年矿井核定生产能力为 200 万 t，目前维持在 200 万 t。

矿井开拓方式采用分水平上下山开拓方式，一水平采用立井、主石门、集中运输大巷开拓方式；二水平采用暗斜井、集中运输大巷的开拓方式。目前矿井生产水平-400m 和-600m。采煤工作面以走向长壁工作面为主，少数为倾斜长壁工作面布置，采煤方法为炮采、高档普采及综采方式。采用下行开采及上行开采顺序，采区为前进式，工作面为后退式开采。

目前矿井正在进行采掘活动的采区有 45、Ⅱ61、Ⅱ62 共 3 个生产采区，Ⅱ61 下采区、48 采区两个开拓准备采区。二水平是主要的采掘场所。

2.2　矿井地质特征

2.2.1　地层

1. 区域地层概况

恒源煤矿属于淮北煤田濉萧矿区，位于淮北煤田中西部，在地层区划上属于华北地层区鲁西地层分区徐宿小区。本区地层出露甚少，多为第四系冲、洪积平原覆盖。区内所发育地层由老到新层序为青白口系（Zq）、震旦系（Z）、寒武系（Є）、奥陶系（O_{1+2}）、石炭系（C_{2+3}）、二叠系（P）、侏罗系（J）、白垩系（K）、新近系（N）和第四系（Q）。据安徽省地矿局编写的区域地质调查报告有关资料（安徽省地质矿产局，1987，1997），摘录于表2.1。

表 2.1　区域地层表

界	系	统	组（群）	代号	厚度/m	主要岩性描述	主要出露地区
新生界	第四系			Q	200~600	黏土、亚黏土、砾石、亚砂土	大片平原地区
	新近系		王氏组 青山组	N	>300	细砂岩、泥岩、粉砂质泥岩	宿县任井孜、嵩沟镇、邢庄
中生界	白垩系	上统	王氏组	K_2w	>611	砂砾岩、泥岩	泗县大庄、长直沟、灵璧县韦集、固镇新马桥
		下统	青山组	K_1q	>1100	安山质泥岩、安山岩、凝灰质粉砂岩	
	侏罗系	上统	泗县组	J_3s	309~1100	碎屑岩系夹透镜状灰岩	
		中下统	义井组	J_2y	>460	砂岩、泥岩互层	
上古生界	二叠系	上统	石千峰组 上石盒子组	P_2sh P_2s	110~700 380~700	灰紫色、棕红色泥质砂岩、中、粗粒长石砂岩、砂岩、砂质页岩，含薄煤4~10层	主要隐伏于闸河、百善一带，仅在萧县五里庙、孟庄及濉溪县王庄零星出现
		下统	下石盒子组 山西组	P_1x P_1s	180~240 100~130	粉砂岩、细砂岩与泥岩互层，含煤3~4层 砂岩、砂质页岩、泥岩、页岩，含煤2~4层	
	石炭系	上统 中统	太原组 本溪组	C_3t C_2b	120~190 13~40	灰岩、砂质页岩、泥岩，夹薄煤层 铝质黏土岩、泥岩、灰岩、杂色砂岩	
下古生界	奥陶系	中统	老虎山组	O_2l	42	中厚层灰质白云岩夹薄层灰岩	淮北市相山、夹沟、永崮、老虎山、十里长山、芒砀山等地
		下统	马家沟组 萧县组 贾汪组	O_1m O_1x O_1j	150~200 157~250 4~19	灰岩、白云质灰岩、白云岩、燧石条带状灰岩 灰岩、白云质灰岩、豹皮状灰岩 白云岩、页岩、含泥质白云质灰岩	
	寒武系	上统	凤山组 长山组 崮山组	$Є_3f$ $Є_3c$ $Є_3g$	10~196 22~66 29~88	泥岩、白云质灰岩、白云岩 白云质灰岩、含海绿石灰岩 含白云质灰岩、薄层灰岩	淮北市相山、萧县蛮顶山、凤凰山、陈蒋山，宿县解集、夹沟等地
		中统	张夏组 徐庄组	$Є_2z$ $Є_2x$	146~360 85~189	中厚层白云质灰岩，具豹皮状构造 含白云质灰岩、灰岩、长石石英砂岩	
		下统	毛庄组 馒头组 猴家山组	$Є_1mz$ $Є_1m$ $Є_1h$	14~37 250~326 36~50	灰岩、粉砂岩、砂岩 团块状页岩夹薄层状灰岩 豹皮灰岩、白云质灰岩、泥岩、砾岩	

续表

界	系	统	组（群）	代号	厚度/m	主要岩性描述	主要出露地区
	震旦系	未分统	沟后组	Zog	119	灰质白云岩、黄绿色页岩	宿县黑峰岭、栏杆褚兰、泗县马厂集、屏山等地
			金山寨组	Zzj	21	灰岩、藻灰岩、页岩、砂岩、燧石砾岩	
上元古界	青白口系	未分统	望山组	Zqws	380	薄层泥质条带状灰，含燧石结核	
			史家组	Zqsh	400	页岩、含海绿石砂岩、白云灰岩、泥灰岩	
			魏集组	Zqwj	320	含藻灰岩、白云岩	
			张渠组	Zqzh	378	薄层灰岩，顶部为厚层灰岩	
			九顶山组	Zqjd	370	含燧石条带厚层灰岩、含藻灰结核白云岩	
			倪园组	Zqn	370	砂质灰岩、含粉砂质泥灰岩	
			赵圩组	Zqz	631	泥质条带灰岩	
			贾园组	Zqj	>304	石英岩、石英细砂岩、钙质粉砂岩	
			寿县组	Zqs	>24	钙质页岩夹灰岩扁豆体	
			刘老碑组	Zql	>42	石英岩	
			伍山组	Zqw	>435	片麻岩	

2. 矿井地层

矿井范围内无基岩出露，均为新生界松散层所覆盖，经钻孔揭露地层有奥陶系（O_{1+2}）、石炭系（C_{2+3}）、二叠系（P）、新近系（N）和第四系（Q），地层厚度大于1500m，地层柱状如图 2.1 所示，由老至新概述如下。

1）奥陶系（O）

地层为奥陶系中、下统老虎山组—马家沟组（O_2l~O_1m），水 8 孔揭露地层厚度 118.89m，岩性为浅灰色厚层状的石灰岩，质纯、性脆，微晶结构，局部含白云质，高角度裂隙发育。

2）石炭系（C）

水 8 孔和 05-3 孔揭露，地层厚度 129.73m，为本溪组和太原组。

（1）中统本溪组（C_2b）

地层厚度 14.18~23.10m。岩性以浅灰色到暗红色的杂色含铝泥岩为主，夹有少量的泥质灰岩。含铝泥岩为中厚层状，含有铁质结核及菱铁鲕粒。与下伏奥陶系地层呈假整合接触。

（2）上统太原组（C_3t）

地层厚度 115.55m。岩性以深灰色的泥岩、粉砂岩及灰色的砂岩为主，灰到深灰色的石灰岩次之，夹少量的薄煤层。泥岩、粉砂岩中多见有炭屑或植物化石碎片；石灰岩13 层，自上而下命名为一灰、二灰……十三灰（编号为 L1、L2……L13），总厚为 53.87m，占本组地层总厚的 46.6%，大多数石灰岩中富含动物化石，四灰以下的石灰岩中含燧石

地层	累厚/m	层厚/m	柱状	岩性描述	水文地质描述
第四系	135.24	135.24	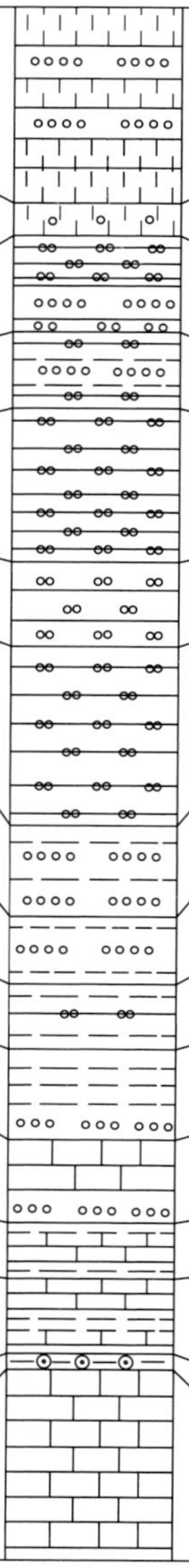	顶部为黏土,中部为细粉层,底部为黏土	顶部单位涌水量0.136~6.713 L/(s·m),中部单位涌水量0.698 L/(s·m)底部单位涌水量0.00298 L/(s·m)
新近系	152.02	16.78		以黏土、砂质黏土为主	
上石盒子组 P₂ss	216.86	64.84		砂质泥岩、粉砂岩底部为K₇砂岩	
	263.94	47.08		泥岩和砂质泥岩	
	364.71	100.77		以砂质泥岩为主,夹砂岩、粉砂岩	
	421.59	56.88		K₆中粗砂岩	
	542.71	121.12		粉砂岩、砂质泥岩为主含不可采煤层一层	
下石盒子组 P₁xs	605.19	62.48		以泥岩、粉砂岩为主含四等煤层六层	单位涌水量0.036L/(s·m)
	648.43	43.24		页岩和粉砂岩互层	
山西组 P₁s	695.67	47.24		泥岩和砂质泥岩,含可采6煤	单位涌水量0.047L/(s·m)
	747.72	52.05		上下部为泥岩,中间为细砂岩	
太原组 C₃t	808.48	60.76		以灰岩、细砂岩为主	太灰上部含水层,L3,L4厚度大而稳定,裂隙发育,涌水量3.69L/(s·m)
	845.10	36.62		以泥岩为主,夹灰岩	
	894.62	49.52		灰岩和泥岩	太灰下部含水层,L8,L10厚度大而稳定,单位涌水量1.216 L/(s·m),硫酸钙钠型水
C₂b	906.20	11.58		铝土质泥岩	
O₂	946.13	39.93		灰岩	上部岩溶发育,单位涌水量0.633L/(s·m),硫酸钙钠型水,矿化度3.5g/L

图 2.1 恒源煤矿地层综合柱状图

结核或夹燧石薄层。含煤三层,总厚 1.82m,均为不可采煤层。顶部一灰为浅灰色,细晶结构,含大量生物碎屑,顶、底泥质含量较高。与下伏本溪组地层呈整合接触。

3)二叠系(P)

(1)下统山西组(P₁s)

下部以太原组顶部一灰之顶为界,上界为铝质泥岩之底。地层厚度84.00~124.00m,平均 108.50m。岩性由砂岩、粉砂岩、泥岩和煤层组成。含两个煤层(组),其中 6 煤层为本矿井主要可采煤层之一。与下伏地层整合接触。

（2）下统下石盒子组（P_1xs）

下界为 4 煤层下铝质泥岩底界面，上界为 K_3 砂岩底界面，地层厚度 201.80~248.20m，平均 227.10m。岩性由砂岩、粉砂岩、泥岩、铝质泥岩和煤层组成，为本矿井主要含煤段。含四个煤层（组），除 3 煤层为局部可采煤层、4 煤层为矿井主要可采煤层外，其余均为不可采煤层。与下伏地层呈整合接触。

（3）上统上石盒子组（P_2ss）

下界为 K_3 砂岩之底，未见上界，99-2 钻孔揭露最大厚度约为 298.58m，岩性由砂岩、粉砂岩和泥岩组成，自下而上，泥岩、粉砂岩颜色变杂，紫色、绿色增多。含三个煤层（组），均不可采。与下伏地层呈整合接触。

4）新近系（N）

上新统（N_2）：总厚 5.90~67.20m，平均厚度 28.94m。不整合于二叠系地层之上。下部厚 0~33.18m，平均 7.64m，以灰绿色、灰白色黏土、钙质黏土为主，夹 1~2 层薄层砂。黏土可塑性强。底部多含砾石及钙质团块。属坡积、洪积相沉积物。中部厚 0.95~37.20m，平均厚度 13.58m。主要由灰白色、浅黄色细砂、中砂及少量粗砂组成，其中夹黏土或砂质黏土 1~3 层，砂层结构松散。上部厚 1.92~19.80m，平均厚度 7.64m。以棕黄色、灰绿色黏土或砂质黏土为主，夹 2~3 层砂。顶部富含钙质铁锰结核。

5）第四系（Q）

（1）更新统（Q_{1-3}）

总厚 38.80~93.70m，平均厚度 63.97m。与新近系呈假整合接触。下部主要由浅黄色及浅灰绿色、灰白色细、中砂组成，其中夹 1~2 层黏土或砂质黏土。上部主要由棕黄色夹浅灰绿色黏土、砂质黏土组成，夹 1~3 层砂或黏土质砂，顶部含有较多钙质或铁锰质结核。

（2）全新统（Q_4）

厚度为 20.18~39.80m，平均厚度 32.79m。以褐黄色细砂、粉砂、黏土质砂为主，夹黏土及砂质黏土，含螺蛳、蚌壳化石，近地表为耕植土壤，属现代河流泛滥相沉积。

3. 含煤地层

本矿井含煤地层为石炭、二叠系，钻孔揭露总厚度大于 800m，为一套连续的海陆过渡相及陆相碎屑岩和可燃有机岩沉积。因石炭系和二叠系上石盒子组煤层在本区不稳定且不可采，不作为研究对象。

本矿井含煤地层（二叠系下统山西组和下石盒子组）厚 343.20m，含八个煤层（组），含煤 2~17 层。煤层总厚为 5.52m。可采或局部可采煤层平均总厚度为 4.82m，占煤层总厚的 87.3%，其中 4、6 煤层为主要可采煤层，平均总厚 4.48m，占可采煤层总厚的 81.2%（见表 2.2）。

1）二叠系下统山西组（P_1s）

本组含矿井主采煤层 6 煤层，根据岩石沉积特征，以 6 煤层为界分为上下两段：

（1）下段（一灰—6 煤层）

厚度 42.54~69.82m，平均 54.60m。下部为深灰色或灰黑色泥岩、粉砂质泥岩（俗称海相泥岩），向上为粉砂岩、细砂岩，常见波状层理。上部常发育浅灰色细砂岩与深灰色泥岩（或粉砂岩）互层（俗称叶片状砂岩），层面多含云母碎片，水平—缓波状层理、透镜状层理发育，具底栖动物通道，含菱铁矿结核和黄铁矿晶体。

表 2.2　含煤地层含煤情况一览表

地质时代	地层厚度范围/m 平均	含煤层数/层	煤厚/m	含煤系数/%
P₁	$\dfrac{285.00 \sim 384.00}{343.20}$	2~17	5.52	1.60
P₁s	$\dfrac{95.00 \sim 121.00}{108.70}$	1~4	3.01	2.77
P₁xs	$\dfrac{190.00 \sim 263.00}{234.50}$	1~13	2.51	1.01

（2）上段（6 煤层—铝质泥岩）

厚度 41.40~68.80m，平均 53.90m。岩性为砂岩、粉砂岩和泥岩。6 煤层间接顶板为砂岩，深灰色，中细粒结构，含深灰色泥质包体，局部相变成砂泥岩互层。顶部发育一层长石石英杂砂岩，灰-灰绿色，中粗粒结构，泥质胶结、松散。

2）二叠系下统下石盒子组（P₁xs）

根据岩性特征和含煤情况，以 3 煤层为界分为上下两段。

（1）下部富煤带（3 煤层—4 煤下铝质泥岩）

厚度 33.20~65.50m，平均 46.50m，为矿井主要可采煤层段之一，含 3、4 煤层，其中 3 煤层为局部可采煤层，4 煤层为主要可采煤层。岩性由砂岩、粉砂岩、泥岩、铝质泥岩和煤层组成。底部为浅灰-铝灰色铝质泥岩，夹紫、灰绿色花斑，细腻，含较多菱铁鲕粒，层位稳定。3、4 煤层（组）间多为石英长石砂岩，灰-浅灰色，中细粒结构，常夹粉砂岩、泥岩薄层，局部相变为砂、泥岩互层，水平—缓波状层理。

（2）上部少煤段（3 煤层上—K₃ 砂岩底）

厚度 168.20~195.00m，平均 180.60m。含三个煤层（组），除个别点外均不可采。岩性由砂岩、粉砂岩、泥岩和煤层组成。3 煤上长石石英砂岩为 3 煤层直接或间接顶板，浅灰色，中细粒结构，含菱铁质鲕粒并显示波状层理，硅质胶结致密。

3）主采煤层

本矿共有可采煤层三层，分别为 3、4、6 煤层，其中 4、6 两个煤层为主要可采煤层（表 2.3）。现按从上而下的顺序将各可采煤层特征分述如下。

（1）3 煤层

位于下石盒子组下部，上距 K₃ 砂岩约 190m。煤层结构简单，以单一煤层为主，局部含一层泥岩夹矸。以薄煤层为主，煤层厚度 0~1.99m，平均 0.34m。可采性指数 18.8%，变异系数 175%，局部可采，可采区内平均厚度为 1.16m，可采面积占 12.9%，为极不稳定的煤层。可采区位于矿井东北部和南部，中部为大片冲刷区；从 3 煤层顶板岩性分布图可见，在砂岩区，出现了 3 煤层的成煤环境恶劣，煤层厚度变化大，加之晚期的分流河道对早期分流河道组合有冲蚀、削截作用，导致本矿区 3 煤层出现大片不可采区。从钻探岩心和巷道揭露岩性分析，3 煤层的顶板大多为河流相砂岩，缺乏原生沉积时的岩性，表明后生冲蚀作用对煤层厚度的变化影响较大。

表 2.3　可采煤层情况统计表

煤层	穿过点数/个							煤厚/m	煤层结构类型	可采面积/km²	不可采面积/km²	可采面积比率/%	变异系数/%	可采指数/%	稳定性
	合计	见煤	可采	不可采	不采用	沉缺	断缺	厚度范围／平均厚度							
3	144	45	26	19		93	6	$\dfrac{0\sim1.99}{0.34}$	简单	2.46	16.61	12.9	175	18.8	极不稳定
4	145	134	122	5	7	7	4	$\dfrac{0\sim3.54}{1.67}$	简单	17.68	1.39	92.7	39	91.0	较稳定
6	137	131	121	2	8	1	5	$\dfrac{0.55\sim5.93}{2.81}$	简单	18.42	0.65	94.6	26	97.5	较稳定

（2）4 煤层

位于下石盒子组下部，上距 3 煤层 0~12.30m，平均 5.50m。下距分界铝质泥岩 24~60.50m，平均 37.50m。煤层结构简单，局部含一层泥岩夹矸，偶见两层夹矸。煤层厚 0~3.54m，平均 1.67m，属中厚煤层。可采性指数 91.0%，变异系数 39%，可采区内平均厚度为 1.78m，可采面积占 92.7%，属较稳定煤层。煤层顶板以泥岩为主，粉砂岩次之，中部为少量砂岩；底板以泥岩为主，次为粉砂岩。

4 煤层成煤环境为三角洲平原泥炭沼泽，成煤前为分流河道泛滥盆地，随着沼泽的扩展及三角洲、分流河道的废弃，泥炭逐渐超覆全区，成煤环境相对稳定，对聚煤作用较为有利，形成了煤层厚度比较稳定的格局。

（3）6 煤层

位于山西组中部，上距铝质泥岩 39~70m，平均 55.5m；下距太原组第一层灰岩 40.5~65m，平均 53.4m。煤层结构简单，以单一煤层为主，局部含一层泥岩夹矸。以中厚-厚煤层为主，煤层厚度 0.55~5.93m，平均 2.81m。可采性指数 97.5%，变异系数 26%，可采区内平均厚度为 2.82m，可采面积 94.6%，属较稳定煤层。在矿井的东北部为岩浆岩侵蚀区和冲刷区，煤层顶板以泥岩为主，粉砂岩次之，少量砂岩；底板多为泥岩和粉砂岩。

6 煤层的成煤环境为滨海平原泥炭沼泽。成煤前的潮坪沉积为 6 煤层的形成提供了一个宽广低平的良好的聚煤场所，加之有一个稳定的构造环境，因此煤层发育好，厚度稳定，结构简单。在 6 煤层成煤作用晚期，三角洲体系广泛推进，本区逐渐变而为河口砂坝或分流河道砂体沉积。

从钻孔取样和井下生产揭露显示，煤层绝大多数仍然保持原生沉积结构。故煤层的厚度变化以原生变化为主；后生构造作用的变化不大。

2.2.2　构造

1. 区域地质构造基本特征

淮北煤田大地构造环境处在华北古大陆板块东南缘，豫淮拗褶带东部，徐宿弧形推覆构造中南部（王桂梁等，1992；王桂梁、琚宜文，2007）。东以郯庐断裂为界与华南板块相接，北向华北沉陷区，西邻太康隆起和周口拗陷，南以蚌埠隆起与淮南煤田相望。淮北煤田的区域基底格架受南、东两侧板缘活动带控制，总体表现为受郯庐断裂控制的近 SN 向（略偏 NNE）褶皱断裂，叠加并切割早期的 EW 向构造，形成了许多近似网状断块式的隆拗构造系统（图 2.2），而以低次序的 NW 向和 NE 向构造分布于断块内，且以 NE 向构造为主。随着徐宿弧形推覆构造的形成和发展，形成了一系列由 SEE 向 NWW

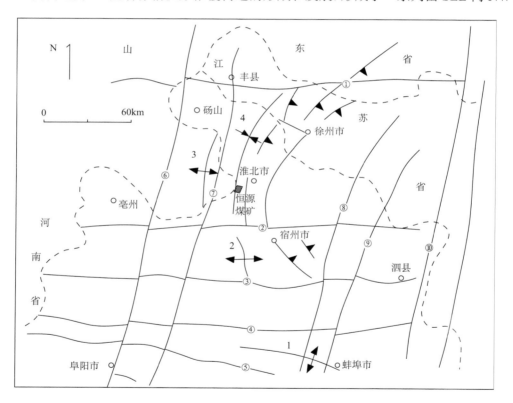

图 2.2　徐州-淮北地区构造纲要图

①丰沛断裂；②宿北断裂；③光武-固镇断裂；④太和-五河断裂；⑤刘府断裂；⑥夏邑断裂；⑦丰县口孜集断裂；⑧固镇—长丰断裂；⑨灵璧-武店断裂；⑩郯庐断裂；

1.蚌埠复背斜；2.童亭背斜；3.永城复背斜；4.大吴集复向斜

推掩的断片及伴生的一套平卧、歪斜、紧闭线形褶皱，并为后期裂陷作用、重力滑动作用及挤压作用所叠加而更加复杂化（徐树桐等，1987；舒良树等，1994）。推覆构造分别以废黄河断裂和宿北断裂为界，自北而南可分为北段 NE 向褶断带，中段弧形褶断带与南部 NW 向褶皱带。刘桥矿区位于淮北煤田中西部，在构造环境上处于徐宿弧形推覆构造中段前缘外侧下底席偏北部位，大吴集复向斜南部翘起端，东有丰县-口孜集断裂，西有阜阳-夏邑断裂，南部有宿北断裂，北有丰沛断裂。特定的区域地质构造背景，决定了刘桥矿区经受过多期构造体系控制，经历不同方向构造应力作用，形成了现今复杂的构造轮廓。

本区既有断续显现的近 EW 向褶皱和压性断层，又有大中型 NNE 向褶皱和平移断层，两者相互干扰、叠加，充分说明本区实质上是两期或两期以上不同方向的构造体系在同一地区大角度复合。新体系褶皱（NNE 向）叠加、跨越在老体系（近 SN 向）褶皱之上，新体系断层切割、改造老体系的褶皱和断裂，而老体系的构造形迹又限制、阻截新体系构造形迹的发育和延展（图 2.3）。含煤岩系的基底由奥陶系中下统地层组成。

2. 矿井构造特征

恒源煤矿处于大吴集复向斜南部仰起端上的次级褶曲土楼背斜西翼。总体上为一走向 NNE，向 NW 倾的单斜构造，次级褶曲较为发育，使局部地层呈 NE 或 NW 向。地层倾角一般为 3°~15°，受构造影响局部倾角变化较大。构造较为发育。已查出褶曲五个，组合落差≥5m 的断层 55 条，其中≥30m 的断层八条。恒源煤矿井田构造纲要示意图见图 2.4。

1）褶曲构造

本矿浅部煤岩层走向 NWW 至 EW，倾向 N，倾角 10°左右，中深部转为走向 NNE，向 NW 方向倾斜，倾角一般为 3°~15°，受局部构造影响，煤层倾角可变大到 60°左右。整个矿井褶皱构造比较复杂，按轴向延展方位，可分为三组：即近 EW 向、NNE 向和 NNW 向。三组褶皱空间各具特色，生成层次分明（表 2.4），现分述如下：

（1）温庄向斜

位于本矿西北部，为一宽缓向斜构造。轴向 NEE，西段转为近 EW 向延伸至新庄矿境内，两翼地层走向近 EW，南翼倾角 10°左右，北翼倾角 6°~10°，对称性较好。核部 4 煤层赋存深度约-670m，6 煤层为-770m 左右，轴长约 2000m，略向 SSE 方向凸出，呈弧形展布。东段被孟口断层切错。有 13、12-13、12、11、10、9 等六条地质剖面和七条地震时间剖面控制。已经查明。

（2）土楼背斜

位于本矿与刘桥一矿两井田之间的宽缓背斜构造。轴部全长约 7~8km，在 14 勘探线附近被土楼断层斜切错开。北段轴向 N10°E 左右，枢纽向 N 倾伏，倾伏角约 10°，延至 6 煤层埋深-650m 附近逐渐消失；南段轴向 N20°~40°E，呈波状展布，南端延至丁庄逆断层上盘抬起消失，总体近似平行于陈集向斜。该背斜北段东翼、南段西翼煤层被土楼断层切割，呈现不完整，两翼煤岩层倾角均为 5°~10°。西北翼较为开阔，延展很远。

该背斜被多个钻孔及采掘巷道揭露，控制可靠。轴部有 12-13、12、11、10、9、8 等六条地质剖面和三条地震时间剖面控制。已经查明。

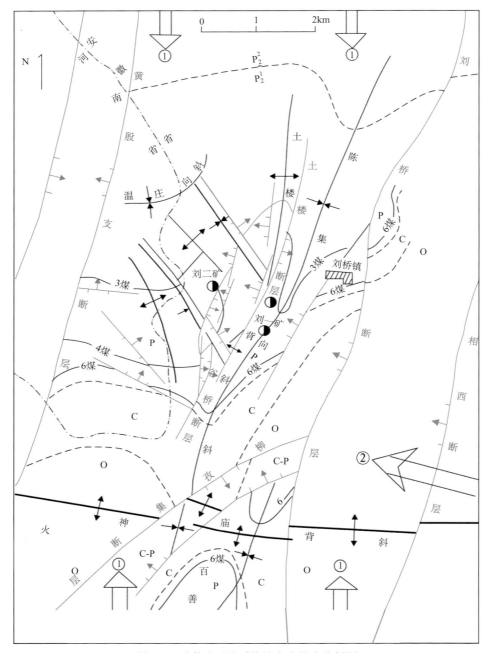

图 2.3　濉萧矿区地质构造应力状态分析图

①为一期主应力方向；②为二期主应力方向

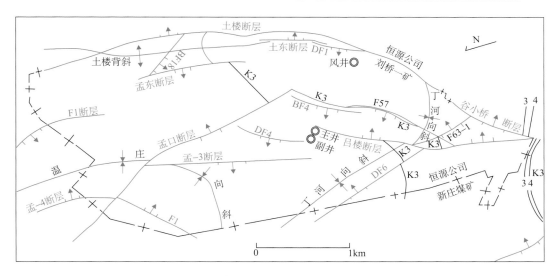

图 2.4 恒源煤矿井田构造纲要示意图

（3）孟口向斜

位于本矿北部，孟口逆掩断层下盘，为不对称向斜构造。总体轴向 N30°W，枢纽略向 SE 仰起，于东风井工业广场附近消失，轴向约 N15°W，近似平行于孟口断层延展，略呈向 NE 突出的弧形展布，西北段轴向渐转为 N40°W 左右，跨越 EW 向温庄向斜后，枢纽有向 NW 仰起的趋势。轴线延展长度约 3500m，两翼煤岩层产状不对称，东北翼受孟口断层逆推，倾角变化较大，西南翼宽缓，倾角一般 5°~10°。已经查明。

（4）小城背斜

位于本矿中部，为对称性宽缓背斜构造，轴向 NNW，平行孟口向斜展布，轴长约 3000m，两翼煤岩层倾角平缓，一般为 3°~9°。西北端起于 EW 向温庄向斜，南段被吕楼断层改向，止于 BF4 断层。已经查明。

（5）丁河向斜

位于本矿西南部，南起于 DF5 逆断层、吕楼断层、F57 断层及 DF14 反向逆冲断层交汇区西侧，沿着 DF5 断层下盘，以 N10°~20°W 的方位向 NNW 延伸，跨越豫皖省界后逐渐改向 N40°W，呈微向 NE 突出的弧形展布。轴长 3000m 左右，为一宽缓不对称向斜构造。东翼煤岩层走向 NE，倾向 NW，受 DF5 逆掩断层影响，煤层倾角及厚度均有较大变化；西翼地层走向 NWW，倾角 5°~9°。枢纽向 NW 方向倾伏，南端受 NNE 向吕楼断层及 DF2 断层限制。受 17、16、15 等三条地质剖面和五条地震时间剖面控制，已经查明。

综合区内各褶皱的特征，本井田褶皱构造比较发育，共描述轴向不同的大小褶皱五条，归纳为三大组：第一组为近 EW 向褶皱，如温庄向斜，既受 NNE 向土楼背斜的改造和拦截，又遭 NNW 孟口断层切错和改向，但仍保存早期近 EW 向褶皱的宽缓和对称性的特色，应属印支期构造形迹；第二组为 NNE 向，以陈集向斜（刘桥一矿内）和土楼背斜为代表，具有平行线性展布、东强西弱的特色，向斜东陡西缓，背斜西陡东缓，轴

表 2.4　井田范围内主要褶曲构造一览表

褶曲名称	基本特征
温庄向斜	位于矿井西北部，轴向 NE，其南部向 W 偏转，呈近 EW 向，其北部轴向 N，呈 NS 向。矿井内轴长约 2.9km，轴向倾向 SE，两翼倾角 4°~15°
土楼背斜	位于矿井东北部，轴向：南段 NNE 向，北段 NW 向，中段向 E 突出。矿井内轴长约 4.2km，轴向略倾向 E，两翼倾角 5°~10°，东缓西陡
孟口向斜	位于矿井北部，轴向 NW 向，枢纽向 SE 扬起，两翼煤层产状不对称
小城背斜	位于矿井 II 61 采区，轴向 NNW 向，南段止于 6 煤工业广场煤柱，北段在−600 水平大巷消失，全长 1.5km，轴向略倾向 SW，两翼倾角 5°~16°，为一宽缓的背斜构造
丁河向斜	位于矿井西南部，为一宽缓型向斜，轴向 NW 倾向 E，两翼倾角 5° 左右

向左右摇摆，枢纽上下起伏，平行枢纽发育较大规模的压性或压扭性断层，该组褶皱多形成于燕山早中期，以来自 SEE 向侧向水平挤压为主要力源，与徐宿弧形推覆构造同期或稍早一些；第三组 NNW 向，以孟口、丁河及新庄等不对称向斜构造为典型，其间伴有同级宽缓背斜构造，受 NNE 向构造限制，一般发育于土楼背斜西北翼，不穿过其枢纽。同类褶皱之间呈并列等距雁行式排列，枢纽常被大角度相交的次级共轭断层切割，在该类褶曲翼部有同方向逆推或压性、压剪性断层伴生。该组褶皱受东、西两侧较大 NNE 向断层所形成的局部压扭应力场作用所致，其形成时间比 NNE 向构造稍晚，应归属于燕山运动中晚期。

2）断层构造

本矿断层不仅数量多、密度大，而且发育方向各异，性质不同，相互改造和制约。据不完全统计，已发现和揭露落差大于 10m 的各类断层 40 多条，面密度达 2.2 条/km^2 以上，其中逆断层五条，约占 12%。按断层性质、规模大小、展布方向、断面（带）特征及控制程度等，列表统计见表 2.5。

表 2.5　断层情况一览表

序号	断层名称	性质	走向	倾向	倾角/(°)	落差/m	长度/km	断层控制情况	可靠程度
1	谷小桥	逆	NE	SE	45	0~73	>2.5	22_3、65_3、22_2、22_4、65_6、82_5	查明
2	土楼	正	SE-NE	E-SE	70	0~180	>6	14_9、II 14_4、II 15_5、12_7、II 23_3、47_3、47_2、47_6、巷道	查明
3	DF1	正	NE	NW	70	0~20	>1.10	U11、巷道（3 点）	查明
4	F623-1	正	NE	NW	55	0~5	0.80	巷道	查明
5	孟口	逆	NW	NE	25~35	5~40	>3.9	10_4、$12B_5$、U50、U51、95_6、99_1、99_2、99_3、99_5、12_4、12-13_2、G_1、G_2、13_2、13_3、95_4、99_4、98_4	查明
6	BF4	正	NE	NW	55~60	0~25	1.4	13-14_4、14_3、巷道（15 点）	查明
7	F57	正	NE	NW	60	0~40	1.6	巷道（3 点）、水 6、$16B_6$、$17B_3$、U174	查明
8	吕楼	正	NE-NNE	SE	60	0~120	>4	47_6、$17B_4$、16_2、15_3、G_4、水 6、JD_2、G_6、24_3、14_{11}、14_3、巷道（2 点）、JD_1	查明
9	DF5	逆	NW	E	25~35	0~20	2.1	$17B_4$、$17B_5$、16_3、16_5、15_4、G_5、15-6、04-2、巷道	查出

续表

序号	断层名称	性质	走向	倾向	倾角/(°)	落差/m	长度/km	断层控制情况	可靠程度
10	F1	正	NE	SE	60	0~15	>1.6	99_6、98_2、97_3、98_4	查出
11	F45-3	正	NW	SW	80	0~14	0.55	巷道	查明
12	F46-2	正	NW	NE	60	0~6	0.40	巷道、23-3	查明
13	DF73	正	NE	NW	70	0~5	0.5	三维地震	查明
14	F16	正	NE	NW	45	0~18	1.5	三维地震	查明
15	FⅡ61-2	正	NNE	SE	65	0~15	0.5	巷道	查明
16	孟-1	正	NE	SE	55	0~60	1.6	三维地震、99-6、97-3、98-2	查明
17	DF102	正	NE	NW	75	0~10	0.2	三维地震	查明
18	土东	正	NE	SE	70	0~10	1.14	$13\text{-}14_2$、$12\text{-}13_1$	查明
19	F6	正	NE	NW	45	0~10	0.7	巷道（3点）	查明
20	F7	正	NE	SE	70	0~11	>0.6	17_2、巷道（5点）	查明
21	F63-4	正	NE	NW	70	0~20	0.65	巷道控制、26_2	查明
22	F8	正	NE	NW	50	0~12	0.15	巷道控制	查明
23	F4414-1	正	NE	NW	60	0~10	0.70	巷道控制	查明
24	F63-3	逆	NW	NE	35	0~30	1.1	巷道控制、$17\text{-}18_2$	查明
25	F63-12	逆	NW	SW	35	0~30	>1.1	巷道控制	查明
26	F41-1	正	NW	NE	45~55	0~7	0.60	巷道	查明

3）陷落柱

恒源煤矿自投产以来，共发现两个岩溶陷落柱构造，分别是 2006 年 3 月在 Ⅱ 617 风巷，揭露的恒源 1#陷落柱，该陷落柱长轴长 140m，短轴长 70m，面积 8306m²；另一个是 2009 年 11 月份，在 Ⅱ 6115 风联巷揭露的恒源 2#陷落柱，该陷落柱长轴长 218m，短轴长 150m，面积 27034m²。这两个陷落柱在掘进揭露后，均未出现明显涌水，揭露陷落柱的巷道均经填实后注浆封堵，并采用物探及钻探查明了陷落柱的边界范围。矿区内陷落柱发育情况见表 2.6。

另外，通过对勘探资料进行重新处理与解译，调整了部分断层的参数，又发现了两个疑似陷落柱。

表 2.6　恒源煤矿陷落柱情况表

编号	位置	长轴长/m	短轴长/m	面积/m²	导水情况	控制程度
1	Ⅱ 617 风巷	140	70	8306	充填致密、不导水	已探明，填实注浆封堵，属可靠陷落柱
2	Ⅱ 6115 风联巷	218	150	27034	充填致密、不导水	已探明，填实注浆封堵，属可靠陷落柱

4）岩浆岩

矿井内岩浆活动比较微弱，仅见于矿井东北部，侵入的层位为 6 煤层。据区域地质资料与邻区岩浆岩同位素年龄的测定，本矿井岩浆侵入时代为燕山早、中期。

（1）岩浆岩种类及岩矿特征

据钻孔取心、巷道取样及镜下鉴定分析，本矿井的岩浆岩为中性的蚀变角闪岩和角闪岩。

① 蚀变角闪岩。肉眼观察：灰色、微带绿色、块状、性硬，裂隙内有被熔之煤线充填其中、与天然焦明显接触，成分不清。镜下观察：斑状结构，岩矿成分以角闪石为主，浅绿色、少褐色、长条状、柱状，断面为六边形，杂乱排列，具[110]解理、晶面已蚀变，裂隙内有方解石充填，基质为微晶角闪石充填。

② 角闪岩。肉眼观察：灰黑色、块状、致密、性硬，成分不清。镜下观察：斑状结构，斑晶为角闪石，褐色-绿色，具多色性，中-高正突出，[110]解理完全，具斜消光，局部具简单双晶，个别蚀变为绿泥石，多为长条状，杂乱排列，个别横切面为六边形，基底部分由微晶角闪石斑晶组成。

（2）岩浆岩对煤层的影响

岩浆岩对煤层的影响主要包括煤层结构、煤层厚度和煤质等。由于煤层被岩浆岩穿插，出现分叉合并现象，使煤层夹矸增多，结构复杂，可采性变差。岩浆岩对煤层有一定的冲蚀和熔蚀作用，使煤层出现变薄或出现零点，不可采区扩大，稳定性降低。岩浆岩同煤层的直接接触使煤变质为天然焦，降低了矿井的工业总储量和煤的利用价值。

5）小构造

本书所描述的小构造指的是落差≤5m 的小断层和与之相伴生的小褶曲及层间滑动等构造现象。经邻区和本矿井生产实践证实，小构造已成为影响矿井生产的因素之一。小构造的出现破坏了煤层的原有形态，使煤层连续性和产状发生变化，煤质变差，导致在采掘过程中增加无效进尺等。

（1）小构造确定依据

小构造级别低、范围小，容易被采掘工程揭露全貌，便于观测和识别。在同一区域，小构造又总是与大中型地质构造相伴而生，相互配套，密切相关。本书综合采用钻探、地震和矿井生产实际揭露资料，对矿井的小构造发育特征进行评述。

（2）小构造的发育特征

① 以正断层为主。在所统计的 583 条断层中，正断层为 575 条，占 96.5%，逆断层 12 条，占 3.5%。详细分布情况见表 2.7。

表 2.7　小断层情况统计表

采区	小断层条数	逆断层数量		正断层数量		剔除随机数
		条数/个	比率/%	条数/个	比率/%	
六一	146	1	1	145	99	
六二	65			63	97	2
六三	74	1	1	71	96	2

续表

采区	小断层条数	逆断层数量		正断层数量		剔除随机数
		条数/个	比率/%	条数/个	比率/%	
六五	133	1	1	130	98	2
六八	21			21	100	
四二	75	2	3	72	97	
四四	70	3	4	67	96	1
合计	584	8	1	569	98	7

② 以 NNE 向为主。在矿井开拓开采揭露的小断层中，以 NNE 向最多，NE 向次之，两组合约占一半；NEE 向次之，NW 向较少。说明本矿小断层是多期不同方向构造应力作用的结果。

③ 小断层的展布方向，严格受大中型构造控制，且两者按走向分组对应，相应组的展布和特征基本一致。

④ 在大中型断层附近或两组交汇处，小断层相对集中，其展布方向、性质和产状与中型断层相似，且呈雁行式追踪排列，对煤层产状和连续性破坏较为严重，严重影响工作面的布置。

⑤ 小断层常常与小褶曲伴生。

⑥ 小断层出现常导致煤层层间滑动和牵引构造，由于层滑构造挤压、滑脱及铲刮等作用，而产生顶压、底凸、穿刺等变形。使煤层变薄、增厚、顶底板破碎或形成构造煤，增加煤层开采难度。

⑦ 断层带岩石破碎，多被泥质充填，断裂带一般不导水，但部分 NEE 或 NE 向高角度小断层附近伴有淋水、滴水现象。

⑧ 煤巷遇断层时，断层带内常有煤线，能指示找煤。

（3）对本矿小断层发育规律的认识

① 恒源煤矿已揭露小断层中，正断层占绝对优势，逆断层较少；小断层走向以 NE 向为主，NNE 向次之，该两组合约占一半，NEE 向约占 13.5%，而 NW 向较少。这些数据说明本矿小断层十分复杂，是多期不同方向构造应力作用的结果。小断层的展布方向，严格地受大中型构造控制。

② 根据现场观测和资料分析，认为本矿小断裂中近 SN 向、NEE 向及部分 NE 向高倾角小断层多为张裂或张剪性结构面。而西北部可能出现少数 NWW 向或近 EW 向高角度导水张剪性小断裂，这一点应引起重视。

③ 在大中型断层附近或两组交汇处，小断层相对集中，其展布方向、性质和产状与大中型断层相似，且呈雁行式追踪排列，对煤层破坏较严重。在矿井中西部，与褶皱枢纽垂直或大角度斜交的地垒、地堑式张剪性小断层可能有所增加。

2.3　矿井水文地质特征

2.3.1　区域水文地质概况

1. 矿区地形与地表水

淮北煤田位于安徽省淮北平原的北部,为新生界松散层覆盖的全隐蔽煤田。在地貌单元上属华北大平原的一部分,除濉溪县、萧县和宿州市北部符离集—徐州一带为震旦系、寒武系、奥陶系等基岩裸露的剥蚀低山、残丘和山间谷地外,其余地区皆为黄、淮河冲积平原。其低山、残丘海拔高程一般为80~408m,平原区海拔高程一般为20~50m,地势总体上呈现西北高而东南略低的微微倾斜趋势,坡降约1/10000左右。

区内河渠纵横,河流多属淮河水系。主要河流有岱河、闸河、濉河、新汴河、沱河、浍河、澥河、涡河、北淝河等。各河大致自西北流向东南,大部分汇入淮河(新汴河直接汇入洪泽湖),流径洪泽湖然后入海。各河流均属中小型季节性河流,河水受大气降水控制。各河年平均流量3.52~72.10m³/s,年平均水位标高为14.73~26.56m。

2. 矿区水文地质单元

淮北煤田大地构造环境处于华北板块东南缘,豫淮拗陷带的东部,徐宿弧形推覆构造的中南部,东有固镇-长丰断层,南有光武-固镇断层隔蚌埠隆起与淮南煤田相望,西以夏邑-固始断层与太康隆起和周口拗陷为邻,北以丰沛断裂为界与丰沛隆起相接。四周大的断裂构造控制了该区地下水的补给、径流、排泄条件,使其基本上形成一个封闭-半封闭的网格状水文地质单元。淮北煤田中部还有宿北断层,其间又受徐宿弧形推覆构造的次一级构造制约。因此以宿北断层为界将淮北煤田划分为两个水文地质分区。

1) Ⅰ区(南区)

Ⅰ区(南区)包括宿县矿区、临涣矿区和涡阳矿区。

新生界松散层覆盖于二叠系煤系地层之上,松散层厚80.45~866.70m,一般350m左右。新生界松散层自上而下划分四个含水层(组)和三个隔水层(组)。三个隔水层(组)厚度大,分布稳定,隔水性好,是区内重要的隔水层(组)。由于三隔的存在,致使三含以上各含水层及地表水对矿床充水无影响。四个含水层(组)分布比较广泛,除局部地段沉积缺失外,全区多数都有沉积。岩性以砾石、砂砾、黏土砾石、砂层及黏土质砂等为主,厚度为0~59.10m,单位涌水量 q=0.00024~0.404L/(s·m),渗透系数 K=0.0011~5.8m/d,富水性弱—中等。在朱仙庄矿东北部,有侏罗-白垩系砾岩含水层。祁南矿西北部,许疃矿、徐广楼及花沟井田有古近系砾岩含水层。砾岩厚度为0~111.40m,一般为20~50m,q=0.0568~3.406L/(s·m),K=0.23~29.53m/d,富水性弱—强。四个含水层(组)水平径流、补给微弱,开采条件下通过浅部裂隙带和采空冒裂带渗入矿井排泄,是矿井充水的主要补给水源之一。

四个含水层(组)直接覆盖在二叠系煤系砂岩裂隙含水层和太原组、奥陶系石灰岩岩溶裂隙含水层之上，其地下水不仅与煤系砂岩裂隙水有水力联系，而且又是沟通基岩各含水层地下水之通道，使基岩各含水层之间有一定水力联系。尽管在隐伏煤层露头带附近，基岩各含水层之间地下水具有混流作用，但受基岩顶部岩石风化程度和四含富水性及导水能力制约，所以各含水层之间水力联系程度也存在一定差异。已获资料表明，在一个含水层或几个含水层向矿床充水时，其余含水层可以通过四含向直接充水含水层补给，从而形成"共同效应"使得各含水层地下水位均有不同程度下降，但下降幅度差异性较大。

二叠系煤系地层可划分为三个含水层（段）和四个隔水层（段），即：3 煤上隔水层（段）、3~4 煤层间砂岩裂隙含水层（段）、4~6 煤层间隔水层（段）、7~8 煤层上下砂岩裂隙含水层（段）、8 煤下铝质泥岩隔水层（段）、10 煤层上、下砂岩裂隙含水层（段）、10 煤层—太原组一灰顶隔水层（段）。主采煤层顶板砂岩裂隙含水层是矿井充水的直接充水水源。二叠系煤系砂岩裂隙含水层（段）为承压含水层，各层间均被泥质岩类所隔离，除因导水张性断裂构造能使之沟通外，一般都为独立含水层。地下水储存和运移在以构造裂隙为主的裂隙网络之中，处于封闭-半封闭的水文地质环境，其补给微弱，层间经流缓慢，基本上处于半停滞-停滞状态，显示出补给量不足，以静储量为主的特征，一般富水性弱。开采条件下以突水、淋水和涌水的形式向矿井排泄。据抽水试验资料，q=0.0022~0.87L/（s·m），K=0.0066~2.65m/d。

石炭系划分石灰岩岩溶裂隙含水层（段）和本溪组铝质泥岩隔水层（段）。另外还有奥陶系石灰岩岩溶裂隙含水层（段）。

太灰和奥灰均隐伏于新生界松散层或二叠系煤系地层之下，灰岩埋藏较深，径流和补给条件较差，富水层弱—强，差异较大，矿化度较高，水质较差。开采条件下以 10 煤底板突水或井下疏放水的形式向矿井排泄。

太灰与 10 煤层之间有 50~60m 的泥岩隔水层，正常情况下太灰水对 10 煤层开采没有影响。但因受断层影响使其间距变小或"对口"时，易发生灰岩突水灾害，故太灰和奥灰水是矿井安全生产的重要隐患。

2）Ⅱ区（北区）

Ⅱ区（北区）位于宿北断层与丰沛断层之间，包括濉萧矿区及砀山县关帝庙、朱楼勘查区。

新生界松散层厚度为 20.30~601.40m，濉萧矿区东部新生界松散层厚度较薄，厚度为 20.30~118.70m，可划分为上部全新统松散层孔隙含水层（组），下部更新统松散层隔水层（段）。上部全新统砂层孔隙含水层（组），q=0.0043~1.379L/（s·m），K=0.03~12.8m/d，富水性弱—强，为矿区主要含水层之一。西部新生界松散层厚度比较大，砀山县关帝庙、朱楼勘查区松散层最大厚度达 601.40m，新生界松散层含、隔水层的划分与南区（Ⅰ区）基本相似。

二叠系煤系地层划分有两个含水层（段）和三个隔水层（段），即 3 煤上隔水层（段）、3~5 煤层砂岩裂隙含水层（段）、5 煤下隔水层（段）、6 煤顶底板砂岩裂隙含水层（段）、6 煤下-太原组一灰顶隔水层（段）。主采煤层顶底板砂岩裂隙含水层（段）是矿井充水的直接充水含水层。其富水性弱，具有补给量不足，以静储量为主的特征。据钻孔抽水

试验 q=0.00194~0.7563L/（s·m），K=0.00171~1.289m/d。

濉萧矿区东部石灰岩埋藏较浅，寒武系，奥陶系石灰岩在山区裸露，岩溶裂隙发育，接受大气降水补给，补给水源充沛，径流条件好，富水性较强，构成淮北岩溶水系统的主要补给区。灰岩水以矿井排水、供水及天然泉等为排泄方式。

石灰岩岩溶裂隙水是矿井充水的主要补给水源，也是矿井安全生产的重要隐患之一，同时也是城市及各矿井供水水源地。

综上所述，淮北煤田是新生界松散层所覆盖的全隐伏煤田，是以顶底板直接进水，裂隙水为主要充水水源的矿床，局部地区亦有底板进水岩溶水充水矿床。水文地质条件简单或中等，局部地区太灰、奥灰以及新生界松散层四含可能会大量突水，防治水工程量比较大，矿井水文地质条件为复杂类型。

3. 含、隔水层（组、段）特征

1）含水层（组、段）特征

根据区域地层岩性及含水层赋存空间的分布情况，区域含水层（组、段）可分为三大类。

（1）新生界松散层类孔隙含水层（组）

淮北煤田新生界松散层的沉积厚度受古地形控制，厚度变化大，除少数基岩裸露外，厚度为 40~500m，其变化规律是自 N 向 S、自 E 向 W 逐渐增厚。含水层（组）主要为第四系、第三系砂层、砾石层夹黏土层组成，自上而下可分为一含、二含、三含、四含（局部地区缺失四含或三含），其位于最上部分的一含、二含，受大气降水及地表水补给，水质较好，富水性较强。

（2）碎屑岩和局部地区分布的岩浆岩类裂隙含水层（段）

主要由二叠系沉积岩、燕山期火成岩组成，一般富水性较弱，对应各主采煤层，可分为 3 煤（K_3）、7~8 煤、10 煤上下三个砂岩裂隙含水层（段）。

（3）碳酸盐岩类裂隙溶隙含水层（段）

根据碳酸盐岩含量的多少可划分为三个类型。

① 碎屑岩夹碳酸盐岩含水层（段）：碳酸盐岩厚度占 40%左右，由中上石炭统地层组成，即太原组石灰岩岩溶裂隙含水层（段），一般有 12~14 层石灰岩，该含水层距10 煤层较近，在隔水层薄弱地带，开采 10 煤层底板突水的可能性较大，是威胁矿井安全生产的主要含水层。

② 酸盐岩含水层（段）：碳酸盐岩占总厚度的 90%以上，由寒武系上统和奥陶系中统组成，淮北煤田一般以奥陶系石灰岩为主，该含水层一般含水丰富，正常情况下距主采煤层较远，对煤矿无直接充水影响，但若与太灰、断层或导水陷落柱存在水力联系，会给矿井造成极大危害。

③ 碳酸盐岩夹碎屑岩含水层（段）：碳酸盐岩占总厚度的 60%~90%，主要由寒武系中下统组成，淮北煤田只有小范围分布。

以上所叙述的各含水层（组、段），其主要水文地质特征见表2.8。

表 2.8　区域含水层（组、段）主要水文地质特征表

含水层（组、段）名称	厚度/m	单位涌水量 q /[L/（s·m）]	渗透系数 K /（m/d）	富水性	水质类型
新生界一含	15~30	0.1~5.35	1.03~8.67	中—强	HCO_3-Na·Mg
新生界二含	10~60	0.1~1.403	0.92~6.62	中—强	HCO_3·SO_4-Na·Ca
					HCO_3-Na·Ca
新生界三含	20~80	0.143~1.21	0.513~5.47	中	SO_4·HCO_3-Na·Ca
					HCO_3·SO_4-Na·Ca
新生界四含	0~57	0.00024~2.635	0.0011~5.8	弱—中	SO_4·HCO_3-Na·Ca
					HCO_3·Cl-Na·Ca
3 煤砂岩（K_3）含水层	20~60	0.02~0.87	0.023~2.65	弱	HCO_3·Cl-Na·Ca
					SO_4-Ca·Na
7~8 煤砂岩含水层	20~40	0.0022~0.12	0.0066~1.45	弱	HCO_3·Cl-Na·Ca
					SO_4-Ca·Na
10 煤上下砂岩含水层	25~40	0.003~0.13	0.009~0.67	弱	HCO_3·Cl-Na
					HCO_3-Na
太原组灰岩含水层	47~135	0.0034~11.4	0.015~36.4	弱—强	HCO_3·SO_4-Ca·Mg
					SO_4·Cl-Na·Ca
奥陶系灰岩含水层	约 500	0.0065~45.56	0.0072~60.24	强	HCO_3-Ca·Mg
					SO_4·HCO_3-Ca·Mg

2）隔水层（组、段）水文地质特征

（1）新生界松散层隔水层（组）

除四含直接覆盖在煤系之上外，新生界一含、二含、三含之下分别对应有一隔、二隔、三隔分布。它们主要由黏土、砂质黏土及钙质黏土组成，厚度为 13~158m，分布稳定，黏土塑性指数为 19~38，隔水性能较好，尤其是第三隔水层（组），以灰绿色黏土为主，单层厚度大，可塑性强，塑性指数 21~38，膨胀量近 13.7%，隔水性能良好，是区域内重要的隔水层（组）。

（2）二叠系隔水层（段）

主要由泥岩及粉砂岩夹少量砂岩组成。对应各主采煤层砂岩裂隙含水层（段），划分为如下四个隔水层（段）：1~2 煤层隔水层（段）、4~6 煤隔水层（段）、8 煤下铝质泥岩隔水层（段）和 10 煤下海相泥岩隔水层（段），其隔水性能一般较好。

3）地下水补给、排泄条件

（1）新生界含水层（组）

一含以大气降水补给为主，水平径流补给次之，排泄方式为垂直蒸发和人工抽取。一含上部水和地面水体互补。二含、三含以区域层间径流补给为主，局部在第一、二隔水层（组）较薄地段，一含、二含、三含之间将产生越流补给，地下水向黄淮盆地中部径流和排泄。四含地下水以区域层间径流补给为主，通过煤系地层浅部风化裂隙带垂直

渗透及排泄。

（2）二叠系煤系地层砂岩裂隙含水层（段）

其地下水在浅部受新生界四含补给，区域层间径流补给微弱。总的来说补给水源不足，处于半封闭的水文地质环境，地下水径流缓慢。在矿区，由于受矿井排水影响，各主采煤层砂岩裂隙含水层（段）地下水位呈下降趋势。

（3）石炭系太原组和奥陶系石灰岩岩溶裂隙含水层（段）

二者在北部裸露区受大气降水补给，向南部平原地区径流和排泄。它们一般浅部岩溶裂隙发育，富水性较强，尤其是奥灰水，在局部富水性极强。

2.3.2　矿井水文地质特征

1. 井田边界及其水力性质

恒源煤矿两侧刘桥断层、黄殷支断层为全封闭边界，南界可视为半封闭混合边界，北界暂视为舒展型边界。恒源煤矿次级地质构造展布形迹主要受控于东西两侧边界断层。大的构造单元控制着矿坑总涌水量大小，各部位的富水性又受次级构造和各种因素制约。抽水及放水试验资料表明，土楼断层具有一定的隔水能力，增加了本矿东部边界的隔水性能。土楼断层在本矿南部隔水能力较强，到中部一带虽然有明显的隔水证据，但断层两侧太灰水相互联系证据也异常明显，鉴于土楼断层和吕楼断层的成因性质类似，土楼断层的隔水性也由南向北逐渐变差。主采煤层顶底板砂岩裂隙含水层富水性弱，地下水处于封闭-半封闭环境，以储存量为主，矿井涌水时影响范围较小，因此，估算矿井涌水量时可将其视为一个无限承压含水层。本井田有多个含水层（组、段），但也有多个相应的隔水层（组、段）所阻隔，煤层顶底板隔水层厚度较大时，具有抑制顶底板突水的作用，不同组（段）地下水对矿坑充水的影响程度有明显不同。

2. 含水层

本矿井为新生界松散层覆盖下的裂隙充水矿床。根据含水层赋存介质特征自上而下划分为新生界松散层孔隙含水层（组）、二叠系煤系砂岩裂隙含水层（段）、太原组石灰岩岩溶裂隙含水层（段）和奥陶系石灰岩岩溶裂隙含水层（段）。下面根据钻探及测井、抽（注）水试验、简易水文观测、水文长观孔及巷道、工作面实际揭露的水文地质资料，对主要含水层水文地质特征进行描述。

1）新生界松散层含水层（组）

恒源井田二叠系含煤地层均被新生界松散层所覆盖，松散层由第四系和新近系组成，厚度受古地形控制，13 线和 15 线东部较小，向 W、N 方向厚度逐渐增加，在温庄向斜轴部达到最厚，两极厚度为 112.00~191.80m，平均为 146.70m。按其岩性组合特征及其与区域水文地质剖面对比，自上而下可划分为三个含水层（组）。

（1）第一含水层（组）

一般自地表垂深 3~5m 起，底板埋深 28.00~41.60m，平均 33m。含水层主要由浅黄色粉砂、黏土质砂及细砂组成，夹薄层砂质黏土，局部含有砂礓块。含水砂层厚度为

15.00~28.60m，平均 22m。

据水 3 孔抽水试验资料，静止水位标高 28.95m，水位降深 S=10.83~4.42m，q=0.685~0.943L/（s·m），平均为 0.813L/（s·m）；K=3.70~4.60m/d，平均为 4.17m/d。水化学类型为 $HCO_3·SO_4$-$Na·Mg$ 型，pH 为 7.9，矿化度为 1.206g/L，全硬度为 21.4°dH[①]。一含水属中性微硬淡水。

一含分布稳定，水质较好，富水性较强，开采条件简单。区内农灌机井多开凿于此区内，水量为 30~50m³/h。一含水为该矿工业和生活饮用水的水源。

该层（组）上部为潜水，下部具有弱承压性，为一孔隙复合型潜水-弱承压含水层（组）。地下水主要补给来源为大气降水渗入，其次为侧向径流补给。一含水的排泄方式除蒸发和人工开采外，其上部往往排泄于河流。

（2）第二含水层（组）

底板埋深 72.30~105.60m，平均埋深 88m，由浅黄色及浅灰色绿色、灰白色细、中砂夹 1~4 层黏土或砂质黏土组成。含水砂层厚为 3.70~31.70m，平均为 11.00m。砂层分布不稳定，厚度变化大，局部地段仅有相应的层位，无明显的含水砂层存在，由于含水砂层发育分布不均，富水性相对强弱也不一。本层（组）为一孔隙型复合承压含水层，以层间水平径流补给为主，在局部一隔薄弱地带，接受一含水的越流补给。水位变化基本上与一含升降同步，并滞后于一含。

（3）第三含水层（组）

底板埋深 112.60~170.60m，平均为 138m。岩性以灰白色、浅黄色细砂、中砂及少量粗砂为主，夹 1~3 层黏土或砂质黏土。含水砂层分布不稳定，两极厚度为 5.8~43.70m，平均厚度为 21.60m。

据钻孔抽水试验资料：S=11.70~23.96m，q=0.130~0.635L/（s·m），K=3.7242~1.99m/d，富水性中等。水化学类型为 $SO_4·Cl·HCO_3$-$Na·Mg$ 型或 $SO_4·HCO_3$-$Na·Mg$ 型，pH 为 7.8，矿化度为 1.646~1.647g/L，全硬度为 32.08~32.69°dH。根据资料可以看出，水 15 孔、水 16 孔至 2005 年 3 月 15 日水位标高分别为 3.81m、−1.88m。与 1976 年三含水位标高 26.20m 相比，分别累计下降 22.39m、28.08m，年降幅为 0.75m/a、0.94m/a。三含水位呈持续下降状态。这说明由于矿井排水造成三含水位下降，有一部分三含水进入了矿井。生产实践证明三含在局部地段，直接覆盖在煤系地层之上，形成矿井充水的补给水源，从三含水位变化情况分析，其补给量不大。

该含水层（组）以区域层间径流为主，局部二隔薄弱地带接受二含的越流补给。在局部地带由于缺失三隔形成"天窗"，使其直接覆盖在煤系地层之上，也可能成为煤系砂岩含水层的补给水源。新生界松散层含水层抽水试验成果及主要特征一览表见表 2.9、表 2.10。

2）二叠系煤系含水层（段）

二叠系煤系岩性由砂岩、泥岩、粉砂岩、煤层等组成，并以泥岩、粉砂岩为主，不能明显地划分含、隔水层（段），其中，砂岩可视为含水层。地下水主要储存和运移在以构造裂隙为主的裂隙网络之中，以储存量为主。含水层的富水性受构造裂隙控制，主

---

① 1°dH=1.79×10⁻¹mol/L。

表 2.9　新生生界松散层主要含水层抽水试验成果表

孔号	含水层名称	含水层真厚度/m	水位降低/m	涌水量 Q/（L/s）	单位涌水量 q/[L/（s·m）]	渗透系数 k/（m/d）	影响半径 R/m
12-13-2	三含	21.10	23.96	7.29	0.304	1.7142	313.70
			16.58	5.97	0.360	1.9579	231.99
			9.80	4.37	0.446	2.2950	148.46
16-1	三含	19.50	11.70	7.43	0.635	3.7242	225.79
			10.83	7.42	0.685	3.70	208
水-3	一含	20.60	7.34	5.95	0.811	4.195	150
			4.42	4.17	0.943	4.60	95

表 2.10　新生界松散层主要含水层一览表

编号	厚度/m 平均	水文地质基本特征	水化学特征	对开采影响
一含	$\dfrac{28.0\sim41.6}{32.6}$	粉砂、细砂及黏土质砂组成，砂层厚 15.03m，属潜水-半承压含水层，富水性强。$Q=4.17\sim7.42$L/s；$q=0.813$L/（s·m）；$K=4.17$m/d	pH＝7.7 矿化度：0.45~0.66g/L 硬度：19~24°dH $HCO_3·SO_4$-K·Na·Mg	无影响
二含	$\dfrac{0.8\sim31.7}{10.5}$	细、中砂组成，砂层厚 0.65m，属孔隙承压含水层，富水性中等，分布不稳定。	pH＝7.6 矿化度：0.86g/L 硬度：38°dH $HCO_3·$Cl-Mg·Ca	几乎无影响
三含	$\dfrac{1.5\sim39.5}{17.4}$	主要由细中粗砂组成，砂层厚 15.75m，分布不稳定，属承压含水层，某些地段可成为矿坑充水补给源。$Q=4.37\sim7.29$L/s；$q=0.130\sim0.635$L/（s·m）；$K=1.99\sim3.72$m/d	pH＝7.8 矿化度：1.55g/L 硬度：33°dH $HCO_3·SO_4$-Cl·K·Na	有影响（天窗）

要取决于岩层裂隙的发育程度、连通性和补给条件。由于岩层裂隙发育具有不均一性，因此富水性也不均一。其主采煤层顶底板砂岩裂隙含水层是矿井充水的直接充水含水层。

据该矿抽水试验资料，主采煤层顶底板砂岩含水层 $q=0.0104\sim0.125$L/（s·m）。据本矿生产实际揭露资料，井下揭露的突水点变化规律，一般是开始涌水量较大，随时间增长，衰减较快，呈淋水或滴水状态，仅少量点呈流量稳定的长流水。现根据区域资料及矿内主采煤层赋存的位置关系与裂隙发育程度划分为如下四个含水层（段）。

（1）第五含水层（段）（K3 砂岩裂隙含水层）

岩性主要由灰白色中、粗砂岩组成，厚约 30m，岩体刚性强，是岩层受力区构造破裂极为发育的介质条件。该层段厚度大，分布稳定，垂直裂隙发育。在钻探过程中曾多次发生涌漏水现象，有些孔漏失严重，见表 2.11。据主检孔抽水试验资料，平均 $q=0.1613$L/（s·m），$K=12.07$m/d，水位标高 0.04m，水化学类型为 $SO_4·$Cl-Na·Ca 类型，矿化度为 1.97g/L。

表 2.11　第五含水层（K₃砂岩裂隙含水层）漏水钻孔统计表

孔号	深度/m	岩性	漏失情况	孔号	深度/m	岩性	漏失情况
13-5	268.78	砂岩	消耗大	16-5	250.00	粗粒砂岩	全漏
13-14-1	171.58	砂岩	大量涌水	13-14-B8	153.21~156.89	粉砂岩	消耗大
14-5	185.28	砂岩	漏水	水 5	231.30	中砂岩	漏水
14-6	289.00	砂岩	漏水	付检	229.73	泥岩	漏水
15-B5	194.59	中砂岩	漏水	16-B5	175.77	中砂岩	漏水
9-4	246.00	砂岩	漏水	17-B6	272.50	粉砂岩	漏水
11-5	143.75	粗砂岩	漏水	15-4	237.00~242.49	砂岩	漏水
12-B5	158.31	砂岩	漏水	14-1	172.80~178.93	砂岩	漏水
12-13-3	178.57	砂岩	漏水	14-3	169.39~171.69	砂岩	漏水
12-13-2	155.41	中砂岩	漏水严重	95-6	270.05	粗砂岩	15m³/h
13-4	170.00~185.61	中砂岩	漏水	98-1	375.89	砂岩	15m³/h
13-14-5	223~251	中粗砂岩	漏水严重	98-2	447.78	砂岩	10m³/h
13-14-B7	184.35	粗砂岩	漏水	98-3	407.30~443.32	中砂岩	全漏
G-2	190.38	细砂岩	漏水	99-2	405~443.32	细砂岩	12m³/h
13-14-4	148.38	中砂岩	漏水	99-3	368.86	砂岩	漏水
02-1	472.60~493.80	中粒砂岩	全漏	20-2	335.90~354.40	含砾粗砂岩	全漏
02-3	378.65~407.70	含砾石英砂岩	全漏	02-4	428.05~445.10	中粒砂岩	全漏
03-1	264.35~285.25	中粗粒砂岩	全漏	03-2	318.15~329.30	中粗粒砂岩	全漏
04-1	175~195	中粒砂岩	全漏	04-2	285~328	中粒砂岩	全漏
04-3	198.54	中粗砂岩	全漏	05-2	235.00~325.68	中粒砂岩	全漏
05-1	245.16~348.00	细砂岩	全漏	05-3	143~176.98	粗砂岩	全漏

　　另有水 6 等七个钻孔进行了流量测井，详见表 2.12。流量测井资料表明，K 值平均值为 0.79m/d。

表 2.12　第五含水层（段）（K₃砂岩裂隙含水层）流量测井资料统计表

孔号	时间	深度/m	厚度/m	静止水位标高/m		Q/（L/s）	K/（m/d）	R/m
				混合	单层			
水 6	1992.9.5	161.4~165.2	3.80	−46.05		−0.750	4.00	50
05-1（水 18）	2005	317~325	8.0	−155.08	−155.08	−4.1667	0.485	397
07-2	2008.2	411~417.5	6.5	−212.9	−203.2	0.544	0.12	289
10 补-1	2010.12	464~471	6	−263.95	−259.8	0.750	0.21	280
10 补-2	2010.12	438~446	8	−265.50	−261.6	0.922	0.23	291
10 补-3	2010.12	460~467	7	−272.50	−268	0.7905	0.21	298
11 补-1	2012.5	445~452	7	−223.60		0.960	0.30	305

1983 年 4 月主检孔抽水试验五含静止水位标高为 0.04m，2010 年 12 月 10 补–3 孔流量测井取得的静止水位标高为–268m，累计下降 268.04m，水位变化幅度为 9.9m/a，矿井排水引起五含水位大幅度下降，这一方面说明，矿井排水是五含的主要排泄途径，另一方面说明，五含补给水源不足，地下水以静储量为主。由抽水试验及流量测井简易水文观测及井下生产中揭露突水点资料分析：第五含水层（K₃ 砂岩裂隙含水层）砂岩裂隙发育不均一，局部地段富水性较强。

（2）第六含水层（段）（区域 5 煤上、下砂岩裂隙含水层）

六含主要由 1~3 层灰白色中、细粒砂岩夹泥岩或粉砂岩组成。砂岩厚度 3~30m，一般厚度约为 15m，其岩性致密，坚硬，裂隙发育，据风检和副检孔抽水试验资料，平均 q=0.0024~0.7593L/（s·m），K=0.0075~12.89m/d，水化学类型为 SO₄-K·Na·Ca 类型，矿化度为 2.178~2.242g/L。

在钻探过程中，曾多次发生冲洗液消耗大和漏水现象，见表 2.13。

表 2.13　第六含水层（段）（区域 5 煤上、下砂岩裂隙含水层）漏水钻孔统计表

孔号	深度/m	岩性	漏失情况	孔号	深度/m	岩性	漏失情况
10-7	281.74	砂岩	12m³/h	主检	258.61	细砂岩	漏水
14-5	331.73	砂岩	消耗大	13-14-7	332.00	泥岩	12m³/h
14-6	393.97	砂岩	消耗大	97-2	526.55	中砂岩	1.55m³/h
14-11	270.37	砂岩	漏水	98-2	533.93	砂岩	5m³/h
15-1	192.57	中砂岩	漏水	99-5	582.70	中砂岩	15m³/h
15-2	218.63	砂岩	漏水	99-8	606.25	砂岩	15m³/h
16-1	225.60~227.75	砂岩	漏水				

在水 6、水 7 孔流量测井，六含中透水岩层厚 5~2.8m，K=0.14~2.60m/d，见表 2.14。以上资料说明，六含砂岩裂隙发育不均一，局部裂隙发育好，富水性中等。

表 2.14　第六含水层（区域 5 煤上、下砂岩裂隙含水层）流量测井资料统计表

孔号	时间	深度/m	厚度/m	静止水位标高/m		Q	K	R
				混合	单层	/（l/s）	/（m/d）	/m
水 6	1992~9.5	177.80~180.60	2.80	–46.05		–0.38	2.60	45
水 7	1992~11.7	170~175	5	–38.85		–1.63	1.98	172
	1992~11.7	240~245	5	–38.85		–0.54	0.14	45

（3）第七含水层（4 煤上、下砂岩裂隙含水层）

岩性以灰白色中、细粒砂岩为主，夹泥岩、粉砂岩。七含砂岩厚度 4.50~41.20m，平均 20.20m。七含在本矿中部和 9 勘探线以北砂岩厚度较大，含水性相对较强。据钻探及建井资料，砂岩中高角度裂隙发育，但裂隙发育具有不均一性。在钻探施工时，曾发生多次钻孔冲洗液消耗量大或漏水现象，见表 2.15。据钻孔抽水试验资料

q=0.0436~0.0921L/（s·m），K=0.1009~0.1897m/d，富水性弱，见表 2.16。水化学类型为 SO_4-K·Na 类型，矿化度为 2.317~ 3.412g/L。据水 4、水 5、水 6、95-4 孔流量测井资料，七含中透水岩层厚 2~24.8m，K=1.75~6.49m/d。详见表 2.17。

表 2.15　4 煤上、下砂岩裂隙含水层漏水钻孔统计表

孔号	深度/m	岩性	漏失情况	孔号	深度/m	岩性	漏失情况
13-2	192.28	砂岩	12m³/h	13-B6	366.39	中砂岩	漏水
8-3	451.85	砂岩	消耗大	13-14-B6	311.23	砂岩	漏水
13-4	394	砂岩	消耗大	13-B8	431.04	砂岩	漏水
14-7	538.28	砂岩	漏水	G-2	381.50	砂岩	漏水
14-11	351.00	砂岩	漏水	B14-1	258.25	砂岩	漏水
14-3	373.65	粉砂岩	漏水	17-18-B3	369.00	中砂岩	漏水
U13	303.00	砂岩	漏水	13-14-B6	391.44	粉砂岩	漏水
15-3	323.40~27.44	砂岩	漏水	U60	460	砂岩	漏水
17-18-2	284.55	砂岩	漏水	95-1	544.12	细砂岩	3.99m³/h
13-14-1	359.50~40.50	砂岩	漏水	99-4	687.53	细砂岩	2.4m³/h
22-3	222.48	砂岩	漏水	99-5	676.30	细砂岩	2.08m³/h
水 4	194.20	粉砂岩	漏水	99-8	655.15	泥岩	15m³/h
17-B4	336.10	细砂岩	漏水	99-1	666.10	细砂岩	6.4m³/h
99-6	526.21~549.30	中砂岩	15m³/h	98-3	672.70	中砂岩	全漏

表 2.16　4 煤上、下砂岩裂隙含水层抽水试验成果统计表

孔号	层位	含水层厚度/m	q/[L/（s·m）]	K/（m/d）	矿化度/（g/L）	水质类型
13-14-1	4 煤上、下	31.31	0.0436	0.1326	3.412	SO_4-K·Na
13-14-4	4 煤上、下	49.08	0.05397	0.1008	3.129	SO_4-K·Na
15-2	4 煤上、下	57.31	0.09213	0.15703	2.761	SO_4-K·Na
17-18-2	4 煤上、下	24.49	0.04673	0.1897	2.317	SO_4-K·Na
风检	4 煤上	32.31	0.002133	0.0465	2.178	SO_4-K·Na

表 2.17　4 煤上、下砂岩裂隙含水层流量测井资料统计表

孔号	时间	深度/m	厚度/m	静止水位标高/m 混合	静止水位标高/m 单层	Q/（L/s）	K/（m/d）	R/m
水 4	1992.7.20	203.60~208	4.4	−49.81		1.39	1.75	82
水 5	1992.7.15	335.9~360.70	24.8	−52.38		26.44	3.73	940
水 6	1992.9.5	369.60~371.60	2.0	−46.05		−0.30	4.80	50
95-4	1995	330	19.1		−100.58		0.42	

建井期间 1986 年 11 月 19 日，主井井筒垂深 355m，4 煤顶板砂岩裂隙突水，水量达 186.5m³/h。巷道开拓期 4 煤顶底板砂岩裂隙也多次发生突水现象，出水点较多，但突水量一般较小。水量为 5~55.74m³/h。工作面回采期间也同样多次发生突水现象，4413 工作面 2001 年 1 月 28 日，由于受采动影响，4 煤顶板砂岩裂隙发生突水，水量达 137.5m³/h，后逐渐减少至正常，2001 年 10 月 4413 工作面 4 煤顶板砂岩裂隙及老塘发生突水，水量为 310m³/h，10 月 9 日最大达 350m³/h。2002 年 1 月工作面改造以后水量减少至 100m³/h 左右。该出水点的水量是四采区的主要水量之一，也是矿井涌水量的主要来源之一。

1983 年风检孔抽水试验时，静止水位标高为 -3.63m，1995 年 95-4 孔流量测井取得的静止水位标高为 -100.58m，累计下降 96.95m，水位变化幅度为 4.41m/a，这一方面说明矿井排水是 4 煤上、下砂岩裂隙含水层地下水的排泄途径；另一方面说明 4 煤层上、下砂岩裂隙含水层具有补给条件差，地下水处于封闭-半封闭环境，以储存量为主的特征。

以上资料表明该含水层富水性较好，但含水性、导水性很不均一，局部较强。其地下水处于封闭-半封闭环境，以储存量为主。是开采 4 煤层的直接充水水源。

（4）第八含水层（6 煤上、下砂岩裂隙含水层）

该含水层砂岩厚度 5.20~49.87m，平均为 21.50m 左右。岩性以灰白色中、细砂岩为主，夹灰色粉砂岩及泥岩。砂岩裂隙发育不均，局部多发育垂直裂隙。6 煤上砂岩在 14 勘探线以北厚度较大，含水较丰富。在勘探施工时，曾发生多次冲洗液消耗量大或漏失现象，见表 2.18。据 12-13-1 孔抽水试验，q=0.051~0.88L/（s·m），K=0.0383m/d，水化学类型为 SO_4-K·Na 类型，矿化度为 3.693g/L。

表 2.18　6 煤上、下砂岩裂隙含水层漏水钻孔统计表

孔号	深度/m	岩性	漏失情况	孔号	深度/m	岩性	漏失情况
11-4	378.17	砂岩	漏水	14-3	460.00	砂岩	消耗大
13-7	345.06	砂岩	漏水	16-B5	416.84	砂岩	漏水
14-1	489.65	粉砂岩	漏水	U17	270.82	砂岩	漏水
17-B3	376.10	中砂岩	漏水	17-1	397.70~403.3	中细砂岩	漏水
10-7	498.30	砂岩	漏水	99-8	770.95	砂岩	15m³/h
12-B5	545.90~557.48	粉砂岩	漏水	99-2	816.35	砂岩	12m³/h
G-2	469.10	细砂岩	漏水	98-3	718.98	砂岩	5m³/h
13-B6	454.97	粉砂岩	漏水	99-1	834.21	泥岩	12.8m³/h
B14-1	353.62	细砂岩	漏水				

据 2005 年 04-4（水 17）钻孔流量测井资料，八含水位标高为 -147.204m，K=1.13m/d。6 煤上、下砂岩裂隙含水层流量测井资料详见表 2.19。

表 2.19　6 煤上、下砂岩裂隙含水层流量测井资料统计表

孔号	时间	深度 /m	厚度 /m	静止水位标高/m		Q /（L/s）	K /（m/d）	R /m
				混合	单层			
水 5	1992.7.15	467.40~472	4.60	−52.380		6.61	22.1	338
95-5	1995	734	3		−19.43		0.58	
95-4	1995	448.50	18.20		−97.58		0.50	
04-4 （水 17）	2005.3	633~637.5	4.5	−151.204	−147.204	1.5	1.13	44

巷道开拓期间 1988 年 6 月 7 日南总回风上山 45m 处，6 煤层顶板砂岩裂隙发生突水，水量为 123.48m³/h。1989 年 6 月 2 日，副井清理斜巷水仓处 6 煤层底板砂岩裂隙发生突水，水量为 101m³/h。1989 年 7 月 26 日，主井运输石门发生突水，水量为 102.61m³/h，以后工作回采期也多次发生突水，水量均呈疏干变化趋势。1976 年 11 月勘探期间的 12-13-1 孔抽水试验的静止水位标高为 20.66m，至 2005 年 3 月水位标高为−147.204m，累计下降 167.864m，水位变化幅度为 5.72m/a。这一方面说明，矿井排水是 6 煤上、下砂岩裂隙含水层地下水排泄的主要途径；另一方面说明，6 煤上、下砂岩裂隙含水层，处于封闭-半封闭环境，地下水补给条件差，具有以储存量为主的特征。在不与其它含水丰富的含水层发生水力联系时，水量小且易于疏干。6 煤上、下砂岩裂隙含水层是开采 6 煤层时矿井直接充水含水层。

3）太原组石灰岩岩溶裂隙含水层（段）

本矿共有见太原组石灰岩钻孔 86 个，只有水 8 孔揭露全太原组地层，其余孔仅揭露一灰—四灰，05-3 孔揭露十灰—十二灰，全组总厚 115.55m。由石灰岩、泥岩、粉砂岩及薄煤层组成，以石灰岩为主，有 12 层石灰岩，厚 53.87m，占全组总厚的 46.6%。单层厚度 0.59~12.11m，其中第三、第四、第五、第十二、第十三层石灰岩厚度较大，其余均为薄层石灰岩。地下水主要储存和运移在石灰岩岩溶裂隙网络之中，富水性主要取决于岩溶裂隙发育的程度，岩溶裂隙发育具有不均一性，因此富水性也不均一。第一、第二层石灰岩厚度小，第三、第四层石灰岩厚度较大，岩溶裂隙发育，含水丰富。本矿对太灰没有进行抽水试验，但有多个钻孔对太灰不同层位进行了流量测井（表 2.20）。从流量测井看出一灰—四灰渗透系数普遍较大，说明一灰—四灰岩溶裂隙发育，水动力条件好。五灰、十二灰岩溶裂隙不太发育，水动力条件相对较差。

表 2.20　太原组石灰岩岩溶裂隙含水层（段）流量测井资料统计表

孔号	时间	深度/m	层位	厚度/m	静止水位标高/m		Q /（L/s）	K /（m/d）	R /m
					混合	单层			
水 4	1992.7.18	352.10~357.40	三灰	5.30	−49.81		−2.54	9.12	142
		365.40~370.20	四灰	4.8	−49.81		−4.63	14.4	125

续表

孔号	时间	深度/m	层位	厚度/m	静止水位标高/m		Q / (L/s)	K / (m/d)	R /m
					混合	单层			
水 5	1992.7.15	491.20~493.30	一灰	2.10	−52.38		6.61	43.50	1497
		506.80~510.40	三灰	3.60	−52.38		−18.19	14.10	1276
		519.50~521.50	四灰	2.00	−52.38		−23.78	38.25	2133
水 6	1992.9.5	447.00~456	四灰	9	−46.05		−2.33	9	78
水 7	1992.11.7	443~453	三灰	10	−38.85		−0.74	1.22	150
		493.60~499.60	六灰	6	−38.85		−0.28	0.24	60
水 8			十二灰					0.33	
95-4		506.4	三灰	7.5		−73.58		2.8	
		521.20	四灰	2		−83.58		6.80	
95-5 （水 9）		796.50	二灰	2.8		−77.07		1.20	
04-4 （水 17）	2005.3	762~765.5	四灰	3.5	−151.204	−153.704	−1.5	2.4	63

根据矿井放水试验和生产采掘资料以及相邻矿井水文地质资料分析，太灰岩溶裂隙发育不均一，富水性差异较大，但总的来看太灰是区内含水丰富的含水层（段），是 6 煤开采的补给水源。由于受构造影响，在太灰上隔水层（段）薄弱地带或对口部位，太灰水对 6 煤开采具有一定的突水威胁性，是 6 煤开采时矿井充水的重要隐患之一。本矿太原组一灰、二灰，厚度不大，难以构成大的地下水位储导体系，有利于分层疏降。三灰、四灰为中厚层灰岩，岩溶裂隙发育，储导水能力强，构成太灰主要的地下水储导体系，是本矿水害防治的重点对象。

4）奥陶系石灰岩岩溶裂隙含水层（段）

区域厚度 500 多 m，本矿仅水 8 孔揭露厚度 118.89m，为浅灰色厚层状石灰岩，具有不同规则灰色、浅灰白色斑纹，局部含有白云质。质纯性脆、微晶结构，高角度裂隙发育。据区域水文地质资料，该层（段）浅部岩溶裂隙发育，富水性强。据相邻茴村勘探区 803 孔资料（表 2.21），揭露奥灰 113.35m，上部 42m 岩溶裂隙发育，水位标高 30.28m，$q=0.704\sim3.15\mathrm{L/（s\cdot m）}$，$K=1.77\mathrm{m/d}$，水化学类型为 SO_4-Na·Ca 型，矿化度 3.50g/L。

表 2.21　奥灰含水层抽水试验成果表

孔号	含水层名称	单位涌水量/[L/（s·m）]	渗透系数/（m/d）	水位标高/m
803	奥灰	3.15	1.77	30.28

奥灰水位处于波浪式较慢地下降状态，和太灰水位下降状态保持一致。这说明由于煤矿采掘影响，奥灰水已部分补给太灰水再进入矿坑被排至地面，奥灰水在一定的范围内已形成一个较大降落漏斗。同时也说明了奥灰水对太灰水有一定的越流补给关系。但

该含水层远离主采煤层，在正常情况下对矿坑无直接充水影响。当然也不排除当井巷工程遇导水断层或导水陷落柱时，奥灰水直接进入矿坑造成突水灾害的可能性。奥灰突水具有水压高，水量大的特征，是矿井开采的重要安全隐患之一。因此提前对奥灰含水层进行水文地质评价，制定防治水计划是十分必要的。

3. 隔水层

在上节所描述的含水层（组、段）之间均有相应的隔水层（组、段）。由于隔水层的存在，各含水层（组、段）自然状态下补给、径流、排泄条件显著不同，从而在水化学特征上也存在明显的差别。

1）新生界松散层隔水层（组）

（1）第一隔水层（组）

位于第一含水层之下，底板埋深 53.50~86.60m，平均深度为 72m，由棕黄色夹浅灰绿色斑块的黏土及砂质黏土组成，其中夹 2~5 层砂或黏土质砂。黏土类两极厚度为 14.00~45.60m，平均厚度为 29.50m。黏土塑性指数为 14.20~26.80。黏土类质纯致密，可塑性较强。该层（组）分布稳定，隔水性能较好，能阻隔其上、下的含水层的水力联系。

（2）第二隔水层（组）

此隔水层位于第二含水层之下，底板埋深为 99.30~120.00m 平均埋深为 105m，隔水层厚度为 4.90~22.60m。岩性以棕黄色、浅灰绿色的黏土或砂质黏土为主，部分夹 1~3 层砂或黏土质砂，呈透镜状分布。本层（组）分布较稳定，大部分地带隔水性能较好，局部地段由于隔水层厚度较薄，隔水性较差。

（3）第三隔水层（组）

隔水层位于第三含水层之下，本层（组）底部深度为 112.00~191.80m。其不整合于二叠系之上，主要由灰绿色、浅黄色黏土及砂质黏土夹为 1~3 层砂层组成，偶夹钙质及铁锰质结核。隔水层两极厚度为 0~37m，平均厚度为 11.80m。黏土层可塑性好，膨胀性强，塑性指数 18.2~21.0，隔水性良好。根据刘桥一矿生产实际资料，当底部黏土层（组）有效厚度 $h > 1.5W_{max}$（W_{max}——采动引起地表最大沉降值）时，在开采影响下，能阻隔上部含水层之水的渗透。刘桥一矿 4 煤充分采动实测最大沉降值为 2.17m，即当底部黏土层厚度大于 3.26m 时，能阻隔松散层三含与煤系砂岩裂隙含水层之间的水力联系，故本矿三隔在大部分地带均能起到较好的隔水作用，使三含的水不能成为矿井的直接充水水源。但 12-14 勘探线的东部，8 勘探线的北部及其他零星小区。缺失黏土层，形成"天窗"致使三含在这些地带与煤系含水层间有直接的水力联系，但其分布范围较小，又远离主采煤层，故对矿井充水影响不大。

2）二叠系煤系隔水层（段）

二叠系煤系岩性由砂岩、泥岩、粉砂岩、煤层等组成，并以泥岩、粉砂岩为主。不能明显地划分含、隔水层（段）。其中泥岩、粉砂岩可视为隔水层，将各含水层阻隔。

（1）五含上隔水层（段）

除部分地段该层位缺失外，厚度为 68~215.59m，一般大于 100m，岩性为泥岩、粉砂岩、砂岩相互交替，以泥岩、粉砂岩为主，砂岩裂隙不发育，穿过该层段的钻孔冲洗液只有 02-1、03-4 等少数孔发生漏失现象，说明该层段的隔水性能较好。

（2）K3 砂岩下隔水层（段）

主要由泥岩、粉砂岩夹少量砂岩组成，除少数孔缺失该层段外，厚度为 50~85m，穿过该层位的钻孔只有个别钻孔冲洗液发生漏失现象，说明该层（段）的隔水性较好。

（3）4 煤上隔水层（段）

此层（段）间距 33~81m，主要由泥岩、粉砂岩夹 1~2 层砂岩组成，岩性致密完整，裂隙不发育，只有个别孔出现冲洗液漏失现象，此层（段）隔水性能较好。主要隔水层厚度见表 2.22。

表 2.22　　二叠系主要隔水层厚度统计表

隔水层名称		五含上隔水层	六含上隔水层	七含上隔水层	八含上隔水层	6 煤-太灰隔水层
厚度/m	范围	0~215	40~75	30~65	20~65	23~69.8
	平均	100	50	45	25	54.5

（4）4 煤下铝质泥岩隔水层（段）

此层段厚度为 20~65m。一般厚度为 25m 左右，岩性以铝质泥岩为主，局部夹薄层砂岩，该铝质泥岩为浅灰-灰白色，含紫色花斑，性脆含较多菱铁鲕粒，岩性特征明显，层位、厚度稳定，是中、下部煤组的分界。其岩性致密，隔水性能较好。

（5）6 煤底至太原组一灰顶间海相泥岩隔水层（段）

该层（段）岩性主要为泥岩和粉砂岩，夹 1~2 层砂岩，局部有砂泥岩互层，岩性较致密。本矿共有太灰钻孔 86 个，统计了有 6 煤又见了灰岩的钻孔 83 个，有六个孔受断层影响，其间距变薄，为 25.10~37.44m；正常情况下间距 42.50~69.82m，平均间距为 53.70m。从以上数据可以看出，一般情况下开采 6 煤层，此隔水层（段）能起到隔水作用。但在局部地段由于受断层影响，导致间距缩短甚至与灰岩对口，则有可能造成"底鼓"或断层突水。

3）本溪组铝质泥岩隔水层（段）

本矿仅水 8 孔及 05-3 孔揭露厚度 14.18~23.09m，岩性以浅灰色到暗红色的杂色含铝泥岩为主，夹有少量泥质灰岩。含铝泥岩为中厚层状，含有铁质结核及菱铁鲕粒，该层（段）岩性致密，隔水性较好。

4. 地下水补、径、排条件

1）新生界第一含水层（组）的补、径、排条件

该组上部属潜水，下部属弱承压水，为多层结构的复合含水层（组），主要靠大气降水和地表水体垂直渗透补给，循环交替条件良好，水位随季节变化大，主要排泄途径为蒸发和人工开采。

在区域范围内，一含上部接受河流上游的补给，同时又通过河流的径流排泄到河流的下游。一含下部水以层间径流为主，在一隔薄弱地带也可越流补给二含。

2）新生界第二、三含水层（组）的补、径、排条件

均属多层结构的承压含水层（组），以区域层间径流为主，其次在二隔薄弱地带，二含接受一含补给，同时又越流补给三含，二者的排泄方式主要为侧向径流。

由于三含之下大部分地带有分布稳定、隔水性能良好的三隔的存在，使一、二、三含水与煤系水失去联系。只有少部分地带三隔薄弱或缺失，三含与基岩风化带和煤层露头带有一定的水力联系，但这些地带一般远离主采煤层，且恒源煤矿 4 煤层露头只有四五采区极小的一片，对矿井充水影响不大。

3）二叠系主采煤层间砂岩裂隙含水层（段）的补、径、排条件

二叠系含煤地层一般岩性较致密，砂岩裂隙大多不发育，富水性差，渗透性弱，主要为区域层间补给径流、排泄。由于井巷的开拓和煤层的开采，二叠系砂岩裂隙水即七含、八含的水以突水、淋水和涌水的形式向矿坑排泄。

二叠系各砂岩裂隙含水层之间均有相应的有效隔水层（段）阻隔，各含水层（段）地下水在没有断层沟通的条件下，垂直剖面上互不沟通，水力联系较差。

4）太原组灰岩岩溶裂隙含水层（段）的补、径、排条件

恒源煤矿井田灰岩水属于淮北岩溶水系统，南部以宿北断裂为界，东西部分别受丰涡断层和支河断层控制，北部以地表的丘陵、山地为分水岭。本区灰岩水位于淮北岩溶水系统的西南部；补给区主要是矿区东北部的相山灰岩露头区和濉溪古潜山灰岩隐伏露头区。在自然状态下区域的地下水由 NW 向 SE 方向径流。目前因采矿影响灰岩水向矿井汇流，而刘桥一矿和恒源煤矿处于地下水的径流带上，图 2.5 为恒源煤矿地质背景图。

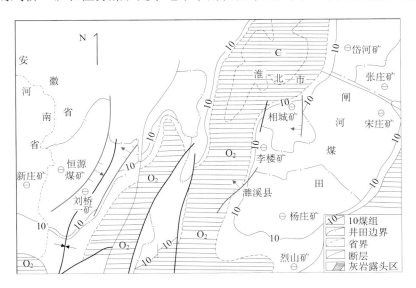

图 2.5　恒源煤矿井田地质背景图

本井田二叠系煤系地层被新生界松散层所覆盖，没有灰岩的隐伏露头。东南部的灰岩隐伏露头被刘桥一矿相隔，相距约 3km；西南部的灰岩隐伏露头被新庄煤矿隔开，距离约 4km。北部和西部灰岩向深部和远部延伸，距露头约 10km，本矿位于太灰地

下水的径流区内。因新庄、葛店等周边煤矿灰岩相继突水，使本矿的太灰水位高于上述矿井，形成恒源煤矿的太灰地下水向外围流动的情况。在本矿放水试验以前，太灰含水层有三种可能补给方式：在隐伏露头区通过"天窗"补给；断层带或越流接受奥灰水补给；通过区域层间径流的远方补给。但通过放水试验，较清楚地判断出太灰水的补给方式：

①隐伏露头区天窗补给可能性：鉴于本矿没有太灰隐伏露头，仅本矿南端（新庄矿范围）谷小桥断层和吕楼断层交汇处，附近有小范围的太灰隐伏露头，面积很小，新生界松散层水下泄补给量十分有限，所以隐伏露头区"天窗"补给量可以不予考虑。

②奥灰水的断层带对接补给可能性：能够造成奥灰补给太灰的断层在本矿内主要有两条，土楼断层和吕楼断层。其中土楼正断层最大落差 180m，倾向 E，由于本矿在土楼断层的下盘，不存在奥灰对接补给现象。

吕楼正断层最大落差为 110m，倾向 SE，在六五石门附近存在下盘的奥陶系泥岩和上盘的石炭系灰岩的对接现象。为了了解吕楼断层的导水性，本矿先后施工了 G4 和水 6 两个勘探孔，证实吕楼断层带的垂向导水性十分微弱。为进一步了解奥灰和太灰的水力联系，在断层的下盘安排了 G2、G3 观测孔，观测发现 G2 的水位为 −104.00m，较附近观测孔的自然水位都高。G3 孔的涌水量则大于 300m^3/h。G2 孔的高水位和 G3 孔的大水量意味着太灰在吕楼断层带有可能与奥灰横向对接。

③奥灰水的垂向越流补给可能性：放水试验中不仅水 4 孔太灰水位降深为 7.879m，水 8 孔奥灰水位降深为 1.225m，说明奥灰与太灰两个含水层之间确实存在水力联系。从各种迹象看，本矿在较大范围存在着奥灰以纵向的层间越流形式补给为主，主要证据是：太灰水位偏高，本矿南起 G2 孔，北至四四、四六运输大巷，西起 15B5 钻孔，东至土楼断层，太灰含水层存在着一个自然高水位区，其形态如牛轭状，高水位区位于本矿中部一带，即不靠近露头，又不受断层对接补给，在其他地方也不存在太灰出水现象，这种水位偏高现象只能解释为下伏奥陶系灰岩的顶托补给所致。尽管奥灰距四灰较远，但各灰岩层之间不足 15m 的距离很容易通过层间砂岩裂隙或构造裂隙而产生水力联系，于是奥灰可以逐级地向太灰补给。广泛发育的新构造裂隙也为太灰与奥灰的水力沟通创造了介质条件。

5. 矿井充水条件

1）矿井充水水源

恒源煤矿矿井充水水源主要有 4 煤顶底板砂岩含水层、6 煤顶底板砂岩含水层和太原组灰岩含水层。其中 4 煤顶板砂岩水在矿井生产中普遍淋水，水量最大时可达 350m^3/h，例如 4413 工作面初放期间顶板出水，占矿井总涌水量的 80% 以上，对生产有一定的影响。但是砂岩裂隙含水层以静储量为主，当涌水疏放一段时间后，水量会逐渐下降直致疏干，一般不会形成大的灾害。太原组灰岩含水层是威胁和影响矿井生产的主要含水层，在恒源煤矿及相邻的矿井都发生过突水灾害。例如刘桥一矿 II623 和 II626 两个工作面发生底板灰岩水害，水量均在 200~300m^3/h。本矿的底板灰岩突水有两次，一次是 651 工作面底板渗水 20m^3/h，一次是过孟口断层时断层带突水约 80m^3/h。

（1）地表水

恒源煤矿目前的开采水平主要为二水平，新生界松散含水层主要接受大气降水的补给。但由于有新生界一、二、三隔水层的存在，且隔水层的隔水性能较好，能有效的隔绝大气降水、地表水与煤系砂岩裂隙水的水力联系，因而大气降水、河流及塌陷区积水不会成为矿井充水水源。

（2）地下水

① 直接充水水源：本矿井实测涌水量大于 $5m^3/h$ 的 80 多次突水实例表明，4、6 煤层顶底板砂岩裂隙水，是 4、6 煤层开采的直接充水水源。具有富水性弱，补给量不足的特点。其富水性在空间分布上因所处位置不同而有所差异。在横向上决定于砂岩裂隙的发育程度，一般在断层比较密集或断层附近伴生裂隙比较发育处富水性相对较强，反之则富水性较弱甚至无水；在纵向上取决于出水点的深度，一般浅部（4 煤顶底板）富水性大于深部（6 煤顶底板）。煤系砂岩无论在横向上还是在纵向上均表现为富水性极不均一的特点。主采煤层顶板砂岩含水层富水区的分布与构造密切相关，据 4414 工作面顶板瞬变电磁法勘探显示，工作面顶板存有四个富水异常区，大部分富水异常区位于断层附近或尖灭端交汇部位。

② 间接充水水源：i.第五含水层（K_3 砂岩裂隙含水层）和第六含水层（区域 5 煤层上、下砂岩裂隙含水层）地下水。这两个含水层（段）与 4 煤层之间分别有隔水性良好的下石盒子组顶部隔水层（段）及 4 煤层上隔水层（段）阻隔，无良好的导水通道，因此这个砂岩裂隙含水层（段）地下水难以直接进入矿坑。但在开采条件下，这两个砂岩裂隙含水层（段）地下水可能通过采空冒落带裂隙或断层进入矿坑，成为矿坑充水的补给水源。ii.太原组石灰岩岩溶裂隙水是矿坑间接充水水源之一，也是矿井充水的重要隐患之一。1999 年 10 月 20 日至 28 日，在六五采区对太原组 1~4 层灰岩含水层进行了放水试验，得出本矿太灰水渗流场的基本特征是：本矿中部的太灰水向南北两端流动，中间太灰水位较南北两端分别高出 11~12m，其渗透性在矿内还存在不均一性，在某些区段渗透较强，在另一些区段较弱。试验研究报告按太灰的富水性和渗透性将试验区分为八个区，其中位于本矿东南部的 Ⅰ、Ⅱ 区水文地质条件简单，位于本矿中部的高水位区水文地质条件较为复杂。在高水位区存在着奥灰水向太灰水的越流现象。吕楼和土楼断层存在着分段导水性，吕楼断层在六五石门以南透水性弱，17 勘探线至 15 勘探线间存在着奥灰水与太灰水的对接补给，但六五石门处太灰水位反映出吕楼断层的垂直透水性弱。在主石门以北，随着断距的减小，断层的透水性越来越强。土楼断层的两盘存在着横向和纵向的透水现象。总体特征是本矿的太灰水通过断层以对接的方式向刘一矿补给，其中水 10 孔附近补给明显。在水 4 孔附近还存在着侧透水现象，主要反应在放水期间和观 3 孔封堵期间 Ⅱ 检 3 孔水位变化上。但是因水 4 孔水位和 Ⅱ 检 3 孔水位相差较大，侧向补给的强度不大。根据放水试验资料，计算了太灰导水系数 $T=48.86m^2/d$，估算了太灰含水层的矿井涌水量，二水平（$-600m$）太灰水可能突水量为 $677m^3/h$，三水平（$-750m$）太灰水可能突水量为 $961m^3/h$，估算结果表明本矿的太灰水的理论上是可以疏降的，但历时可能较长，大降深的排水量较大，加上矿井现有的涌水量，总水量近 $1000m^3/h$，从本矿现有的排水能力看，深降强排的实施尚有困难。iii.奥陶系岩溶裂隙含水层（段）地

下水：奥陶系岩溶裂隙含水层（段）远离主采煤层，在正常情况下对矿坑充水无明显影响。据水 8 孔奥灰水期观测资料，奥灰水位随矿井开采逐年下降，说明奥灰水对矿坑充水有间接补给作用，也是煤层开采的重要隐患之一。iv.老空水：恒源煤矿煤层埋藏较深，周围无小煤窑开采，不存在老窑水；但是，由于相邻的刘桥一矿及新庄煤矿较恒源煤矿先开采，在靠近矿界的工作面老塘，可能存在一定的老塘水，因此不能排除这些老塘水对相邻恒源煤矿开采的影响。另外，4413 工作面和 4414 工作面几次大的突水，工作面经过改后出水形式均转化为老塘出水，4414 工作面回采完毕涌水量也转化为老塘水。随着开采深度的增加，工作面老塘不同程度地存在老塘水聚集，老塘水水害是深部工作面回采面临的较大威胁之一。

2）充水通道

矿井充水的通道主要有：导水断层、采动裂隙和构造裂隙岩溶陷落柱以及未封闭好的钻孔。

①断层：本矿断层突水多发生在断层的交汇部位，突水工作面 651 工作面靠近 DF5 逆断层，刘桥一矿Ⅱ626 工作面的突水位于陈集断层带上等。断层发育部位通常引起隔水层厚度变小，岩石强度降低，降低隔水层隔水性能，使底板突水可能增加。对于较大的断层，落差大，延深远，易于形成垂直与水平的水力联系，在采矿等因素影响下，最易成为矿井充水的良好通道，而沟通其他含水层水导致矿井突水。一些断层本身导水性较差，也不含水，但其伴生的次生裂隙往往富水，成为矿井突水的原因之一。断层在采动影响下，其导水性也有可能发生改变导致突水。因此在生产中对断层发育及附近部位应密切关注，应引起足够的重视。本矿小断层十分发育，在大中型断层附近或两组断层交汇处小断层相对集中。特别是新构造裂隙具有时代新、连通性好、充填物少、导水性强的特点，并且分布广泛，也是矿井涌水的重要通道，也应引起足够重视。

②采动裂隙和构造裂隙：采动冒落带裂隙是矿井涌水的重要途径，对煤层顶底板的砂岩裂隙水处于采动破坏带内，其中的裂隙水必然要涌入矿井。底板太原群灰岩岩溶水在水压、矿压作用下，由于有效隔水层厚度的变化而突水造成突水灾害。其发育高度与煤层开采方法、顶板岩性煤层开采厚度等因素密切相关。构造裂隙也是储水和导水的主要场所和通道，与采动裂隙共同作用形成突水通道。

③风化带裂隙：本矿仅 4 煤层在井田南部有不足 300m 宽露头，因此风化带裂隙的导水作用在本矿不是太显著。

④陷落柱：本矿岩溶较发育，在Ⅱ61 采区的Ⅱ617 风巷及Ⅱ6115 风联巷，揭露了岩溶陷落柱构造，虽然没有发生突水现象，但可能是因为浅部的水压小，不足以克服陷落柱充填物颗粒间的阻力而没有发生突水。随着深度的增加，其导水性能可能发生变化，因此陷落柱依然是本矿一个潜在的突水通道。

⑤封闭不良钻孔：本矿尚有 U17、U49、U50、U51、U152、U190 6 个钻孔未进行启封，封闭质量为不合格，有可能会成为导水通道，特别是 U17 孔终孔层位太原组石灰岩应引起注意。

3）充水强度

矿井设计开采煤层有 4、6 煤层。4 煤矿井涌水量基本上比较稳定，正常涌水量为

60.94m³/h，最大涌水量为 65.52m³/h。6 煤涌水量比 4 煤大，正常涌水量为 218.28m³/h，最大涌水量为 272.3m³/h。从 2006 年到 2009 年，整个矿井的涌水量最大为 777.7m³/h，最小为 345m³/h，矿井年实际生产产量从 194.2 万 t 至 200 万 t，由此可以计算出矿井富水系数最小为 1.56m³/t，最大为 3.41m³/t，为充水性弱-中等的矿井。

6. 矿井充水状况

恒源煤矿目前的涌水，主要在二水平的 II 61 及 II 62 采区，涌水水源主要是老塘水、煤层顶底板砂岩裂隙水及灰岩放水孔放水。目前矿井涌水量在 350m³/h 左右。

矿井充水水源通过适当的导水通道，在未能预知的情况下，突然涌入矿井所产生的水害事故。当突水影响生产、威胁采掘工作面或矿井安全、增加吨煤成本何时矿井局部或全部被淹没时，便构成矿井水害。由于突水或煤矿水害事故都发生在采掘过程中，突水的发生除决定于突水点附近的地质及水文地质条件外，都与采掘活动对井巷围岩的破坏有关系。

1）矿井突水点统计分析

恒源煤矿自 1985 年建井以来，曾发生过多次突水。据统计，突水量大于 5m³/h 的共有 80 次，最大的一次是 2001 年 10 月 7 日 4413 工作面 4 煤顶板砂岩裂隙含水层突水，至 10 月 9 日突水量最大达 350m³/h。其中突水量大于 100m³/h 的突水情况见表 2.23。

表 2.23　矿井部分突水点统计

出水时间	出水位置	出水层位	出水量 /（m³/h）	变化趋势	突水因素分析
1997.4.1	651 机巷 J20 点前 30m	6 煤底	8		老塘水渗入
1997.7.3	44 采区 2#进风巷 L₅ 点前 30m	4 煤顶	15	较稳定	砂岩裂隙
1997.12.2	651 工作面距风巷 F₂₆ 点 10m	6 煤顶	5	25 天后基本无水	老塘水
1998.2.10	621 机巷 G₁₅-F₁ 点	6 煤顶	7		断层带出水
1998.4.31	651 风巷 F₆-F₈ 点	6 煤底	12.5	1999 年 3 月减至 6m³/h	灰岩水补给
1999.5.15	6513 风巷 F₅ 点后 10m	6 煤底	6	疏干	渗漏
1999.5.21	6513 风巷	6 煤底	12	较稳定	砂岩裂隙水
1999.6.14	6513 风巷 F₁ 点前 20m	6 煤底	12	减少、疏干	渗漏
1999.7.13	6513 风巷 F₉ 点前 23m	6 煤底	12	变化不大	可能有断层
1999.7.19	427 工作面机巷	4 煤底	15	减小至 2m³/h	老塘水
1999.9.22	652 工作面距机巷 15m	6 煤底	6		断层
1999.10.8	6513 切眼横窝前 24.5m	6 煤顶	10	疏干	砂岩裂隙水
2000.3.20	652 工作面腰巷	6 煤底	9	减小	砂岩裂隙水
2000.9.24	4413 工作面切眼	4 煤顶底	16	较稳定	断层裂隙水
2000.10.6	6513 工作面	6 煤顶底	8	较稳定	砂岩裂隙水
2001.1.23	4213 工作面	4 煤顶	20	维持 5m³/h	老塘水
2001.1.28	4413 工作面	4 煤顶	137.5	后逐渐减少至正常	顶板淋水及老塘水

出水时间	出水位置	出水层位	出水量/（m³/h）	变化趋势	突水因素分析
2001.10.7	4413 工作面 老塘	4 煤顶	310	2001 年 10 月 9 日最大达 350m³/h，2002 年 1 月以后减少至 100m³/h	顶板砂岩及老塘水
2001.2.17	北翼轨道大巷 N31 点前 20-55m	断层面及 6 煤底板	25	注浆后减至 8~9m³/h	断层及砂岩裂隙水
2001.4.9	北翼运输机巷 Y15 点前 10m	孟口断层附近顶板砂岩	26.5	疏干	顶板砂岩裂隙水
2001.11.22	4414 工作面老塘	4 煤顶	22		老塘水回灌
2001.12.27	4414 工作面 3 号疏放水孔	4 煤顶板砂岩	74		疏放水孔
2002.1.13	4414 工作面距风巷 73m 处	4 煤顶	313		顶板砂岩裂隙水
2002.7.8	4414 工作面 老塘	4 煤顶	112	至 2004.5 维持 73m³/h	老塘出水
2002.2.18	4413 工作面风巷端	4 煤顶	25~30		砂岩裂隙
2002.4.3	4413 工作面风巷端老塘	4 煤顶	163	至 2004 年 12 月维持 31m³/h	老塘水
2002.11.25	二水平运输暗斜井 Y16 点前 65.9m	6 煤顶	26		砂岩裂隙水
2003.5.15	二水平轨道暗斜井 G8 前 78.3m	6 煤底	12	疏干	砂岩裂隙水
2003.8.10	六五变电所供水孔附近 13m	太灰	121	注浆封孔	GS3 防尘孔漏水
2004.4	Ⅱ614 机联巷 F3 前 17.5m	6 煤顶	15		顶板砂岩 淋水

　　根据该矿以往的突水情况，对突水点进行分类统计（见表 2.24），4 煤顶板突水 24次，底板突水 15 次，6 煤顶板突水 20 次，底板突水 17 次。由此可以看出，本区在生产实际中所面临的水害主要为 4、6 煤顶底板砂岩裂隙水、老窑水、断层水、封闭不良钻孔水和太灰水。出水位置主要发生在工作面、巷道及井筒，且突水点主要分布在–400m 以上浅部位，在平面上主要为四四采区，其次为四二采区、六五采区，尤以 4413、4414工作面突水最为严重。此外，工作面突水总体上 4 煤、6 煤层底板突水的频率均低于顶板，但以 4 煤顶板砂岩出水频率最高。

表 2.24　恒源煤矿突水点分类情况统计表（突水次数）

水量/（m³/h）	4 煤		6 煤		太灰	累计
	顶板	底板	顶板	底板		
≤10	2		4	5		11
11~50	13	10	12	11		45
51~99	3	3	1			7
≥100	6	2	3	1	1	13

（1）矿井突水点的分布特征

本矿共发生水量大于 $5m^3/h$ 的突水 80 次，其中，井筒突水四次，巷道突水 57 次，工作面突水 18 次，GS_3 防尘孔漏水一次。主要特征为：

① 突水点主要分布在 -400m 以浅部位，在平面上主要分布四四采区，其次为四二采区、六五采区，尤以 4413、4414 工作面突水最为严重。

② 工作面突水点出水层位以 4 煤顶板最多，而且以 4 煤顶板砂岩出水频率最高。4 煤顶板突水 24 次，底板突水 15 次。6 煤顶板突水 20 次，底板突水 17 次，由表可以看出从总体上 4 煤、6 煤层顶底突水总的频率相当，但是 4 煤层顶板发生突水的次数量多。4、6 煤层均是底板突水的频率低于顶板。

③ 出水点与构造有关，突水点多数发生在断层附近、交汇部位、尖灭端、褶曲的轴部等裂隙发育部位。

（2）矿井突水点涌水量变化特征

① 由表 2.23 可以看出，4 煤层突水强度明显高于 6 煤层，4 煤层顶板砂岩最大突水量达 $350m^3/h$，单点水量为 $70m^3/h$，大于 $100m^3/h$ 的有八次，而 6 煤层顶板砂岩最大突水点为 123.48m，大于 $100m^3/h$ 的只有四次。

4、6 煤层顶板突水的频率和强度增高于底板。顶板突水 24 次，突水量大于 $100m^3/h$ 的有六次；底板突水 15 次，突水量大于 $100m^3/h$ 的只有两次。6 煤层顶板突水 20 次，突水量大于 $100m^3/h$ 的有三次，底板突水 17 次，突水量大于 $100m^3/h$ 的只有一次。

涌水量变化有小→大→小→稳定的动态补给型和小→大→小→疏干的静储量消耗型两种类型。

② 各出水点涌水量均具有随时间延长而疏干的特点，反映出互不影响，富水性弱，以储存量为主的特征，煤系砂岩裂隙水多为淋水、滴水，少数出水点为突水。在没有富水性强的含水层补给情况下，为消耗煤系砂岩含水层本身的储存量，其水量开始较大，很快明显减小，并逐渐疏干。一般突水量较小而且持续时间也短，当因构造裂隙沟通体系外富水性强的含水层补给时，则突水量大，持续时间也长。

③ 无论是巷道或工作面出水主要表现为滴水、淋水、涌水三种形态。

④ 矿井突水具有突发性和周期性二重性特征。本矿突水主要为 4、6 煤层顶底板砂岩裂隙含水层突水。由于砂岩裂隙发育具有不均一性，4、6 煤顶底板砂岩裂隙含水层的富水性也不均一，一般富水性弱。但局部地段构造裂隙发育富水性强，不排除局部地段 4、6 煤层顶底板砂岩裂隙水具有突发性的可能。从 4413、4414 工作面突水情况分析，老顶大面积冒落是突水的主要原因之一。由于老顶垮落具有周期性（周期性来压），因此工作面涌水也呈现出随工作面的推进重复发生。4413 工作面从 2001 年 1 月 28 日初次来压，至 2002 年 2 月 18 日伴随五次顶板来压，发生五次突水。

2）矿井正常涌水量

矿井涌水量构成主要是煤层顶底板砂岩裂隙水，其次是新生界含水层孔隙水和其他水（包括采掘施工用水、防尘水及井下太灰探查孔、观测孔出水、太灰放水等）。

第3章 恒源矿井6煤层底板突水危险性预评价

本章根据五图-双系数法基本原理和工作流程，对恒源煤矿带压开采的6煤层进行突水危险性评价，围绕"五图""双系数""三级判别"选取相关参数进行计算和图件绘制，并进行评价结果等级划分。评价结果显示：6煤层带压开采区底板突水危险性主要划分为Ⅰ、Ⅱ、Ⅲ级区。在Ⅱ、Ⅲ级区带压开采6煤层底板突水危险性较小，安全性较高，但存在断裂构造突水的可能性；在深部Ⅰ级区，带压开采6煤层底板突水危险性较大，特别是在断裂构造区域，存在发生直通式突水的可能性。因此，在带压区开采6煤层时应加强断层或隐伏构造以及太灰岩溶含水层富水性探查，采取底板注浆改造等措施，对底板水害进行有效防治，保证工作面的安全回采。

3.1 底板突水危险性评价方法现状

随着我国煤矿开采深度的逐渐加深，煤田的地质条件和水文地质条件越来越复杂，同时，不同矿井甚至同一矿井不同地段的地质条件及水文地质条件也存在着较大差异，在生产实践中不易掌握。在煤层底板承受下伏含水层水压而进行带压开采时，往往存在着底板突水威胁。为了有效防范突水灾害，保障矿井生产安全，开展带压开采煤层底板突水危险性评价显得越来越迫切。底板突水危险性评价方法较多，目前主要采用的有突水系数法、"下三带"理论、斯列萨列夫公式法、抗压强度比值系数计算法、模糊综合评价法、数值模拟评价法、脆弱性指数法、五图-双系数法等（李白英，1999；武强等，2007a，2013；国家安全生产监督管理总局、国家煤矿安全监察局，2009；刘其声，2009；张自政等，2010；施龙青，2012；刘士亮等，2015）。煤层底板突水受控于多种因素，是一种相当复杂的非线性动力现象。传统的突水系数法是指单位隔水层厚度所承受的水压，由于其计算简单，在我国的煤矿水害评价中得到了广泛的应用，这一公式已经写入《煤矿防治水规定》（国家安全生产监督管理总局、国家煤矿安全监察局，2009）。由于它是一个经验公式，是地质工作者在总结了多数经验后，得出的大部分地区的经验公式，比较适用于我国的煤矿水文地质条件。但其缺点是它仅仅考虑了水压和隔水层厚度两个因素，计算结果偏于保守，造成资源的浪费，有待于进一步改进和完善。"下三带"理论主要在底板突水预测及开采安全性论证等方面应用比较广泛，在一定程度上对煤矿防治水工作进行了指导，但是它的理论基础存在不足，没有考虑承压水对底板岩层的破坏作用以及所需数据较大、计算复杂等问题有待进一步解决。脆弱性指数法和五图-双系数法都属于新方法，脆弱性指数法是指将可确定底板突水多种主控因素权重系数的信息融合与具有强大空间信息分析处理功能的GIS耦合于一体的煤层底板水害评价方法（武强等，2007b，2007c，2009），相比突水系数法，它大大提高了预测的精准度，同时更加深刻地反映了煤层底板突水这种复杂的受控于多种因素控制的非线性动力现象，但这种方法需要考虑多种主控因素之间相互复杂的作用关系和"权重"比例,计算较为繁琐。五图-双系数法引入了带压系数的概念(国家煤矿安全监察局,2009),综合考虑了隔水层的地质力学性质,强调了矿压破坏深度的概念,使突水系数公式更加趋于合理,主要是通过"五图""双系数""三级判别"来进行评价工作,简便直观,是目前进行底板突水危险性评价的常用方法(易伟欣,2013;王宗明等,2016;张勇,2016)。本章选用该方法对恒源煤矿 6 煤底板突水危险性进行预评价,为底板水害防治工程设计与实施提供科学依据。

3.2 五图-双系数法基本原理

五图-双系数法是一种带压开采工作面评价的方法(国家煤矿安全监察局,2009),该方法用于采煤工作面评价时涉及许多细致的工作内容,其中最重要的是围绕"五图"、"双系数"和"三级判别"来进行,评价过程见图 3.1。该方法考虑的因素比较全面,而且简便、直观。因此选取五图-双系数法来评价注浆前底板突水危险性。

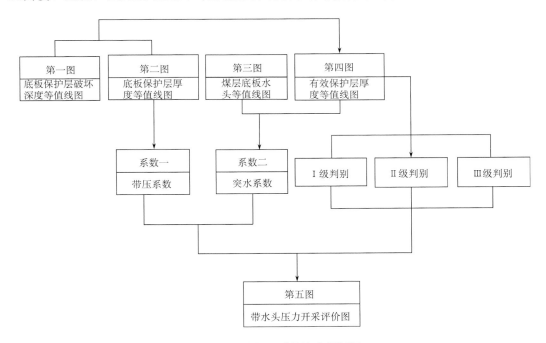

图 3.1 五图-双系数法流程框图

3.2.1 "五图"的概念和意义

①工作面回采过程中,由于矿压等因素综合作用的结果,在煤层底板产生一定深度的破坏,这种破坏后的岩层具有导水能力,故称之为"导水破坏深度"。通过试验和计算可以获得该值的分布状况,据此绘制"底板保护层破坏深度等值线图"(第一图)。

②煤层底面至含水层顶面之间的这段岩层称为"底板保护层"。它是阻止承压水涌入采掘空间的屏障，需查明其厚度及其变化规律。据此绘制"底板保护层厚度等值线图"（第二图）。

③煤层底板以下含水层的承压水头将分别作用在不同标高的底板上。根据计算绘制"煤层底板水头等值线图"（第三图）。

④把导水破坏深度从底板保护层厚度中减去，所剩厚度称为"有效保护层"。它是真正具有阻抗水头压力能力且起安全保护作用的部分。据此绘制成图即为"有效保护层厚度等值线图"（第四图）。

⑤最后根据有效保护层的存在与否和厚度大小，依照"双系数"和"三级判别"综合分析，即可得到带压开采技术的最重要图件"带水头压力开采评价图"（第五图）。

3.2.2 "双系数"的概念和意义

①在研究保护层时，要同时进行保护层的阻抗水压能力的测试，根据所获参数计算保护层的总体"带压系数"，它是表示每米岩层可以阻抗多大水压的指标，是双系数之一。

②另一系数是"突水系数"，它是有效保护层厚度与作用其上的水头值之比。

3.2.3 "三级判别"的概念和意义

"三级判别"是与双系数配合用来判别突水与否、突水形式和突水量变化的三个指标：

Ⅰ级判别，是判别工作面必然发生直通式突水的指标；

Ⅱ级判别，是判别工作面发生非直通式突水可能性及其突水形式的指标；

Ⅲ级判别，是判别已被Ⅱ级判别定为突水的工作面其突水量变化状况的指标。

3.3 恒源矿井 6 煤层底板突水危险性预评价

3.3.1 评价标准

依据《煤矿防治水规定》和井田断裂构造发育程度，本次评价以"带压系数"为主要评价指标，结合"突水系数"评价指标，并配合"三级判别"，共分为三种评价标准。

Ⅰ级评价：当"带压系数"和"突水系数"均大于 0.06 MPa/m 时，"双系数" 均超出临界值，由于承压水头高，底板保护层难以阻抗作用在其上的水头压力，工作面必然发生直通式突水；同时考虑在Ⅱ、 Ⅲ级评价区断裂构造两侧，断裂构造破坏了底板保护层的完整性，降低了底板保护层厚度和抗、隔水性能，也同样容易发生突水。

Ⅱ级评价：当"带压系数"小于 0.06 MPa/m，"突水系数" 大于 0.06 MPa/m 时，"带压系数" 未超出临界值，符合《煤矿防治水规定》附录四中"底板受构造破坏块段突水系数一般不大于 0.06 MPa/m" 的规定，发生底板突水的可能性较小。但工作面存在发生非直通式突水的可能性。并且"突水系数"超过临界值，说明在底板保护层中"有效保护层"阻抗水头压力的能力较低,无形中增加了发生突水的可能性,尤其是在断裂构造附近存在发生突水的可能。

Ⅲ级评价:"带压系数"和"突水系数"均小于 0.06 MPa/m,"双系数"均未超出临界值,在底板保护层中"有效保护层"阻抗水头压力的能力较高,能起到安全保护作用,工作面在正常情况下底板发生非直通式突水的可能性极小。

3.3.2　参数确定

1. 底板保护层破坏深度

根据"三下"采煤规程,底板采动导水破坏带深度可通过现场观测获得。我国煤矿的观测结果表明,底板带动破坏过程主要取决于工作面的矿压作用,其影响因素有开采深度、煤层倾角、煤层开采厚度、工作面长度、开采方法和顶板管理方法等。其次是底板岩层的抗破坏能力,主要包括岩石强度、岩层组合及原始裂隙发育状况等(国家煤炭工业局,2000)。

考虑采深、倾角和工作面斜长,则可得下述统计公式:

$$h1 = 0.0085H + 0.1665\alpha + 0.1079L - 4.3579 \tag{3.1}$$

式中:$h1$ 为底板破坏深度,m;H 为开采深度,m;L 为工作面斜长,m;α 为煤层倾角,(°)。

本次为全面考虑影响煤层底板破坏深度的因素,选取考虑采深、倾角及工作面斜长的公式,根据揭露灰岩钻孔柱状图,可得出不同位置煤层的埋深及煤层倾角,工作面斜长取二水平现有工作面的平均斜长 L=162m。通过计算可得不同位置底板保护层破坏深度。统计结果见表 3.1,底板保护层破坏深度等值线图见图 3.2。由表 3.1 和图 3.2 可知,恒源井田 6 煤底板保护层破坏深度为 16.5~22.59m,平均破坏深度为 19.21m;在井田范围内,中部和南部破坏深度较小,在 17~18.5m 之间,北部破坏深度较大,在 18~22m 之间,且随深度增加破坏深度有逐渐增大的趋势。

表 3.1　恒源井田 6 煤底板保护层破坏深度计算结果

孔号	煤层埋深/m	煤层倾角/(°)	底板破坏深度/m	孔号	煤层埋深/m	煤层倾角/(°)	底板破坏深度/m
23-4	364.38	11	18.05	97-1	771.9	8	21.02
95-1	657.95	8	20.05	99-1	781.23	15	22.26
04-1	330.70	40	22.59	13B8	516.60	10	19.18
95-7	584.10	10	19.75	98-1	690.04	9	20.49
28-1	240.52	8	16.50	13B6	444.38	8	18.23
JD1	347.95	9	17.58	16-4	535.75	10	19.34
16-5	549.58	10	19.46	19-1	278.07	9	16.98
16B6	396.93	10	18.16	05-3	478.9	8	18.52
G3	403.15	8	17.88	98-4	721.10	11	21.08
17B6	499.70	12	19.37	03-4	565.90	8	19.26

孔号	煤层埋深/m	煤层倾角/（°）	底板破坏深度/m	孔号	煤层埋深/m	煤层倾角/（°）	底板破坏深度/m
47-3	408.28	3	17.09	02-2	615.70	10	20.02
98-3	718.55	13	21.39	03-2	603.00	5	19.08
水 7	374.30	17	19.13	02-4	727.62	10	20.97
99-5	784.54	8	21.12	99-2	797.63	15	22.40
95-5	748.40	11	21.31	水 18（05-1）	646.06	8	19.95
12B5	518.50	5	18.36	水 8	286.50	8	16.89
97-3	672.38	10	20.50	水 4	280.75	19	18.67
95-2	756.25	9	21.05	水 5	436.60	10	18.50
06-4	771.60	7	20.85	05-2	614.69	11	20.18
95-4	437.26	10	18.50	B141	337.02	6	16.99
97-2	722.00	8	20.59	99-8	761.00	8	20.92
U11	322.10	12	17.86	06-3	449.66	5	17.78
G5	491.06	4	17.96	13-14B7	468.87	4	17.77
02-1	750.10	10	21.16	10-3	564.75	5	18.75
16B5	399.43	4	17.18	99-4	788.31	15	22.32
水 17（04-4）	684.64	8	20.27	99-3	769.25	10	21.33
03-3	579.18	10	19.71	12-131	257.22	10	16.97
水 10	327.00	10	17.57	04-2	577.30	10	19.69
17B3	388.25	9	17.92	28-3	329.85	8	17.26
14-3	446.06	10	18.58	28-4	381.10	9	17.86
17B4	450.65	14	19.28	G4	355.63	10	17.81
17B5	488.64	8	18.61	15-6	577.40	10	19.69
17-18B3	431.47	9	18.29	水 12	265.06	11	17.21
G2	439.71	2	17.19	02-3	727.75	10	20.97

2. 底板保护层厚度

根据井田范围内揭露太灰钻孔的资料统计分析，得到各孔的 6 煤至一灰顶厚度，即底板保护层厚度。统计结果见表 3.2。剔除断层带附近的异常点（95-5、10-3、02-3、04-1），井田范围内 6 煤至一灰顶厚度等值线图见图 3.3。从表 3.2 可以得出，井田范围内的底板隔水层厚度为 38.02~70.13m，平均厚度为 52.83m；从图 3.3 可以看出，在井田范围内，西部和西南部底隔厚度较大，在 50~70m 之间，东北部底隔厚度较小，在 38~50m 之间。

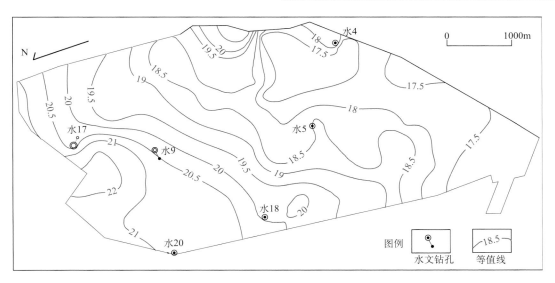

图 3.2　恒源井田 6 煤底板保护层破坏深度等值线图

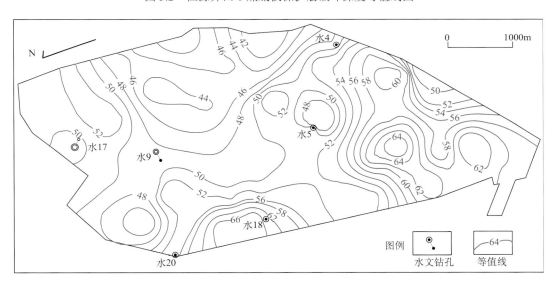

图 3.3　恒源井田 6 煤至一灰顶保护层厚度等值线图

表 3.2　恒源井田 6 煤底板保护层厚度与有效保护层厚度统计计算结果表

孔号	底板保护层厚度/m	有效保护层厚度/m	孔号	底板保护层厚度/m	有效保护层厚度/m
23-4	60.68	42.63	97-1	69.04	48.02
95-1	70.13	50.08	99-1	51.56	29.30
04-1	30.79	8.20	13B8	49.92	30.74
95-7	51.26	31.51	98-1	51.70	31.21
28-1	59.96	43.46	13B6	51.17	32.94

孔号	底板保护层厚度/m	有效保护层厚度/m	孔号	底板保护层厚度/m	有效保护层厚度/m
JD1	65.85	48.27	16-4	49.88	30.54
16-5	49.65	30.19	19-1	61.76	44.78
16B6	58.70	40.54	05-3	51.23	32.71
G3	51.02	33.14	98-4	48.00	26.92
17B6	51.85	32.48	03-4	42.50	23.24
47-3	39.92	22.83	02-2	53.81	33.79
98-3	49.17	27.78	03-2	54.73	35.65
水 7	46.71	27.58	02-4	50.43	29.46
99-5	50.03	28.91	99-2	52.05	29.65
95-5	23.56	2.25	水 18（05-1）	63.27	43.32
12B5	43.66	25.30	水 8	52.89	36.00
97-3	42.94	22.44	水 4	48.18	29.51
95-2	56.03	34.98	水 5	51.40	32.90
06-4	46.98	26.13	05-2	53.64	33.46
95-4	42.98	24.48	B141	53.71	36.72
97-2	56.09	35.50	99-8	51.89	30.97
U11	58.06	40.20	06-3	46.24	28.46
G5	63.50	45.54	13-14B7	49.46	31.69
02-1	48.41	27.25	10-3	25.25	6.50
16B5	62.16	44.98	99-4	49.74	27.42
水 17	47.98	27.71	99-3	48.92	27.59
03-3	44.85	25.14	12-131	38.02	21.05
水 10	57.03	39.46	04-2	54.03	34.34
17B3	62.32	44.40	28-3	59.18	41.92
14-3	40.31	21.73	28-4	64.94	47.08
17B4	69.87	50.59	G4	54.89	37.08
17B5	59.14	40.53	15-6	50.57	30.88
17-18B3	58.95	40.66	水 12	59.30	42.09
G2	56.61	39.42	02-3	20.93	0.00

3. 有效保护层厚度

将采动破坏带深度从底板保护层厚度中减去，所剩厚度称之为有效保护层厚度。计算结果见表 3.2。从表 3.2 中可以看出，6 煤层的底板有效保护层厚度为 20.09~50.59m，平均为 34.23m。

有效保护层厚度等值线见图 3.4，从图 3.4 可以看出，在井田范围内，西部和南部有效底隔厚度较大，在 32~50m 之间，东部和北部较小，在 22~32m 之间。

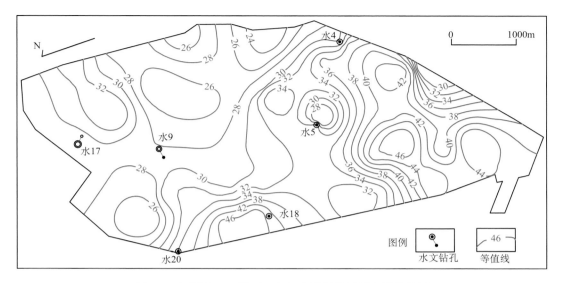

图 3.4　恒源井田 6 煤至一灰间有效保护层厚度等值线图

4. 煤层底板上的水头压力

根据各太灰长观孔的水位观测资料（2009 年 12 月），得到井田范围内的各钻孔的太原组灰岩含水层水头值，如表 3.3 所示。可以看出，6 煤底板以上水头值在 86.26~455.26m，水头压力为 0.845~4.462MPa。并编制了 6 煤底板以上水头等值线图，如图 3.5 所示。井田范围内，从东南至西北随着深度的增加，水头值也逐渐增加，整个趋势与 6 煤底板等高线有很好的一致性。

表 3.3　恒源井田 6 煤底板以上水头值

孔号	钻孔坐标/m		6 煤底板以上水头	
	x	y	高度/m	压力/MPa
水 4	3755729.80	39469223.64	86.26	0.845
水 5	3756538.41	39468084.62	229.93	2.253
水 18（05-1）	3757725.52	39466970.97	455.26	4.462
水 17（04-4）	3760113.401	39469053.84	385.01	3.373
水 20（07-2）	3759259.34	37466888.33	446.20	4.373
水 9（95-5）	3758960.52	39468553.309	451.76	4.427

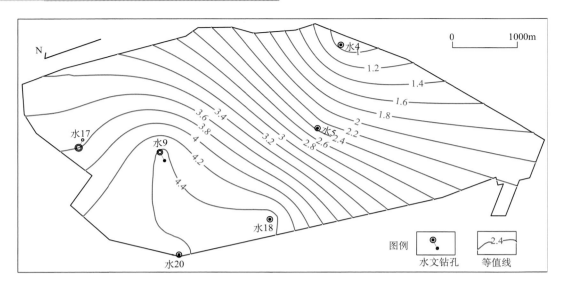

图 3.5　恒源井田 6 煤底板以上水头等值线图

5. 底板带压系数与突水系数

依据"带压系数"计算公式 $Td=P/M$，其中，Td 为带压系数，P 为底板水头压力，M 为底板保护层厚度。计算得出 6 煤层的"带压系数"在 0.009~0.109MPa/m。依据"突水系数"计算公式 $Tt=P/(M-Cp)$，其中，Tt 为突水系数，P 为底板水头压力，M 为底板保护层厚度，Cp 为底板破坏深度。计算得出 6 煤层"突水系数"在 0.01~0.20MPa/m 之间。计算结果见表 3.4。

表 3.4　恒源井田 6 煤底板突水危险性评价计算

孔号	突水系数 Tt /（MPa/m）	带压系数 Td /（MPa/m）	孔号	突水系数 Tt /（MPa/m）	带压系数 Td /（MPa/m）
23-4	0.04	0.030	13B6	0.07	0.046
95-1	0.09	0.066	16-4	0.11	0.067
95-7	0.12	0.073	19-1	0.02	0.016
28-1	0.01	0.010	05-3	0.07	0.047
JD1	0.08	0.059	98-4	0.16	0.091
16-5	0.12	0.071	03-4	0.13	0.073
16B6	0.05	0.036	02-2	0.10	0.065
G3	0.13	0.084	03-2	0.10	0.062
17B6	0.09	0.059	02-4	0.15	0.086
98-3	0.16	0.089	99-2	0.17	0.098
水 7	0.06	0.033	水 18（05-1）	0.11	0.072

续表

孔号	突水系数 Tt /（MPa/m）	带压系数 Td /（MPa/m）	孔号	突水系数 Tt /（MPa/m）	带压系数 Td /（MPa/m）
99-5	0.18	0.104	水 8	0.03	0.018
12B5	0.12	0.068	水 4	0.03	0.018
97-3	0.18	0.092	水 5	0.07	0.045
95-2	0.15	0.091	05-2	0.12	0.078
06-4	0.20	0.109	B141	0.04	0.027
95-4	0.09	0.051	99-8	0.17	0.100
97-2	0.13	0.085	06-3	0.07	0.044
U11	0.03	0.024	13-14B7	0.08	0.052
G5	0.07	0.048	99-4	0.19	0.103
02-1	0.17	0.095	99-3	0.18	0.103
16B5	0.10	0.070	12-131	0.02	0.009
水 17（04-4）	0.14	0.081	04-2	0.11	0.070
03-3	0.12	0.070	28-3	0.03	0.025
水 10	0.09	0.062	28-4	0.04	0.031
17B3	0.05	0.034	G4	0.05	0.031
14-3	0.11	0.057	15-6	0.12	0.075
17B4	0.05	0.040	水 12	0.02	0.014
17B5	0.07	0.051	G2	0.06	0.041
17-18B3	0.06	0.042	97-1	0.12	0.081
98-1	0.15	0.091	99-1	0.17	0.098
13B8	0.10	0.059			

3.3.3　评价结果

依据表 3.4 计算结果中的 6 煤层"带压系数"和"突水系数"数据，绘制了 6 煤层底板带压系数等值线和突水系数等值线图，并以"带压系数"为主要评价指标，结合"突水系数"评价指标，并配合"三级判别"，进行带压等级分区，可划分为Ⅰ、Ⅱ、Ⅲ级区，如图 3.6 所示。结合评价标准，对评价结果分述如下：

① 6 煤层带压开采时，大致在底板等高线−350m 以浅，"双系数"均小于 0.06 MPa/m，属Ⅲ级评价的范畴，底板"有效保护层"阻抗水头压力的能力较强，正常情况下工作面发生非直通式突水的可能性极小，但遇断裂构造时有发生突水的可能。

② 大致在 6 煤层底板等高线−350m 以下至−500m 以上范围，带压系数小于 0.06MPa/m，突水系数大于 0.06 MPa/m，属Ⅱ级评价的范畴，发生突水的可能性小，但

有效保护层阻抗水头压力的能力较低，增加了发生突水的可能性，同时遇断裂构造时有发生突水的可能。

③ 在 6 煤层底板等高线–500m 以下区域，"双系数"均大于 0.06MPa/m，属 Ⅰ 级评价的范畴；在带压区的断层周围也属 Ⅰ 级评价的范畴。由于承压水头高，底板保护层难以阻抗作用在其上的水头压力，工作面发生直通式突水的可能性较大。

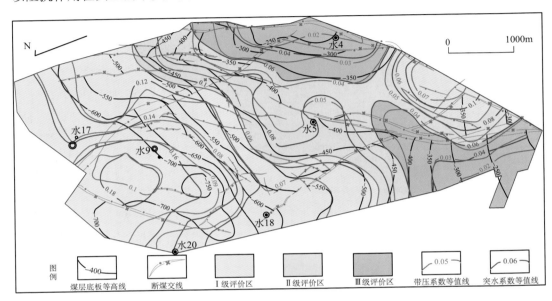

图 3.6　恒源矿井 6 煤层底板太灰岩溶水带压开采评价图

第4章 煤层底板加固与灰岩含水层改造注浆工程

4.1 地面注浆站概况

4.1.1 地面注浆站应用概况

地面注浆站最早应用于注浆堵水，由于其注浆的连续性、造浆的方便性，并且更适合大量的注浆，所以与井下造浆相比有着无可替代的优越性和可靠性，得到了发展和推广。散装水泥罐与风动送料装置自 20 世纪 80 年代在肥城及其他矿务局成功应用后，国内矿山均采用注浆站进行大型注浆。现在建造的地面注浆站是在结合传统黏土水泥制浆工艺的基础上，采用和借鉴当代先进技术而设计建造的，具有风动下料、射流造浆、制浆过程自动跟踪控制，黏土、水泥注浆量自动计量、注浆密度自动监测等特点，是煤矿防治水工程的重要基础设施，也是煤矿深部水平注浆改造的重要防治水措施。肥城矿务局在煤炭生产遭受多次突水灾害的侵袭后，经过多年的研究探索发展了注浆改造煤层底板灰岩含水层的治水方法（于树春，1997）。注浆治水技术作为解放受水威胁煤层的重要途径，具有技术可行、经济合理、安全可靠的特点，其使用范围很广，可以封堵由各种地质构造破坏造成的导水裂隙带及导水通道；可以改造含水层，使之成为弱含水层；可以加固隔水层原生与次生空隙、裂隙，使之成为不透水的阻水岩体（刘纪良等，2013；赵兵文，2008；武强，2013）。20 世纪 90 年代前主要采用单液水泥浆注浆工艺，靠搅拌制浆完成。经过 20 余年的发展完善，浆液所用材料和添加剂日渐多样，以低水泥用量配制的黏土及粉煤灰混合浆液得到了成功应用。并且采用了电脑数控、传感器采集数据和计量螺旋变频调速，使黏土水泥制浆注浆在矿山水害治理方面不仅技术成熟先进，而且装备完善配套，处于世界先进水平（梁宁、李锦昌，2010；郑晨等，2014）。在华北型受底板岩溶含水层威胁矿区得到广泛应用，取得了明显效果，经济效益和社会效益显著（袁中帮等，2009；侯进山，2013）。

目前国内的地面注浆站主要服务于下列三类目标。

（1）淹没矿井突水点的封堵

堵水复矿的地面注浆站功能用于储灰、制浆、注浆，主要注浆材料为普通硅酸岩水泥，要求水泥浆在短时间内胶结，达到封堵出水点，为复矿创造先决条件。如肥城国家庄矿、开滦范各庄矿等。

（2）地质体改造

应用有三。一是底板含水层充填加固即富水性改造，如肥城局的工作面底板含水层注浆改造；二是断层破碎带及陷落柱防渗加固，如峰峰矿务局梧桐庄矿陷落柱防渗加固等；三是采空区注浆，如防灭火注浆、人为的冒落带胶结性注浆等。所用浆液有两类：一类是黏土及水泥混合浆，二是粉煤灰和水泥混合浆液。均是地面建站浆液自管路送到注浆点,送浆距离 2000m 到 4000m 不等。此类注浆站应用最广,建站最多。

(3)巷道封堵及隔水工程砌筑及加固

这类工程一般是独头巷道出水后的快速封堵。地面建站造混凝土浆液,通过送料孔输送混凝土,井下建隔水工程,上下结合实现快速封堵巷道并达到封堵出水点的目的。多为临时建站。

4.1.2 恒源煤矿建立地面注浆站的必要性

随着恒源煤矿开采水平的延深,该矿主采区已由一水平(–400m)逐渐转为二水平(–600m),随着生产能力的逐年提高,根据计划安排,二水平每年将有 1~2 个 6 煤层工作面进行开采,而二水平 6 煤层底板灰岩水压力大,煤层底板薄弱;同时该井田断裂构造较发育,并发育有岩溶陷落柱,存在底板突水威胁。高承压底板水上煤层开采水害防治主要有两种方法,即:疏水降压与带压开采。但疏降开采是有条件的,对于含水丰富、补给条件好,水头高的承压含水层,则不宜采用疏降方法,同时,对于某些含水层可以疏降,但疏降规模还受矿井排水能力的限制。恒源煤矿太原组灰岩含水层是能够适当疏降的承压含水层,但该含水层相对矿井二水平(–600m)水头高,要疏降的水头值大,需疏放量大,疏放周期长,不仅排水费用高,也浪费水资源,而且影响生产接替,严重制约生产进度。所以,恒源煤矿二水平 6 煤层的开采主要采用工作面底板注浆加固与改造技术,增加煤层底板有效隔水层厚度,治理底板高承压的太灰水害威胁,确保煤矿安全生产。再者,如果按每年开采两个二水平工作面计算,预计钻探工程量将在 10000m 左右,工作面底板加固注浆量将在 20000m³ 左右,因受井下工作场地及生产条件的制约,不能进行有规模的大量注浆工程。为此,恒源煤矿结合生产实际,设计并建设了较为先进的地面集中注浆站(制浆量为 20m³/h)(图 4.1),这也是安徽省最先建成的地面注浆系统。该注浆站注浆材料为粉煤灰、黏土、普通硅酸盐水泥,资源丰富,注浆成本低,注浆工艺系统为机械造浆、自动监测、特种管路高压输浆,简便合理,安全高效。井下工作面底板注浆孔应用采动底板移动和破坏规律并结合物探成果优化设计,加固隔水底板,改造一灰—三灰含水层为隔水层,取得了显著的效果(吴玉华等,2009)。

图 4.1　恒源矿井地面注浆站全貌

4.2　底板加固与含水层改造注浆系统构成

含水层注浆改造技术在底板含水层改造即充填加固方面作为矿井防治水技术的有效方法已被成功推广，多为地面建站造浆，井下打孔到受注层，浆液自注浆站经专用管路送到注浆孔，距离 2000m 到 4000m 不等。此类注浆应用最广，地面建站最多。在地面适宜地点建立注浆站。按照结构紧凑、布局合理、施工操作方便的原则，建造储料棚、粗浆池、废浆池、精浆池、搅拌吸浆池、散装水泥罐平台，清水池、微机监控室、办公室、化验室、仓库等。其系统结构分述如下。

（1）造浆系统

一是粗浆造浆系统：由上料皮带输送机、高位水池、制浆机、粗浆池、液下多用泵、旋流除砂器、搅拌机等组成。其作用是先把黏土或粉煤灰经过粉碎搅拌制成合乎要求的粗浆。二是精浆造浆系统即射流造浆系统：由精浆池、气源、散装水泥罐、气动阀下料、调速螺旋、计量螺旋、工业控制及监控等组成。该系统把粗浆经水泥射流系统制成合乎要求的精浆。如图 4.2 所示。

（2）送浆及浆液计量

由泥浆泵、压力表、电磁流量计、在线密度计，注浆管路、送料孔井下注浆管路、注浆孔等组成。

泥浆泵：输送浆液的主要设备，采用 NBB 系列 250/6 及 260/7 型泥浆泵。NBB250/6 型泥浆泵，四级变速，流量分别为 250L/min、150L/min、80L/min、40L/min，电机功率 32kW，工作压力 6MPa，由石家庄煤矿机械有限责任公司生产。NBB250/7 型泥浆泵，五级变速，流量分别为 260L/min 167L/min、106L/min、60L/min、35L/min，电机功率 45kW，工作压力 7~10MPa，最大工作压力 12MPa。由石家庄煤矿机械有限责任公司与肥矿集团联合开发。

电磁流量计：用于时时测量注浆量，安装在下料孔前。

在线密度计：选用通用型在线分析仪表，本仪表可测定各种流体、半流体或混合物的比重。如测定钻孔泥浆、固井泥浆、压裂液、砂浆、矿浆、重介选矿、混凝土、糖浆、纸浆、石油产品、水煤浆及其他各种溶液和流态化工产品随机比重的测定，精度最高可达 5×10^{-4}。

注浆管路：根据目前选用的注浆泵量，一般选用内径 30~50mm 地质管作为注浆管。井下管路要铺设在人行道的对侧或专用巷道内，即要防止漏浆伤人，又要便于检查巡视。

（3）供水系统

包括水源井、水泵、高位储水池、清水池、水管等，确保注浆站连续造浆、注浆用水。

（4）供电系统

根据注浆站配备的设备最大功率考虑供电线路及配电设施，尽可能实现双回路供电。

（5）注浆系统施工流程

注浆站方案设计→建立地面注浆站→完善井上下注浆管路→注浆系统试运行及管路耐压试验→编制含水层注浆设计及注浆孔钻探施工措施→井下施工注浆孔，放水冲孔或

图 4.2　造浆输浆系统

a.制浆机；b.旋流除砂器；c.黏土浆搅拌池；d.灰罐；e.精浆池；f.泥浆泵；g.土料场

放水试验→受注层水文情况分析，制定注浆方案，编制注浆措施→完善注浆管路，管路冲洗，试注清水→地面造浆，正式压注→观测记录原始数据并及时分析整理上报→达到终压终孔标准停注→地面停泵，孔口阀门关闭→向指定地点及时排放管路中的废浆，并用清水冲洗干净→封孔不好的及时二次封孔→施工注浆检查孔，检查注浆效果。

注浆系统与工艺流程如图 4.3 所示。

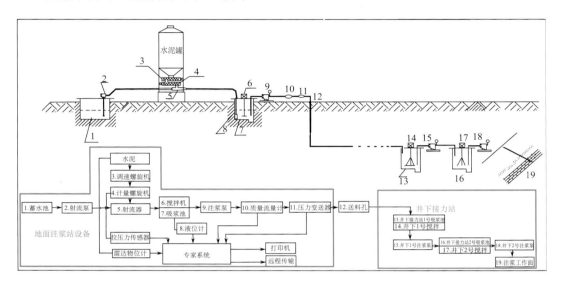

图 4.3　注浆站注浆工艺图

（6）井下接力注浆站

随着注浆管路距离加大，会引起管路阻力加大，损失注浆泵压，致使注浆压力降低，影响注浆改造的效果；同时在注浆终孔稳压时间极易发生管路堵塞现象。因此必须建立井下接力注浆站。在下列情况下一般需建立井下接力注浆站。

①注浆垂深大（一般超过 800~1000m），浆液静水压力接近或超过设计注浆终孔压力。

②注浆管路距离远（一般超过 3500m）或拐弯多，造成注浆管路中浆液易沉淀或浆液输送过程中注浆压力损失大。

井下接力注浆站一般应设在进风风流中，选在有充足水源、通风良好、支护可靠、运输方便且矿井生产无影响的相对独立地点，巷道应采用锚喷或砌碹等可靠方式支护，巷道规格满足以下条件：长×宽×高=15~20m×3.5m×3m，满足井下注浆施工及设备材料运输需要。

井下接力注浆站占地面积约需 50~60m²，主要储存地面至接力注浆站段管路内的浆液，同时兼做接力注浆储浆池使用。主要包括设备、设施：

①搅拌吸浆池（兼做清水池）两个：直径 2m，深度 2m，其中吸浆部分低于池底 0.5m，墙厚 0.2m，上口高出地面 0.5m。

②注浆泵：两台 3ZB15/12-45 型泥浆泵，额定压力 12MPa，最大压力 12MPa，流量

15m³/h，电机功率 45kW，五级变速。

③搅拌机：两台，JJS60A 型。

④压力表：量程不低于 15MPa，用于观测注浆系统压力，量程与泥浆泵、管路及规定注浆压力范围等配套，安装在泥浆泵及井下注浆孔孔口上。

⑤供电：接力注浆站安装两台 3ZB15/12-45 型注浆泵、两台 JJS60A 型搅拌机，合计功率 101kW，需相应供电线路及配电设备。

⑥设备基础：吸浆池两个：直径 2m，深度 2m；泥浆泵平台两个：长×宽×高＝3m×2m×0.5m；搅拌机、泥浆泵开关平台：长×宽×高＝5m×2m×0.5m。

考虑到井下空间有限，接力注浆站设备、设施宜采用单列方式排列。根据已有经验，接力注浆站至注浆孔口注浆管路长度以不超过 1500m 为宜。

4.3　工作面注浆改造工程实施过程

4.3.1　工作面注浆工程设计

1. 钻场设计

原则上在工作面两巷内设计钻场，并布置在面内煤帮侧。每个钻场设计峒室三个，即钻窝、泵窝和水窝，每两个钻场间距 100~150m，具体位置要尽量选择在平缓地段并避开构造发育带（断层带、褶曲轴部等）；钻窝、泵窝与水窝之间煤柱宽度应控制在 5~10m 范围。钻窝尺寸应根据不同钻机型号确定，泵窝及水窝尺寸应按以下标准设计。

泵窝：长×宽×高＝4.0m×4.0m×2.4m

水窝：长×宽×高＝4.0m×3.0m×2.4m（卧底 1.2m 以上）

2. 钻孔设计

①根据《煤矿防治水规定》中对隔水层厚度的要求确定工作面底板改造终孔层位，要求终孔层位必须满足隔水层厚度要求，并且突水系数小于 0.06MPa/m，终孔层位结合工作面水文地质条件确定合适的层位，这样既可以保证底板改造效果，又可以减少钻探工程量。

②要根据各钻孔地质预想剖面确定钻孔的方位、倾角、深度等参数，在设计中尽量杜绝倾角小于 30°的钻孔。钻孔布置在平面上应采用放射状展布，以斜孔为主，在剖面上长短结合，使钻孔揭露的含水层段尽量长；钻孔尽量与断层、裂隙垂直或斜交，穿过多个含水层。对于裂隙的发育地带，断层以及断层的交叉、尖灭地带，工作面初压显现地段均作为布孔的重点。特别是瞬变电磁勘探出的富水异常区，要重点布孔进行控制。

③底板灰岩注浆孔扩散半径，有试验结果的按实际扩散半径设计，没有的按 30~35m 设计。一般要求改造范围内全覆盖加固，针对构造异常带及物探异常区应重点加密布孔探验，改造覆盖范围向工作面四周外扩距离应大于 25m。

④为揭露更多裂隙以增强注浆效果，注浆孔终孔孔径选择 Φ73mm；每个钻孔应下二级套管，一级为孔口护壁管 Φ146mm，至少穿过煤层底板下 2m 以上；二级为止水套

管 Φ108mm，长度应根据岩层强度、水压、钻孔倾角等因素综合确定，但孔口管末端距离煤层底板垂距不小于 15m，同时应满足《煤矿防治水规定》的相关要求。

⑤钻孔施工顺序：原则上按照钻孔编号间隔施工，一般先施工正对煤墙的钻孔，因为此位置底板最稳定，最安全；然后再向两边间隔施工。对于倾角大小不同的钻孔，优先施工大角度钻孔，然后施工小角度钻孔。

⑥每个钻场有一个注浆效果检查孔，重点对物探异常区和出水量大的钻孔进行检查；每相邻两个钻场至少布置一个全取心孔；根据施工情况每个钻场选择一个钻孔进行钻孔测斜。

3. 注浆设计

①注浆终压一般按照静水压的 2~3 倍为原则进行取值。具体可根据附近水文钻孔实测水位值结合工作面标高计算水压值，同时参照临近工作面底板改造期间灰岩实际水压。静水压力取值按最大值进行取舍，最后确定工作面注浆终压。一般来说，坚固岩层注浆终压可以高一点，松软岩层注浆压力不宜太高，以免发生底板压裂破坏事故。

②注浆材料为黏土水泥浆或水泥单液浆。水泥为新鲜的 PO42.5 普通硅酸盐水泥，其质量应符合国家标准（GB175-92）（中国水泥标准化技术委员会，2008）。黏土 40μm 以下的粒径不得小于 90%。单液水泥浆浓度为 1.20 ~1.35g/cm³；黏土水泥浆为 1.20~1.30g/cm³，黏土与水泥的质量比小于 1∶1。

③注浆方式，即固管与浅部复注采用井下注浆泵注浆，底板加固与改造含水层注浆应采用地面注浆站注浆；注浆顺序为打一孔注一孔和交叉施工钻孔方式；注浆结束标准为达到设计终压，浆液流量在 40L/min 以下，并持续 20 分钟。

④一般应采用公式法或比拟法预算注浆总注入量和单孔平均注入量。

4.3.2　钻注施工工艺流程与技术要求

1. 注浆钻孔施工工艺流程与技术要求

1）开孔前准备

地质部门向钻探部门下达开工通知书，钻探部门接到通知后，向测量下达放线通知书，测量接到通知书后两天内按设计放线结束。钻机队技术员根据测量放的控制线具体定孔位、稳钻机开孔。要求各孔钻孔方位误差小于±2°，倾角误差小于±1°。

2）孔口管埋设

严格按照设计要求下孔口管，下管时，钻机队技术员及其跟班人员现场督查下管并有签字，地测部门不定时现场抽查，抽查率不低于 30%。孔口管丝扣要满扣满丝，防止孔口管在使用过程中脱扣，法兰盘与孔口管要连接牢固，严禁法兰盘与孔口管焊接处出现"砂眼"或法兰盘与孔口管丝扣连接不满扣满丝。为防止钻孔偏移，下孔口管段原则上应取心钻进。钻孔开孔钻进必须加导向钻杆施工。且要求孔位偏差在±0.5m 以内，钻孔开孔方位及倾角偏差在±1°以内。第一路孔口管必须穿过煤层，进入煤层底板坚硬岩层中不少于 2m，下套管时钻孔深要比预计下套管深度深 0.3m，第二路孔口管下套管时钻孔孔深要比预计下套管深度深 0.5m。末端套管（焊接法兰盘的孔口管）长度在 0.5~1m

之间。孔口管埋设的注浆材料采用 PO42.5 普通硅酸盐水泥，以 0.8：1~1：1 的比例制成水泥浆，使用设计规定的注浆泵，进行注浆固管，凝固时间不低于 72 小时；耐压试验时需地测部门现场检查验收，不能满足标准要求的，重新复注，直至满足标准要求。

　　3）钻进施工要求

　　钻孔钻进超过套管后，必须按规定装好孔口高压闸阀、反压装置、防喷装置等；进入海相泥岩 3~5m 时，必须提钻对钻孔进行复注浆，注浆采用井下注浆方式，注浆材料为 1：1~1.5：1 单液水泥浆注浆，注浆压力为静水压 2 倍，凝固时间不低于 48h。钻孔在钻进时应作简易水文地质观测，记录水压、水量（包括漏失量）、水温、采取水样、详细记录岩性变化，准确判层（由钻机队技术人员指导判层，地质部门抽查）；认真做好原始班报记录工作，要求使用专用记录簿，记录规范，字迹清晰，记录簿必须在井下现场交接班。钻孔施工过程中（即裸孔段）加导向钻进，以确保钻孔精确施工。钻孔出水后，应采用物理方法测量涌水量。钻进过程中如果钻孔涌水量大于 $10m^3/h$，须停钻观测，取水样化验；大于 $20m^3/h$ 时，必须实施注浆，若当班不能注浆，则应打开闸阀放水减压，下一班注浆。根据钻探施工中的实际情况，针对具体问题，及时合理调整设计，以达到钻孔施工目的。每个钻场至少选择一个钻孔测斜检查，重点物探异常区的目标靶位钻孔、与设计相差较多的钻孔（提前终孔或未见目的层）及倾角小于 25° 的钻孔要测斜检查，测斜孔数不低于总孔数的 10%。钻孔终孔后，钻机队向地质部门提交验收申请，相关部门现场验尺；钻孔工程结束后提交钻孔施工总结报告，由矿总工程师或委托相关副总工程师组织审批。

　　2. 注浆施工工艺流程与技术要求

　　1）注浆工艺流程

　　检查注浆管路，注浆之前应对钻孔彻底冲孔，冲尽孔底岩粉。注浆管路与孔口连接采用法兰盘连接方式，并检查安全性能。向孔内压清水，了解钻孔的可注性，并再次检查孔口管质量。时间为 30min，压水试验过程中每 5min 观测记录一次。注浆过程中注浆压力、注浆量、浆液浓度等应每隔 30~60min，观测、记录、汇报，要井上下同时记录。注浆过程中要密切观测受注点钻孔及巷道情况，发现孔壁变形、跑浆，钻场及附近巷道底鼓变形等，必须立刻停止注浆。也可根据不同工作面的水文地质条件及现场情况适当选取间歇注浆方案，以降低注浆成本。如果单孔注浆水泥用量大于 100t，或巷道跑浆，则要采取间歇注浆。当孔口压力与设计压力一致、浆液流量在 40L/min、持续 20 分钟即可结束注浆。若无待注钻孔，则打开泄浆阀，冲洗管路。

　　2）注浆施工技术要求

　　① 注浆站与孔口必须安装压力表，防治水工程开工前，注浆管路要先接到位，并对注浆管路的性能及地面注浆站的设备完好性进行系统检查。

　　② 设计现场浆液配比表。

　　③ 同一钻场内要求完成一孔注一孔，严禁成多孔后一次注浆。

　　④ 注浆结束后管路残浆严禁进入排水系统。

　　⑤ 钻孔注浆结束 72h 后，打开闸阀，如孔内仍有出水现象，扫孔至孔底，根据孔内

出水量大小，采用地面注浆站或井下注浆设备注浆封堵。

⑥ 地面注浆期间，钻机队要设立专门台账，对每个孔的注浆情况要详细填写，水文地质人员应经常到注浆现场检查注浆情况，审核注浆记录台账。

4.3.3　注浆效果检查与评价

1. 注浆效果检查

底板注浆加固与改造含水层工程结束后必须对其效果进行检查，效果检查分为钻探和物探两种方法。

① 钻探效果检查从以下几个方面进行布置和施工：i.在底板钻注钻孔全部注浆结束且浆液凝固时间不低于 72h 后进行施工，钻孔无水或涌水量较小（小于或等于 $10\text{m}^3/\text{h}$），则可确定注浆效果，涌水量较大（大于 $10\text{m}^3/\text{h}$），应当重新布孔进行补注。ii.检查孔尽可能布置在注浆范围可能存在的注浆盲区、问题区，效果检查孔不少于钻孔总数的 10%。iii.水文地质条件复杂区域可取心检验。iv.检查孔施工结束后，应立即进行注浆封孔。

② 采用物探方法效果检查，应注意以下几个方面：i.采用的物探方法要与注浆前的物探方法相同，按注浆前的物探设计进行施工。ii.对注浆前后物探结果进行对比，看底板视电阻率是否有一定幅度的提高，看异常区是否明显缩小或消失。对注浆后的物探异常区要采用钻探验证，观测钻孔涌水量情况，涌水量大于 $10\text{m}^3/\text{h}$，则应根据异常区有针对性的重新布孔进行注浆。

2. 注浆效果评价

① 注浆前煤层底板水文地质特征分析评价：包括底板岩层组合情况、岩层、海相泥岩层、灰岩层两极厚度及平均厚度、底板砂岩层和灰岩层富水情况、原始导高发育情况及底板物探异常区钻探验证情况。

② 注浆前后物探效果分析评价：分析出注浆前后底板视电阻率值变化情况，异常区的平面与纵向范围变化情况，对引起这些变化的各种可能情况应当逐一分析。

③ 单孔注浆过程评价：包括注浆工艺流程、浆液扩散半径、注浆浓度、配比、终压、注浆量、注浆过程中出现的异常情况、注浆时受注含水层的水位变化关系及封孔等情况的分析评价；单孔注浆量与钻孔涌水量、钻孔施工顺序关系等分析评价。

④ 总注浆量、单位注浆量评价：总注浆量评价是指实际注入量与预计量之间差别及原因分析，单位注浆量评价是指单位注浆量的多少及原因分析。

4.4　试验工作面底板注浆改造工程实施概况

4.4.1　Ⅱ615 工作面底板注浆改造工程实施概况

1. Ⅱ615 工作面概况

Ⅱ615 工作面位于Ⅱ61 采区中上部右侧，设计为倾斜长壁、综采工作面。工作面走向长 475~590m，平均长度为 533m，倾斜宽为 213m。工作面风巷标高为 –428.0~–461.8m，机巷标高为 –452.2~–482.1m，切眼标高为 –428.0~–452.2m。Ⅱ615 工作面煤层厚度为 1.90~3.31m，平均为 2.81m，为稳定的中厚煤层。地质储量 40.1 万 t，可采储量 38.1 万 t。从 Ⅱ615 工作面实际掘进揭露情况看，工作面内地质条件较为简单，无大的地质构造。工作面简图见图 4.4。

根据已有资料，Ⅱ615 工作面平均底隔厚度 46.2m，底板隔水层计算至一灰顶，得出隔水层承受太灰水压为 2.40~2.94MPa（根据水 5 孔水位 –229m 计算）；据此计算出工作面突水系数为 0.052~0.064MPa/m。通过实施井下网络并行电法物探，发现 Ⅱ615 工作面共有八个赋水异常区，其中工作面 1#、3#和 4#低阻异常区在灰岩段和砂、泥岩段均存在富水异常区，且浅部异常区和深部异常区在垂向上有一定的连通关系。预计 Ⅱ615 工作面回采时，对底板岩层的破坏深度将达到 15m，已经完全导通煤层底板砂、泥岩含水层裂隙。根据物探结果灰岩含水层与其上部砂、泥岩层位，在垂向上存在一定的水利联系，易导致灰岩水沿砂、泥岩段的导水通道涌出，形成水害。因此，实施钻探工程对 Ⅱ615 工作面底板灰岩（一、二灰）进行注浆改造，对于物探异常区重点治理。

2. 注浆工程实施概况

Ⅱ615 工作面底板注浆改造工程，自 2010 年 5 月 10 日正式施工，至 2010 年 9 月 30 日施工完成，历时 132 天。工作面共施工七个钻场，施工底板灰岩注浆改造钻孔 36 个（包括四个全取心钻孔：FZ2-5、JZ3-3、FZ1-3、JZ1-1），底板破坏深度检测孔两个，钻探总进尺为 3136.2m，扫孔进尺 3203.7m，采用地面注浆站注浆 6356.6m³，井下注浆 206.3m³。采用活动式底盘稳固钻机，图解法放设钻孔，最大限度地保证了钻孔的精度，确保了施工效果。Ⅱ615 工作面内施工的钻孔，除底板应力变化检测孔终孔于海相泥岩层位外，其它钻孔均终孔于二灰底。钻注工程布置见图 4.4。

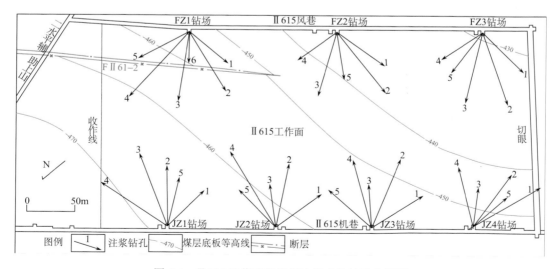

图 4.4　Ⅱ615 工作面及底板注浆改造钻孔布置图

1）工作面底板砂岩水治理情况

根据钻孔施工情况，工作面 6 煤底板砂岩裂隙富水性较弱，施工中采用井下注浆泵注浆 194.4m³，对砂岩层位中的裂隙进行了有效的封堵。

2）灰岩层位注浆情况

36 个煤层底板灰岩改造孔，除 Jz3-5 孔为井下注浆，其余全部采用地面注浆站封孔，灰岩层位注浆量 6368.5m³，水泥用量 1086.3t，黏土用量 1385.3t。单孔平均涌水量 23.6m³/h，单孔水泥用量 30.2t，单孔黏土用量 38.5t；钻孔涌水量 0.5~80m³/h，单孔注浆量 176.9m³/孔。见表 4.1。

表 4.1　Ⅱ615 工作面钻孔灰岩层位注浆情况表

钻孔	钻孔斜长/m	黏土水泥浆浆液比重	涌水量/（m³/h）	注浆量/m³	水泥用量/t	黏土用量/t	注浆终压/MPa
Fz1-1	71.8	1.20~1.27	70	324.6	55.2	71.4	7.2
Fz1-2	88.5	1.20~1.27	30	164.5	28.0	36.2	7.6
Fz1-3	91.7	1.20~1.27	20	487.0	82.8	107.1	7.7
Fz1-4	109.4	1.20~1.27	40	272.8	46.4	60.0	7.3
Fz1-5	83.7	1.20~1.27	40	182.7	31.1	40.2	7.6
Fz1-6	66.0	1.20~1.27	4	381.4	64.8	83.9	7.7
Jz1-1	77.4	1.20~1.27	7	132.5	22.5	29.2	7.4
Jz1-2	86.8	1.20~1.27	70	453.4	77.1	99.8	7.5
Jz1-3	99.3	1.20~1.27	7	310.5	52.8	68.3	7.6
Jz1-4	103.29	1.20~1.27	25	212.7	36.2	46.8	7.4
Jz1-5	77.5	1.20~1.27	4	88.5	15.1	19.5	7.5
Fz2-1	83.5	1.20~1.27	20	215.7	36.7	47.5	7.7
Fz2-2	99.77	1.20~1.27	3	193.5	32.9	42.6	7.7
Fz2-3	93.5	1.20~1.27	1	66.5	11.3	14.6	7.7
Fz2-4	74.6	1.20~1.27	30	136.5	23.2	30.3	7.6
Fz2-5	73.85	1.20~1.27	10	87.2	14.8	19.2	7.7
Jz2-1	75.6	1.20~1.27	30	142.0	24.14	31.24	7.7
Jz2-2	83.0	1.20~1.27	0.5	33.0	5.61	7.26	7.6
Jz2-3	70.55	1.20~1.27	0.5	84.0	14.28	18.48	7.6
Jz2-4	106.1	1.20~1.27	10	92.4	15.71	20.33	7.5
Jz2-5	78.4	1.20~1.27	20	127.4	21.7	28.1	7.7
Fz3-1	80.0	1.20~1.27	40	337.1	57.3	74.16	7.5
Fz3-2	97.7	1.20~1.27	80	322.4	54.8	70.9	7.6
Fz3-3	94.9	1.20~1.27	50	236.0	40.1	51.9	7.8
Fz3-4	78.9	1.20~1.27	30	160.0	27.2	35.2	7.5
Fz3-5	83.5	1.20~1.27	50	463.5	78.8	102.0	7.7

续表

钻孔	钻孔斜长/m	黏土水泥浆浆液比重	涌水量/（m³/h）	注浆量/m³	水泥用量/t	黏土用量/t	注浆终压/MPa
Jz3-1	79.8	1.20～1.27	0.5	4.0	0.7	0.9	8.2
Jz3-2	93.6	1.20～1.27	20	37.5	6.4	8.3	7.3
Jz3-3	71.8	1.20～1.27	0.5	42.0	7.1	9.2	7.5
Jz3-4	89.1	1.20～1.27	17	72.8	12.4	2.3	7.6
Jz3-5	80.4	1.20～1.27	0.5	11.9	5.4	/	7.7
Jz4-1	82.5	1.20～1.27	25	220.4	37.47	48.49	7.5
Jz4-2	79.8	1.20～1.27	14	32.0	5.4	7.0	7.2
Jz4-3	64.5	1.20～1.27	40	84.5	14.4	18.6	7.5
Jz4-4	76.2	1.20～1.27	10	38.0	6.5	8.4	7.7
Jz4-5	68.0	1.20～1.27	30	117.5	20.0	25.9	7.6

工作面的注浆孔，孔口注浆压力都达到或超过 7.0MPa，为实测最大水压的 3.5 倍以上，结束注浆量小于 40L/min（地面二档注浆），维持时间 30min，符合相关规定要求。

4.4.2　Ⅱ6117 工作面底板注浆实施概况

1. Ⅱ6117 工作面概况

Ⅱ6117 工作面位于Ⅱ61 采区西部，设计为倾斜长壁、综采工作面。工作面倾斜长1040~900m，走向宽 176~260m。Ⅱ6117 机巷标高 −513.3~−594.9m；风巷标高−527.2~−575.1m，切眼标高在−513.3~−528.9m。Ⅱ6117 工作面煤层厚度为 2.17~3.04m，平均为 2.81m，为稳定的中厚煤层；工作面地质储量 76.0 万 t，可采储量 72.2 万 t。从Ⅱ6117 工作面实际掘进揭露情况看，工作面切眼及收作线附近构造发育较复杂，工作面中部构造发育相对简单。巷道掘进过程中揭露落差大于 3m 的断层三条，其余揭露断层落差均较小。但由于工作面处于丁河轴部，受大构造影响，小断层在工作面内延伸可能较长。工作面简图见图 4.5。

根据Ⅱ6117 工作面周边钻孔资料，煤层底板隔水层平均厚度为 51m（注浆改造前），底板隔水层计算至一灰顶，得出工作面里段隔水层承受太灰水压为 3.0~3.4MPa（根据水18 孔水位−258m 计算）；据此计算出工作面突水系数为 0.058~0.066MPa/m。根据工作面两巷掘进及物探探查成果资料，工作面两端构造较复杂，工作面中部可能发育隐伏构造，且赋水异常区面积较大，因此可以认为工作面绝大部分区域属于构造发育区，所以实施注浆工程，对工作面底板灰岩含水层（一、二灰，外部块段至三灰）进行整体注浆改造，并对于物探异常区进行重点治理。

2. 注浆工程实施概况

Ⅱ6117 工作面底板注浆改造工程，自 2011 年 8 月 1 日开始施工。由于该面较长，加之工作面接替紧张，所以采用分段注浆、分段评价的方法，以满足工作面安全高效生产。本面共分里、中、外三段进行。里、中段注浆改造至二灰，外段改造至三灰。里段共施工六个钻场，施工底板灰岩注浆改造钻孔 29 个，钻探总进尺为 2446.3m，采用地面注浆站注浆 4410.6m³，井下注浆 148m³；中段共施工四个钻场，施工底板灰岩注浆改造钻孔 35 个，钻探总进尺为 2851.54m，采用地面注浆站注浆 2012.6m³，井下注浆 139.73m³；外段共施工四个钻场，施工底板灰岩注浆改造钻孔 25 个，钻探总进尺为 2255.4m，采用地面注浆站注浆 2560.4m³，井下注浆 60m³。故本面共施工 14 个钻场，施工底板灰岩注浆改造钻孔 89 个，钻探总进尺为 7553.24m，采用地面注浆站注浆 8983.6m³，井下注浆 347.73m³。所有钻孔使用活动式底盘稳固钻机，图解法放设钻孔，最大限度地保证了钻孔的精度，确保了施工效果。钻注工程布置见图 4.5。

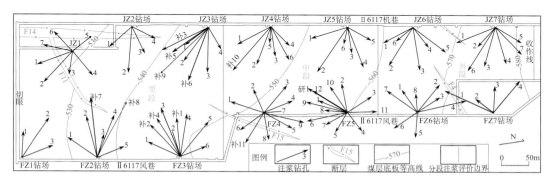

图 4.5　Ⅱ6117 工作面及底板注浆改造钻孔布置图

1）里段注浆情况

（1）工作面底板砂岩水治理情况

根据钻孔施工情况，工作面里段 6 煤底板砂岩层位赋水性较弱，施工中采用井下注浆泵注浆 148m³，有效的对砂、泥岩层位中的裂隙进行封堵。

（2）灰岩层位注浆情况

29 个煤层底板灰岩改造孔，全部采用地面注浆站封孔，灰岩层位注浆量 4410.6m³，水泥用量 1984.8t，单孔平均涌水量 10.2m³/h，单孔水泥用量 68.44t，钻孔涌水量 0～60m³/h，单孔注浆量 152.1m³。见表 4.2。

工作面的注浆孔，孔口注浆压力都达到或超过 6.0MPa，为实测最大水压的 2 倍以上，结束注浆量小于 40L/min（地面二档注浆），维持时间 30min，符合相关规定要求。

表 4.2　Ⅱ6117 工作面里段钻孔灰岩层位注浆情况表

序号	钻孔	钻孔斜长/m	水泥浆浆液比重	涌水量/（m³/h）	注浆量/m³	水泥用量/t	注浆终压/MPa
1	Fz1-1	72.2	1.28～1.30	20	224.6	101.1	7.0
2	Fz1-2	99.4	1.28～1.30	3	84.4	38.0	7.0
3	Fz1-3	80.8	1.28～1.30	5	137.5	61.9	7.0

序号	钻孔	钻孔斜长 /m	水泥浆浆液比重	涌水量 /（m³/h）	注浆量 /m³	水泥用量/t	注浆终压 /MPa
4	Fz2-1	78.0	1.28～1.30	20	206.8	93.1	7.0
5	Fz2-2	95.3	1.28～1.30	10	169.2	76.1	7.0
6	Fz2-3	72.8	1.28～1.30	5	32.8	14.8	7.2
7	Fz2-4	97.8	1.28～1.30	23	177.4	79.8	7.0
8	Fz2-5	75.7	1.28～1.30	1	28.2	12.7	7.0
9	Fz3-1	90.6	1.28～1.30	30	141.3	63.6	7.0
10	Fz3-2	98.6	1.28～1.30	20	230.6	103.7	7.1
11	Fz3-3	81.6	1.28～1.30	25	354.2	159.4	7.1
12	Fz3-4	97.4	1.28～1.30	20	254.4	114.5	7.0
13	Fz3-5	102.8	1.28～1.30	60	483.2	217.4	7.2
14	Fz3-6	73.5	1.28～1.30	12	133.8	60.2	7.0
15	Jz1-1	82.1	1.28～1.30	0	156.3	70.3	7.1
16	Jz1-2	91.5	1.28～1.30	5	175.5	79.0	7.0
17	Jz1-3	72.4	1.28～1.30	1	32.8	14.8	7.0
18	Jz1-4	85.3	1.28～1.30	0	78.9	35.5	7.2
19	Jz1-5	73.0	1.28～1.30	1	274.2	123.4	7.0
20	Jz1-6	71.0	1.28～1.30	1	140.8	63.4	7.0
21	Jz1-7	74.8	1.28～1.30	3	73.2	32.9	7.0
22	Jz2-1	79.0	1.28～1.30	15	186.2	83.8	7.0
23	Jz2-2	106.5	1.28～1.30	2	117.6	52.9	7.0
24	Jz2-3	75.8	1.28～1.30	0	46.5	20.9	7.0
25	Jz2-4	74.1	1.28～1.30	3	67.3	30.3	7.0
26	Jz3-1	75.6	1.28～1.30	2	74.2	33.4	6.8
27	Jz3-2	89.3	1.28～1.30	5	204.7	92.1	7.0
28	Jz3-3	103.2	1.28～1.30	2	18.7	8.4	7.0
29	Jz3-4	76.2	1.28～1.30	2	105.3	47.4	7.0
合计		2446.3			4410.6	1984.8	

2）中段注浆情况

（1）工作面底板砂岩水治理情况

根据钻孔施工情况，工作面中段 6 煤底板砂岩层位赋水性较弱，施工中采用井下注浆泵注浆 139.73m³，有效的对砂、泥岩层位中的裂隙进行封堵。

（2）灰岩层位注浆情况

35 个煤层底板灰岩改造孔，当出水量大于 20m³/h 时，采用下行注浆方式，在灰岩层位采用地面注浆站封堵岩层裂隙。个别钻孔在使用地面注浆站注浆后，仍存在渗水现象，为保证注浆效果，对渗水的钻孔使用井下注浆进行注浆处理。灰岩层位注浆量 2012.6m³，水泥用量 592.85t，单孔平均涌水量 16.2m³/h，单孔水泥用量 16.94t，单孔注浆量 57.5m³。见表 4.3。

表 4.3　Ⅱ6117 工作面中段钻孔灰岩层位注浆情况表

序号	钻孔	钻孔斜长 /m	黏土水泥浆 浆液比重	涌水量 /（m³/h）	注浆量 /m³	水泥用量 /t	黏土用量 /t	注浆终压 /MPa
1	Fz4-1	79.6	1.28～1.30	7	47.1	11.8	10.4	6.7
2	Fz4-2	70.6	1.28～1.30	0	11.4	2.9	2.5	6.4
3	Fz4-3	83.7	1.28～1.30	0	46.2	11.6	10.2	7.1
4	Fz4-4	77.0	1.28～1.30	1	42.8	19.3	/	7.0
5	Fz4-5	83.3	1.28～1.30	20	109.1	43.8	5.9	6.6
6	Fz4-6	77.4	1.28～1.30	10	31.5	7.9	6.9	7.1
7	Fz4-7	69.1	1.28～1.30	20	41.6	10.4	9.2	7.2
8	Fz4-8	76.0	1.28～1.30	1	22.5	5.6	5.0	7.1
9	Fz4-9	83.2	1.28～1.30	1	17.5	4.4	3.85	7.4
10	补 11	89.4	1.28～1.30	9	70.6	17.7	15.5	7.0
11	Fz5-1	73.7	1.28～1.30	80	185.5	46.4	40.81	7.1
12	Fz5-2	80.4	1.28～1.30	4	33.7	8.4	7.4	6.8
13	Fz5-3	80.3	1.28～1.30	10	33.8	8.5	7.4	6.8
14	Fz5-4	73.5	1.28～1.30	2	20.8	5.2	4.6	6.5
15	Fz5-5	70.3	1.28～1.30	50	126.4	31.6	27.8	6.8
16	Fz5-6	91.4	1.28～1.30	50	210.5	52.6	46.3	6.8
17	Fz5-7	71.6	1.28～1.30	0.5	18.5	4.6	4.1	6.8
18	Fz5-8	73.8	1.28～1.30	6	24.7	6.2	5.4	7.0
19	Fz5-9	88.2	1.28～1.30	8	43.7	10.9	9.6	7.2
20	Fz5-10	78.2	1.28～1.30	5	18.5	4.6	4.1	7.2
21	Fz5-11	80.9	1.28～1.30	15	23.8	6.0	5.2	6.8
22	研 1	96.1	1.28～1.30	60	88.0	22.0	19.4	7.3
23	Jz4-1	89.2	1.28～1.30	20	189.4	85.2	/	6.9
24	Jz4-2	91.6	1.28～1.30	10	46.8	11.7	10.3	7.1
25	Jz4-3	80.1	1.28～1.30	40	132.7	59.7	/	7.0
26	Jz4-4	72.0	1.28～1.30	15	26.5	6.6	5.8	6.5
27	Jz4-5	70.7	1.28～1.30	3	46.6	11.6	10.25	6.5
28	Jz4-6	81.7	1.28～1.30	1	32.7	8.2	7.19	6.5
29	Jz5-1	82.3	1.28～1.30	2	23.9	6.0	5.3	7.0
30	Jz5-2	103	1.28～1.30	5	48.8	12.2	10.7	6.7
31	Jz5-3	74.8	1.28～1.30	7	74.5	18.6	16.4	7.0

续表

序号	钻孔	钻孔斜长/m	黏土水泥浆浆液比重	涌水量/（m³/h）	注浆量/m³	水泥用量/t	黏土用量/t	注浆终压/MPa
32	Jz5-4	91.5	1.28～1.30	2	25.3	6.3	5.6	6.8
33	Jz5-5	75.6	1.28～1.30	10	30.7	7.7	6.8	7.0
34	Jz5-6	70.3	1.28～1.30	3	21.6	5.4	4.8	7.3
35	补10	121	1.28～1.30	8	44.9	11.2	9.9	6.5
	合计	2851.4			2012.6	592.8	344.6	

工作面的注浆孔，孔口注浆压力都达到或超过 6.4MPa，为钻孔孔口最大水压的 2 倍以上，结束注浆量小于 40L/min（地面二档注浆），符合相关规定要求。

3）外段注浆情况

（1）工作面底板砂岩水治理情况

根据钻孔施工情况，工作面外段 6 煤底板砂岩层位赋水性较弱，施工中采用井下注浆泵注浆 60m³，有效的对砂、泥岩层位中的裂隙进行封堵。

（2）灰岩层位注浆情况

25 个煤层底板灰岩改造孔，当出水量大于 20m³/h 时，采用下行注浆方式，在灰岩层位采用地面注浆站封堵岩层裂隙。个别钻孔在使用地面注浆站注浆后，仍存在渗水现象。为保证注浆效果，对渗水的钻孔，扫孔至孔底后，重新注浆封堵。灰岩层位注浆量 2560.4m³，水泥用量 640.6t，单孔平均涌水量 32.8m³/h，单孔水泥用量 25.6t，单孔注浆量 102.4m³。见表 4.4。

工作面的注浆孔，孔口注浆压力都达到或超过 7MPa，为钻孔孔口最大水压的 2.0 倍以上，结束注浆量小于 40L/min（地面二档注浆），符合相关规定要求。

表 4.4　Ⅱ6117 工作面外段钻孔灰岩层位注浆情况表

序号	钻孔	钻孔斜长/m	黏土水泥浆浆液比重	涌水量/（m³/h）	注浆量/m³	水泥用量/t	黏土用量/t	注浆终压/MPa
1	Fz6-1	87.2	1.28～1.30	3	21.0	5.3	4.6	7.0
2	Fz6-2	92.0	1.28～1.30	150	183.7	45.9	40.4	7.8
3	Fz6-3	81.5	1.28～1.30	14	140.0	35.0	30.8	8.0
4	Fz6-4	105.0	1.28～1.30	100	203.6	50.9	44.8	8.2
5	Fz6-5	78.5	1.28～1.30	3	31.4	7.9	6.9	8.0
6	Fz6-6	83.7	1.28～1.30	25	37.4	9.4	8.2	8.3
7	Fz6-7	92.2	1.28～1.30	40	60.0	15	13.2	8.0
8	Fz6-8	78.2	1.28～1.30	20	75.0	18.8	16.5	8.2
9	Fz7-1	111.8	1.28～1.30	40	171.0	42.8	37.6	8.2
10	Fz7-2	71.0	1.28～1.30	1	16.3	4.1	3.6	8.5
11	Fz7-3	82.0	1.28～1.30	9	14.6	3.7	3.2	8.0

续表

序号	钻孔	钻孔斜长 /m	黏土水泥浆 浆液比重	涌水量 /（m³/h）	注浆量 /m³	水泥用量 /t	黏土用量 /t	注浆终压 /MPa
12	Fz7-4	94.6	1.28～1.30	3	35.0	8.8	7.7	8.0
13	Jz6-1	93.7	1.28～1.30	140	412.7	103.2	90.8	8.3
14	Jz6-2	100.5	1.28～1.30	45	224.5	56.1	49.4	7.0
15	Jz6-3	103.2	1.28～1.30	20	213.5	53.4	47	7.0
16	Jz6-4	82.1	1.28～1.30	8	78.2	19.6	17.2	8.1
17	Jz6-5	98.6	1.28～1.30	10	60.8	15.2	13.4	8.2
18	Jz6-6	82.9	1.28～1.30	6	21.4	5.4	4.7	7.0
19	Jz7-1	93.2	1.28～1.30	70	207.5	51.9	45.7	7.8
20	Jz7-2	77.1	1.28～1.30	50	114.7	28.7	25.2	8.0
21	Jz7-3	93.7	1.28～1.30	3	16.4	4.1	3.6	8.0
22	Jz7-4	94.3	1.28～1.30	40	124.5	31.1	27.4	7.2
23	Jz7-5	85.8	1.28～1.30	3	12.8	3.2	2.8	8.1
24	Jz7-6	105.4	1.28～1.30	16	62.7	15.7	13.8	8.0
25	Jz7-7	87.2	1.28～1.30	0	21.7	5.4	4.8	8.0
	合计	2255.4			2560.4	640.6	563.3	

4.4.3　Ⅱ6112 工作面底板注浆实施概况

1. Ⅱ6112 工作面概况

Ⅱ6112 工作面位于Ⅱ61 采区东部边缘。设计为走向长壁、综采工作面。工作面走向长 690m，倾斜宽 133~178m。Ⅱ6117 机巷标高−577.7~−601.6m；风巷标高−544.7~−567.4m，切眼标高在−565.5~−592.7m 之间。Ⅱ6112 工作面整体为一倾向 NNW 的单斜构造。一般煤岩层倾角 6°~14°，平均倾角 12°，受断层影响，局部煤岩层倾角较大，达到 20°左右。根据工作面两巷揭露及周边钻孔资料，Ⅱ6112 工作面煤层厚度为 2.35~3.40m，平均为 2.8m，为稳定的中厚煤层；工作面地质储量 51.3 万 t，可采储量 48.7 万 t。Ⅱ6112 工作面周围中小型断层较发育，两巷掘进中，共揭露断点 18 处，组合成断层 11 条。工作面简图见图 4.6。

根据工作面周边钻孔资料，Ⅱ6112 工作面平均底隔厚度 49.24m（计算至一灰顶）。Ⅱ6112 工作面位于水 5 和水 9 长观孔之间（水 5 孔水位−236、水 9 孔水位−252m），计算得出灰岩等水位在−244m 左右。隔水层承受太灰水压为 3.43~3.98MPa；据此计算出工作面突水系数为 0.07~0.081MPa/m。

根据工作面两巷掘进及物探探查成果资料：工作面两端构造较复杂，工作面中部可能发育隐伏构造，且赋水异常区面积较大，因此可以认为工作面绝大部分区域属于构造发育区，所以实施注浆工程，对工作面底板灰岩含水层（一灰—三灰）进行整体注浆改造，并对物探异常区进行重点治理。

2. 注浆工程实施概况

Ⅱ6112 工作面底板注浆改造工程，自 2012 年 2 月中旬正式施工，于 2013 年 1 月上旬完成工作面钻探注浆工作。由于工作面接替紧张，所以采用分段注浆、分段评价的方法，以满足工作面安全高效生产。本面共分里、外两段进行。里段共施工六个钻场，施工底板灰岩注浆改造钻孔 40 个，钻探总进尺为 3233.3m，采用地面注浆站注浆 2037.3m³，井下注浆 36.5m³；外段共施工六个钻场，施工底板灰岩注浆改造钻孔 50 个，钻探总进尺为 4477.4m，采用地面注浆站注浆 1419.2m³，井下注浆 39.2m³。所有钻孔使用活动式底盘稳固钻机，图解法放设钻孔，最大限度地保证了钻孔的精度，确保了施工效果。钻注工程布置见图 4.6。

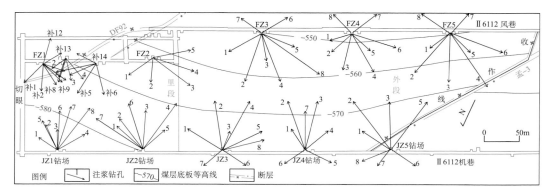

图 4.6　Ⅱ6112 工作面及底板注浆改造钻孔布置图

1）Ⅱ6112 工作面里段底板注浆实施概况

（1）工作面底板砂岩水治理情况

根据钻孔施工情况，工作面里段 6 煤底板砂岩层位赋水性较弱，施工中采用井下注浆泵注浆 36.5m³，折合水泥 27.4t。有效的对砂、泥岩层位中的裂隙进行封堵。

（2）灰岩层位注浆情况

37 个煤层底板灰岩改造孔，当出水量大于 20m³/h 时，采用下行注浆方式，在灰岩层位采用地面注浆站封堵岩层裂隙。个别钻孔在使用地面注浆站注浆后，仍存在渗水现象，为保证注浆效果，对渗水的钻孔使用井下注浆进行注浆处理。灰岩层位注浆量 2037.3m³，水泥用量 594.7t，单孔注浆量 56.6m³，单孔水泥用量 16.5t。见表 4.5。

工作面的注浆孔，孔口注浆压力都达到或超过 8.0MPa，为钻孔孔口最大水压的 2 倍以上，结束注浆量小于 40L/min（地面二档注浆），符合相关规定要求。

2）Ⅱ6112 工作面外段底板注浆实施概况

（1）工作面底板砂岩水治理情况

根据钻孔施工情况，工作面外段 6 煤底板砂岩层位赋水性较弱，施工中采用井下注浆泵注浆 39.2m³，折合水泥 29.4t。有效的对砂、泥岩层位中的裂隙进行封堵。

表 4.5　Ⅱ6112 工作面里段钻孔灰岩层位注浆情况表

序号	钻孔	黏土水泥浆浆液比重	涌水量/（m³/h）	注浆量/m³	水泥用量/t	黏土用量/t	注浆终压/MPa
1	Fz1-2	1.00	50	2.5	1.8	—	8.0
2	Fz1-3	1.00	100	11.0	8.3	—	8.0
3	Fz1-4	1.00	0	2.0	1.5	—	8.0
4	Fz2-1	1.28～1.30	3	40.4	10.1	8.9	8.1
5	Fz2-2	1.28～1.30	15	77.8	19.5	17.1	8.5
6	Fz2-3	1.28～1.30	3	12.8	3.2	2.8	8.3
7	Fz2-4	1.28～1.30	40	136.5	34.1	30.0	8.6
8	Fz2-5	1.28～1.30	15	159.4	33.3	29.3	8.3
9	补1	1.28～1.30	1	8.5	2.1	1.9	8.1
10	补2	1.28～1.30	15	13.6	3.4	3	8.0
11	补3	1.30	7	9.5	4.3	—	8.2
12	补4	1.28～1.30	80	59	14.8	12.9	8.2
13	补5	1.30	20	321.8	144.8	—	8.6
14	补6	1.30	5	8.7	3.9	—	8.2
15	补7	1.28～1.30	2	12.4	3.1	2.73	8.1
16	补8	1.28～1.30	70	100.6	25.2	22.1	8.0
17	补9	1.30	5	53.7	13.4	11.8	8.2
18	补10	1.30	5	5.7	2.6	—	8.0
19	补11	1.30	1	28.2	12.7	—	8.2
20	补12	1.30	1	25.0	11.3	—	8.1
21	补13	1.30	1	12.5	5.6	—	8.1
22	补14	1.30	5	12.8	5.8	—	8.3
23	Jz1-1	1.28～1.30	80	107.4	26.9	23.6	8.5
24	Jz1-2	1.28～1.30	60	28.4	7.1	6.2	8.5
25	Jz1-3	1.28～1.30	50	43.2	10.8	9.5	8.3
26	Jz1-4	1.28～1.30	40	139.7	34.9	30.7	8.5
27	Jz1-5	1.28～1.30	3	6.6	1.7	1.5	8.3
28	Jz1-6	1.28～1.30	40	39.4	8.8	7.7	8.3
29	Jz1-7	1.28～1.30	100	159.8	39.9	35.2	8.0
30	Jz1-8	1.28～1.30	50	131.2	32.8	26.2	8.0
31	Jz2-1	1.28～1.30	1	11.3	2.8	2.5	8.1
32	Jz2-2	1.28～1.30	6	77.7	19.4	17.1	8.2
33	Jz2-3	1.28～1.30	40	34.2	8.6	7.5	8.3
34	Jz2-4	1.28～1.30	40	94.2	23.6	20.7	8.5
35	Jz2-5	1.28～1.30	8	37.2	9.3	8.2	8.3
36	Jz2-6	1.28～1.30	6	12.6	3.2	2.8	8.0
37	Jz2-7	—					
	合计	—	—	2037.3	594.7	341.9	—

（2）灰岩层位注浆情况

50 个煤层底板灰岩改造孔，当出水量大于 20m³/h 时，采用下行注浆方式，在灰岩层位采用地面注浆站封堵岩层裂隙。个别钻孔在使用地面注浆站注浆后，仍存在渗水现象，为保证注浆效果，对渗水的钻孔使用井下注浆进行注浆处理。灰岩层位注浆量1491.2m³，水泥用量388.9t，单孔注浆量29.8m³，单孔水泥用量7.8t。见表4.6。

表 4.6　　Ⅱ6112 工作面外段钻孔灰岩层位注浆情况表

序号	钻孔	黏土泥浆浆液比重	涌水量/（m³/h）	注浆量/m³	水泥用量/t	黏土用量/t	注浆终压/MPa
1	Fz3-1	1.28～1.30	0	10.5	2.6	2.3	8.0
2	Fz3-2	1.28～1.30	12	43.2	10.8	9.5	8.0
3	Fz3-3	1.28～1.30	5	36.6	9.2	8.1	8.0
4	Fz3-4	1.28～1.30	0	14.6	3.7	3.2	8.2
5	Fz3-5	1.28～1.30	20	32.8	8.2	7.2	8.2
6	Fz3-6	1.28～1.30	8	16.8	4.2	3.7	8.1
7	Fz3-7	1.28～1.30	6	39.9	10.0	8.8	8.0
8	Fz3-8	1.28～1.30	8	18	4.5	4	7.8
9	Fz4-1	1.28～1.30	20	30.3	7.6	6.7	8.1
10	Fz4-2	1.28～1.30	0.5	12.2	3.1	2.7	8.0
11	Fz4-3	1.28～1.30	25	24.0	6.0	5.3	8.0
12	Fz4-4	1.28～1.30	0	9.7	2.4	2.1	8.0
13	Fz4-5	1.28～1.30	100	93.8	23.5	20.6	8.0
14	Fz4-6	1.28～1.30	10	15	3.8	3.3	8.1
15	Fz4-7	1.28～1.30	0.5	4.0	1.0	0.9	8.4
16	Fz4-8	1.28～1.30	0.5	1.8	1.4	—	8.0
17	Fz4-9	1.28～1.30	1	17.3	4.3	3.8	8.1
18	Fz5-1	1.28～1.30	1	7	1.8	1.5	8.2
19	Fz5-2	1.28～1.30	5	39.6	9.9	8.7	8.2
20	Fz5-3	1.28～1.30	2	15.5	3.9	3.4	8.1
21	Fz5-4	1.28～1.30	5	14.7	3.7	3.2	8.1
22	Fz5-5	1.28～1.30	3	8.8	2.2	1.9	8.1
23	Fz5-6	1.28～1.30	2	13.6	3.4	3.0	8.1
24	Fz5-7	1.28～1.30	15	37.6	9.4	8.3	8.2
25	Fz5-8	1.28～1.30	0.5	22.8	5.7	5.0	8.1
26	Fz5-9	1.28～1.30	2	9.6	2.4	2.1	8.0
27	Jz3-1	1.28～1.30	10	14	3.5	3.1	8.0
28	Jz3-2	1.28～1.30	15	42.8	10.7	9.4	8.0
29	Jz3-3	1.28～1.30	20	30.8	7.7	6.8	8.0

续表

序号	钻孔	黏土泥浆浆液比重	涌水量 /（m³/h）	注浆量 /m³	水泥用量 /t	黏土用量 /t	注浆终压 /MPa
30	Jz3-4	1.28～1.30	55	66.7	16.7	14.7	8.1
31	Jz3-5	1.28～1.30	40	73.5	18.4	16.2	8.0
32	Jz3-6	1.28～1.30	20	38	9.5	8.4	8.1
33	Jz3-7	1.28～1.30	15	16.7	4.2	3.7	8.0
34	Jz3-8	1.28～1.30	8	22.3	5.6	4.9	8.2
35	Jz3-9	1.30	3	2.5	1.9	—	8.0
36	Jz4-1	1.28～1.30	5	4.3	3.2	—	8.0
37	Jz4-2	1.28～1.30	6	8.6	2.2	1.9	8.0
38	Jz4-3	1.28～1.30	80	172	43.0	37.8	7.8
39	Jz4-4	1.28～1.30	15	37.8	9.5	8.3	8.0
40	Jz4-5	1.30	2	2.8	2.1	—	8.0
41	Jz4-6	1.28～1.30	10	38.4	9.6	8.4	8.0
42	Jz4-7	1.28～1.30	1	40.5	10.1	8.9	8.0
43	Jz5-1	1.30	5	17.6	7.9	—	8.0
44	Jz5-2	1.28～1.30	12	21.7	5.4	4.8	8.0
45	Jz5-3	1.28～1.30	30	48.8	12.2	10.7	8.1
46	Jz5-4	1.28～1.30	20	38.2	10.0	8.4	8.0
47	Jz5-5	1.30	10	18	8.1	—	8.0
48	Jz5-6	1.28～1.30	1	17.8	4.5	3.9	8.0
49	Jz5-7	1.28～1.30	80	116.7	29.2	25.7	8.0
50	Jz5-8	1.28～1.30	2	11	5.0	—	8.0
	合计		1491.2	388.9			

　　工作面的注浆孔，孔口注浆压力都达到或超过 7.5MPa，为钻孔孔口最大水压的两倍以上，结束注浆量小于 40L/min，符合相关规定要求。

第5章 注浆前后煤层底板工程地质与水文地质特征研究

5.1 注浆前后煤层底板工程地质特征差异性研究

5.1.1 工程概况

为了研究注浆前后煤层底板工程地质特征及其变化，分别在恒源矿井Ⅱ615 工作面和Ⅱ6117 工作面各布置四个钻孔，每个面注浆前后各布置两个孔，并考虑正常区域和异常区域的差异性，注浆前后正常区域和异常区域各布置一个钻孔。钻探过程中实施全取心，开展岩心描述、RQD 统计，并取样进行室内岩石物理力学性质试验、岩块波速测试，以及钻孔原位波速测试等工作，在此基础上分析注浆前后底板工程地质特征及其变化趋势。

Ⅱ615 工作面底板测试钻孔布置见图 5.1，钻孔参数见表 5.1，钻孔柱状图见图 5.2。

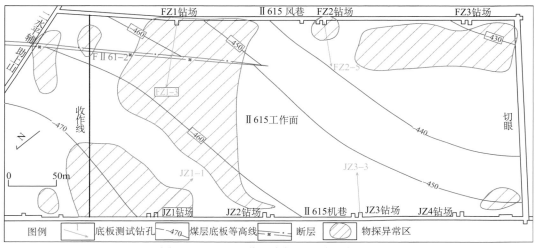

图 5.1 Ⅱ615 工作面底板测试钻孔布置图

表 5.1 Ⅱ615 工作面底板测试钻孔参数表

序号	钻孔名称	位置	钻孔方位	孔深/m	终孔层位	出水情况	备注
1	JZ1-1	机巷 1 号钻场	176°∠-46°	77.40	二灰下	终孔出水 2m³/h	注浆前异常区
2	JZ3-3	机巷 3 号钻场	127°∠-51°	71.80	二灰下	终孔出水 0.5m³/h	注浆前正常区
3	FZ1-3	风巷 1 号钻场	320°∠-39°	91.70	二灰下	海相泥岩段出水 20m³/h,一灰出水 1m³/h	注浆后异常区
4	FZ2-5	风巷 2 号钻场	302°∠-50°	73.85	二灰下	一灰出水 2m³/h, 二灰出水 8m³/h	注浆后正常区

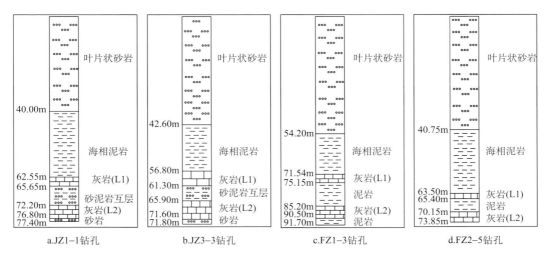

图 5.2　Ⅱ615 工作面底板测试钻孔柱状示意图

Ⅱ6117 工作面底板测试钻孔布置见图 5.3，钻孔参数见表 5.2，钻孔柱状图见图 5.4。

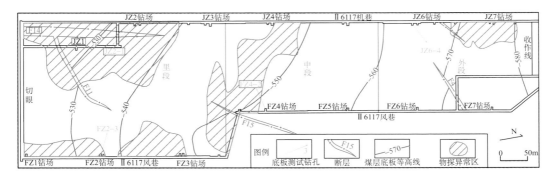

图 5.3　Ⅱ6117 工作面底板测试钻孔布置图

表 5.2　Ⅱ6117 工作面底板测试钻孔参数表

序号	钻孔名称	位置	钻孔方位	孔深/m	终孔层位	出水情况	备注
1	FZ4-2	风巷 4 号钻场	251°∠-52°	70.60	二灰	未出水	注浆前异常区
2	JZ6-4	机巷 6 号钻场	59°∠-58°	82.10	三灰	砂岩出水 5m³/h,海相泥岩出水 3m³/h,一灰出水 8m³/h,二灰出水 8m³/h,三灰出水 5m³/h	注浆前正常区
3	JZ2-1	机巷 2 号钻场	144°∠-48°	79.00	二灰	一灰出水 5m³/h,二灰出水 15m³/h	注浆后异常区
4	FZ2-3	风巷 2 号钻场	293°∠-53°	72.80	二灰	二灰出水 5m³/h	注浆后正常区

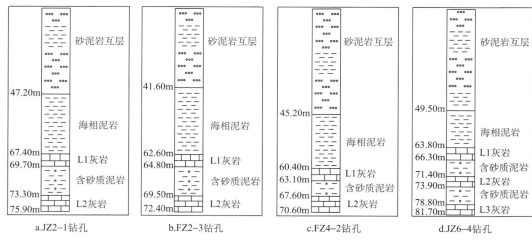

图 5.4　Ⅱ6117 工作面底板测试钻孔柱状示意图

5.1.2　注浆前后底板岩石物理力学性质试验研究

底板岩石的物理力学性质是影响煤层开采后底板稳定性的重要因素。为了确定工作面底板破坏深度，研究煤层底板突水机理，分析底板结构，都毫无例外地依赖于对煤层底板物理力学性质和水理性质的试验与研究。

为了对比注浆前后底板岩体结构和强度的变化，以及获取工作面底板采动效应数值模拟所需的各项物理力学参数，都需要研究注浆前后的底板岩石物理力学性质。在了解恒源煤矿所处的区域地质构造环境和矿井及研究工作面的基本情况后，对Ⅱ615 工作面底板注浆前后钻孔进行了取心，获取岩石样品，进行室内物理力学性质试验，通过分析试验数据获得了注浆前后底板岩层的各项物理力学指标，确定底板岩体的结构，为进行采动效应数值模拟提供参数。

1. Ⅱ615 工作面注浆前底板岩石物理力学性质试验

1）试验成果数据

Ⅱ615 工作面注浆前在机巷 JZ1-1 和 JZ3-3 钻孔取心，开展了岩石物理性质、力学性质和水理性质试验，测试结果见表 5.3、表 5.4。

表 5.3　JZ1-1 钻孔岩石物理力学性质试验结果

序号	样号	距巷道底板距离/m	岩性	抗压强度/MPa	抗拉强度/MPa	容重/（kN/m³）	含水率/%	吸水率/%
1	2-1	17.50~18.50	砂质泥岩	39.31	3.21	26.26	0.76	1.61
2	2-2	19.50~20.50	细砂岩	29.14	2.64	25.97	0.72	1.37
3	2-3	26.80~28.60	含砂泥岩	13.49	1.12	25.28	0.76	1.79
4	2-4	28.60~29.50	砂岩泥岩互层	38.29	3.28	25.38	0.61	1.53

续表

序号	样号	距巷道底板距离/m	岩性	抗压强度/MPa	抗拉强度/MPa	容重/（kN/m³）	含水率/%	吸水率/%
5	2-5	29.50~32.00	细砂岩	37.06	3.26	27.93	1.67	3.60
6	2-6	32.00~34.00	细砂岩	68.12	4.28	25.97	0.64	0.95
7	2-7	34.00~35.00	细砂岩	87.50	5.55	26.66	0.22	1.06
8	2-8	35.00~36.00	砂岩泥岩互层	40.26	3.09	25.17	0.93	1.77
9	2-9	36.00~37.50	砂岩泥岩互层	25.57	2.03	24.89	0.59	1.26
10	2-10	37.50~39.79	砂岩泥岩互层	8.89	0.97	24.60	0.84	1.52
11	2-11	39.79~40.69	细砂岩	27.18	2.53	24.99	0.72	1.49
12	2-12	40.69~41.00	泥质粉砂岩	10.82	1.44	28.42	0.80	1.80
13	2-13	41.00~41.30	砂岩泥岩互层	13.78	1.21	28.42	0.71	1.41
14	2-14	41.30~41.60	砂岩泥岩互层	15.09	2.16	24.89	1.27	2.22
15	2-15	41.60~41.80	泥岩	6.54	1.80	25.38	1.12	1.84
16	2-16	50.00~51.00	泥岩	14.68	1.18	25.58	1.01	1.56
17	2-17	52.00~52.65	泥岩	23.39	1.49	26.36	0.83	1.56
18	2-18	52.65~52.68	泥岩	18.44	1.87	26.26	0.86	1.75
19	2-19	53.50~54.70	泥岩	22.64	1.95	25.19	0.93	1.89
20	2-20	54.70~54.80	泥岩	9.11	0.96	25.68	1.06	2.26
21	2-21	66.50~67.42	石灰岩	51.74	4.71	26.66	0.21	0.34
22	2-22	69.22~70.82	泥岩	29.16	3.68	24.70	0.79	1.71
23	2-23	69.84~71.54	砂质泥岩	41.31	3.16	24.89	1.17	2.10
24	2-24	71.54~71.84	石灰岩	51.77	3.32	26.46	0.05	0.43

表 5.4　JZ3-3 钻孔岩石物理力学性质试验结果

序号	样号	距巷道底板距离/m	岩性	抗压强度/MPa	抗拉强度/MPa	容重/（kN/m³）	含水率/%	吸水率/%
1	1-1	15.78~20.28	粉砂细砂岩互层	13.47	1.25	25.67	0.41	0.92
2	1-2	20.80~22.50	细砂岩	27.48	1.55	25.81	0.54	1.26
3	1-3	22.50~23.80	粉砂岩	15.76	1.38	25.71	0.54	1.14
4	1-4	25.78~27.50	粉砂岩	48.73	4.04	25.78	0.62	1.35
5	1-5	30.50~32.78	细砂岩	32.54	2.78	25.39	0.57	1.25
6	1-6	32.28~38.59	粉砂岩细砂岩互层	12.91	2.35	24.56	0.63	1.31
7	1-7	38.59~38.79	细砂岩	10.64	1.36	25.71	1.09	1.95
8	1-8	38.79~39.00	碳质泥岩	8.55	0.82	25.05	0.89	1.64
9	1-9	39.00~42.59	细砂岩	23.71	2.62	27.22	0.22	0.78
10	1-10	44.50~45.50	泥岩	14.32	1.31	25.63	0.77	1.42
11	1-11	45.50~46.69	泥岩	17.06	1.40	26.33	0.80	1.51

序号	样号	距巷道底板 距离/m	岩性	抗压强度 /MPa	抗拉强度 /MPa	容重 /（kN/m³）	含水率 /%	吸水率 /%
12	1-12	46.69~48.79	泥岩	8.96	0.86	22.27	0.92	1.61
13	1-13	48.79~49.50	泥岩	7.47	0.80	25.02	1.07	1.99
14	1-14	49.50~50.90	泥岩	10.80	1.02	25.28	2.49	1.70
15	1-15	50.90~53.20	泥岩	9.37	0.92	25.34	1.18	2.13
16	1-16	53.20~56.90	石灰岩	13.46	1.48	25.35	0.20	0.87

2）注浆前底板岩石物理力学性质综合分析

对表 5.3、表 5.4 试验数据进行了统计，结果见表 5.5、表 5.6。

（1）不同性质岩石平均单轴抗压强度

① 石灰岩岩层的平均单轴抗压强度：共 3 个样，平均单轴抗压强度为 38.99MPa，属中硬岩层。

② 细砂岩岩层的平均单轴抗压强度：共 9 个样，平均单轴抗压强度为 38.15MPa，属中硬岩层。

③ 粉砂岩岩层的平均单轴抗压强度：共 6 个样，平均单轴抗压强度为 28.24MPa，属中硬岩层。

④ 砂泥互层岩层的平均单轴抗压强度：共 8 个样，平均单轴抗压强度为 21.04MPa，属中硬岩层。

⑤ 泥岩岩层的平均单轴抗压强度：共 13 个样，平均单轴抗压强度为 14.77MPa，属软弱岩层。

表 5.5　JZ1-1 孔底板岩石力学力学性质指标统计表

岩性	抗压强度/MPa	抗拉强度/MPa	容重/（kN/m³）	含水率/%	吸水率/%
泥岩	$\dfrac{6.54 \sim 29.16}{17.71(7)}$	$\dfrac{0.96 \sim 3.68}{1.85(7)}$	$\dfrac{24.70 \sim 26.36}{25.59(7)}$	$\dfrac{0.79 \sim 1.12}{0.94(7)}$	$\dfrac{1.56 \sim 2.26}{1.80(7)}$
粉砂岩	$\dfrac{10.82 \sim 41.31}{26.23(4)}$	$\dfrac{1.12 \sim 3.21}{2.23(4)}$	$\dfrac{24.89 \sim 28.42}{26.21(4)}$	$\dfrac{0.76 \sim 1.17}{0.87(4)}$	$\dfrac{1.61 \sim 2.10}{1.83(4)}$
砂泥岩互层段	$\dfrac{8.89 \sim 40.26}{23.65(6)}$	$\dfrac{0.97 \sim 3.28}{2.12(6)}$	$\dfrac{24.60 \sim 28.42}{25.56(6)}$	$\dfrac{0.59 \sim 1.27}{0.83(6)}$	$\dfrac{1.41 \sim 1.77}{1.62(6)}$
细砂岩	$\dfrac{27.18 \sim 87.50}{49.80(5)}$	$\dfrac{2.53 \sim 5.55}{3.65(5)}$	$\dfrac{24.99 \sim 27.93}{26.30(5)}$	$\dfrac{0.22 \sim 1.67}{0.79(5)}$	$\dfrac{0.95 \sim 3.60}{1.69(5)}$
石灰岩	$\dfrac{51.74 \sim 51.77}{51.76(2)}$	$\dfrac{3.32 \sim 4.71}{4.02(2)}$	$\dfrac{26.46 \sim 24.66}{24.56(2)}$	$\dfrac{0.05 \sim 0.21}{0.13(2)}$	$\dfrac{0.34 \sim 0.43}{0.39(2)}$

注：分子为范围，分母为平均值，括号内为样品数。

表 5.6　JZ3-3 孔底板岩石力学力学性质指标统计表

岩性	抗压强度/MPa	抗拉强度/MPa	容重/（kN/m³）	含水率/%	吸水率/%
泥岩	$\dfrac{7.47\sim17.06}{11.33(6)}$	$\dfrac{0.80\sim1.40}{1.05(6)}$	$\dfrac{22.27\sim26.33}{24.98(6)}$	$\dfrac{0.77\sim2.49}{1.21(6)}$	$\dfrac{1.42\sim2.13}{1.73(6)}$
粉砂岩	$\dfrac{15.76\sim48.73}{32.25(2)}$	$\dfrac{1.38\sim4.04}{2.71(2)}$	$\dfrac{25.71\sim25.78}{25.75(2)}$	$\dfrac{0.54\sim0.62}{0.58(2)}$	$\dfrac{1.14\sim1.35}{1.25(2)}$
砂泥岩互层段	$\dfrac{12.91\sim13.47}{13.19(2)}$	$\dfrac{1.25\sim2.35}{1.80(2)}$	$\dfrac{24.56\sim25.67}{25.12(2)}$	$\dfrac{0.41\sim0.63}{0.52(2)}$	$\dfrac{0.92\sim1.31}{1.12(2)}$
细砂岩	$\dfrac{10.64\sim32.54}{23.59(4)}$	$\dfrac{1.36\sim2.78}{2.08(4)}$	$\dfrac{25.39\sim27.22}{26.03(4)}$	$\dfrac{0.22\sim1.09}{0.61(4)}$	$\dfrac{0.78\sim1.95}{1.31(4)}$
石灰岩	13.46（1）	1.48（1）	25.35（1）	0.20（1）	0.87（1）

注：分子为范围，分母为平均值，括号内为样品数。

（2）不同性质岩石平均单轴抗拉强度

① 石灰岩岩层的平均单轴抗拉强度：共 3 个样，平均单轴抗拉强度为 3.14MPa。

② 细砂岩岩层的平均单轴抗拉强度：共 9 个样，平均单轴抗拉强度为 2.95MPa。

③ 粉砂岩岩层的平均单轴抗拉强度：共 6 个样，平均单轴抗拉强度为 2.39MPa。

④ 砂泥互层岩层的平均单轴抗拉强度：共 8 个样，平均单轴抗拉强度为 2.04MPa。

⑤ 泥岩岩层的平均单轴抗拉强度：共 13 个样，平均单轴抗拉强度为 1.48MPa。

总体特征为砂岩和灰岩的抗压强度、抗拉强度大于泥岩的抗压强度、抗拉强度；细砂岩的抗压强度、抗拉强度均较大；当岩石试件中有垂向方向的裂隙时，抗压和抗拉强度会明显降低；但是如果裂隙为横向，对其强度影响较小；岩石的含水率和吸水率总体不大；泥岩的含水率和吸水率普遍较高，其次是砂岩，最低的是灰岩。

2. Ⅱ615 工作面注浆后底板岩石物理力学性质试验

1）试验成果数据

Ⅱ615 工作面注浆后在风巷 FZ1-3 和 FZ2-5 钻孔取心，开展了岩石物理性质、力学性质和水理性质试验，结果如表 5.7、表 5.8 所示。

表 5.7　FZ1-3 钻孔岩石物理力学性质试验结果

序号	样号	距巷道底板距离/m	岩性	抗压强度/MPa	抗拉强度/MPa	容重/（kN/m³）	含水率/%	吸水率/%
1	3-1	38.20~39.00	细砂岩	58.05	4.26	26.17	0.73	1.58
2	3-2	39.00~40.10	细砂岩	52.68	3.97	26.56	0.46	1.66
3	3-3	40.10~42.20	细砂岩	90.75	6.84	25.68	0.48	1.32
4	3-4	42.20~43.00	砂岩泥岩互层	31.57	2.21	25.77	0.64	1.27
5	3-5	43.20~44.10	砂岩泥岩互层	13.47	0.69	24.30	0.78	1.47

续表

序号	样号	距巷道底板 距离/m	岩性	抗压强度 /MPa	抗拉强度 /MPa	容重 /（kN/m³）	含水率 /%	吸水率 /%
6	3-6	45.80~46.80	含砂泥岩	19.56	1.99	26.07	0.69	1.24
7	3-7	46.80~47.80	含砂泥岩	28.49	0.82	25.87	0.90	1.75
8	3-8	47.80~48.80	粉砂岩	23.58	2.51	24.99	0.78	1.32
9	3-9	48.80~49.80	细砂岩	74.57	4.96	26.66	0.58	1.11
10	3-10	49.80~50.80	砂岩泥岩互层	23.92	2.67	26.66	0.94	1.77
11	3-11	50.80~51.80	砂岩泥岩互层	10.14	5.78	26.26	0.93	1.67
12	3-12	51.80~54.20	含砂泥岩	7.54	0.85	25.77	1.02	1.78
13	3-13	54.20~56.50	含砂泥岩	25.71	2.07	25.97	1.09	2.06
14	3-14	56.50~59.25	粉砂岩	22.34	2.22	25.77	0.95	1.63
15	3-15	59.25~61.25	粉砂岩	46.58	2.68	25.58	0.73	1.34
16	3-16	61.25~65.80	砂岩泥岩互层	32.28	2.34	26.17	0.96	1.86
17	3-17	65.80~63.80	细砂岩	15.06	1.32	25.38	0.79	1.82
18	3-18	66.80~67.84	细砂岩	22.71	1.81	25.48	0.43	1.61
19	3-19	67.84~69.84	砂岩泥岩互层	8.77	0.97	26.07	1.05	1.94
20	3-20	69.84~71.54	泥岩	15.12	1.12	23.72	1.47	2.87
21	3-21	71.84~73.70	石灰岩	49.03	4.52	26.26	0.25	0.54

表 5.8　FZ2-5 钻孔岩石物理力学性质试验结果

序号	样号	距巷道底板 距离/m	岩性	抗压强度 /MPa	抗拉强度 /MPa	容重 /（kN/m³）	含水率 /%	吸水率 /%
1	4-1	40.25~45.50	泥质粉砂岩	4.24	0.63	26.95	0.49	1.21
2	4-2	45.50~46.30	泥岩	17.36	1.36	24.70	0.74	1.65
3	4-3	46.30~48.11	泥质粉砂岩	31.36	4.00	24.89	0.78	1.46
4	4-4	48.11~49.21	粉砂岩	33.49	2.11	25.77	0.90	1.95
5	4-5	49.21~49.41	粉砂泥岩互层	21.14	2.56	24.89	1.08	2.00
6	4-6	49.41~49.81	粉砂岩	20.81	1.85	25.87	0.80	1.51
7	4-7	49.81~61.70	泥质粉砂岩	26.51	2.23	26.17	1.07	2.28
8	4-8	61.70~64.30	石灰岩	46.89	2.92	27.05	0.13	0.56
9	4-9	64.30~65.20	泥岩	12.82	1.04	24.99	0.80	1.78
10	4-10	65.20~65.90	石灰岩	56.78	4.48	26.26	0.28	0.55
11	4-11	65.90~69.45	粉砂泥岩互层	16.31	1.38	24.40	1.01	2.33
12	4-12	69.45~69.65	粉砂泥岩互层	11.12	0.97	24.60	0.98	2.20
13	4-13	69.65~70.25	石灰岩	8.79	1.17	26.26	0.24	0.28
14	4-14	70.25~72.35	石灰岩	12.83	1.32	26.56	0.28	0.42

2）注浆后底板岩石物理力学性质综合分析

对表 5.7、表 5.8 试验数据进行了统计，结果见表 5.9、表 5.10。

（1）不同性质岩石平均单轴抗压强度

① 石灰岩岩层的平均单轴抗压强度：共 5 个样，平均单轴抗压强度为 34.86MPa，属中硬岩层。

② 细砂岩岩层的平均单轴抗压强度：共 6 个样，平均单轴抗压强度为 52.30MPa，属坚硬岩层。

③ 粉砂岩岩层的平均单轴抗压强度：共 10 个样，平均单轴抗压强度为 27.54MPa，属中硬岩层。

④ 砂泥互层岩层的平均单轴抗压强度：共 9 个样，平均单轴抗压强度为 18.75MPa，属软弱岩层。

⑤ 泥岩岩层的平均单轴抗压强度：共 5 个样，平均单轴抗压强度为 11.41MPa，属软弱岩层。

（2）不同性质岩石平均单轴抗拉强度

① 石灰岩岩层的平均单轴抗拉强度：共 5 个样，平均单轴抗拉强度为 2.88MPa。

② 细砂岩岩层的平均单轴抗拉强度：共 6 个样，平均单轴抗拉强度为 3.86MPa。

③ 粉砂岩岩层的平均单轴抗拉强度：共 10 个样，平均单轴抗拉强度为 2.25MPa。

④ 砂泥互层岩层的平均单轴抗拉强度：共 9 个样，平均单轴抗拉强度为 2.17MPa。

⑤ 泥岩岩层的平均单轴抗拉强度：共 5 个样，平均单轴抗拉强度为 1.00MPa。

总体特征为砂岩的抗压强度、抗拉强度最大，其次为灰岩，泥岩的强度最小，砂泥岩互层段岩石的强度变化范围较大；岩石的含水率和吸水率总体数值较小；但泥岩的含水率和吸水率高于砂岩类，最低为灰岩；岩石的容重以灰岩和砂岩较大，泥岩类较小。

表 5.9　FZ1-3 孔底板岩石力学力学性质指标统计表（注浆后）

岩性	抗压强度/MPa	抗拉强度/MPa	容重/（kN/m³）	含水率/%	吸水率/%
泥岩	$\dfrac{7.54 \sim 15.12}{11.33(2)}$	$\dfrac{0.85 \sim 1.12}{0.99(2)}$	$\dfrac{23.72 \sim 25.77}{24.75(2)}$	$\dfrac{1.02 \sim 1.47}{1.25(2)}$	$\dfrac{1.78 \sim 2.87}{2.33(2)}$
粉砂岩	$\dfrac{19.56 \sim 46.58}{27.21(6)}$	$\dfrac{0.82 \sim 2.68}{2.05(6)}$	$\dfrac{24.99 \sim 26.07}{25.71(6)}$	$\dfrac{0.69 \sim 1.09}{0.86(6)}$	$\dfrac{1.24 \sim 2.06}{1.56(6)}$
砂泥岩互层段	$\dfrac{8.77 \sim 32.28}{20.03(6)}$	$\dfrac{0.69 \sim 5.78}{2.44(6)}$	$\dfrac{24.30 \sim 26.66}{25.87(6)}$	$\dfrac{0.73 \sim 1.09}{0.86(6)}$	$\dfrac{1.24 \sim 2.06}{1.66(6)}$
细砂岩	$\dfrac{15.06 \sim 90.75}{52.30(6)}$	$\dfrac{1.32 \sim 6.87}{3.86(6)}$	$\dfrac{25.48 \sim 26.66}{25.99(6)}$	$\dfrac{0.43 \sim 0.79}{0.58(6)}$	$\dfrac{1.11 \sim 1.82}{1.52(6)}$
石灰岩	49.03（1）	4.52（1）	26.24（1）	0.25（1）	0.54（1）

注：分子为范围，分母为平均值，括号内为样品数。

表 5.10　FZ2-5 孔底板岩石力学力学性质指标统计表（注浆后）

岩性	抗压强度/MPa	抗拉强度/MPa	容重/（kN/m³）	含水率/%	吸水率/%
泥岩	$\dfrac{4.24\sim17.36}{11.47(3)}$	$\dfrac{0.63\sim1.36}{1.01(3)}$	$\dfrac{24.70\sim26.95}{25.55(3)}$	$\dfrac{0.49\sim0.80}{0.68(3)}$	$\dfrac{1.21\sim1.78}{1.55(3)}$
粉砂岩	$\dfrac{20.81\sim33.49}{28.04(4)}$	$\dfrac{1.85\sim4.00}{2.55(4)}$	$\dfrac{24.89\sim26.17}{25.68(4)}$	$\dfrac{0.78\sim1.07}{0.89(4)}$	$\dfrac{1.46\sim2.28}{1.80(4)}$
砂泥岩互层段	$\dfrac{11.12\sim21.14}{16.19(3)}$	$\dfrac{0.97\sim2.56}{1.64(3)}$	$\dfrac{24.40\sim24.89}{24.63(3)}$	$\dfrac{0.98\sim1.08}{1.02(3)}$	$\dfrac{2.00\sim2.33}{2.18(3)}$
细砂岩	—	—	—	—	—
石灰岩	$\dfrac{8.79\sim56.78}{31.32(4)}$	$\dfrac{1.17\sim4.48}{2.47(4)}$	$\dfrac{26.26\sim27.05}{26.56(4)}$	$\dfrac{0.13\sim0.28}{0.23(4)}$	$\dfrac{0.28\sim0.56}{0.45(4)}$

注：分子为范围，分母为平均值，括号内为样品数。

3. 注浆前后底板岩石物理力学性质对比

综上所述，注浆前后底板岩石中，细砂岩的强度最高，粉砂岩次之，泥岩最小，砂泥互层者随砂质含量不同强度变化不一，灰岩强度也随其岩溶发育程度不同而变化较大。由图 5.5 可知，注浆前后底板岩石的物理力学性质无明显变化，数值呈波动状，变化范围基本一致，说明注浆对岩块本身的性质影响较小。

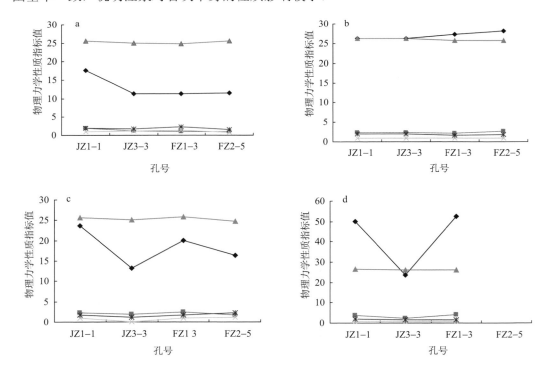

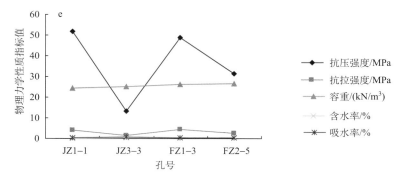

图 5.5　Ⅱ615 工作面注浆前后底板岩石物理力学性质变化趋势图

a.泥岩；b.粉砂岩；c.砂泥岩互层段；d.细砂岩；e.石灰岩

5.1.3　岩石质量指标评价

为了进一步研究注浆前后底板岩体质量变化，对Ⅱ615 工作面注浆前机巷的 JZ3-3、JZ1-1 钻孔和注浆后风巷的 FZ1-3、FZ2-5 钻孔岩心进行了岩石质量指标 RQD 值的现场测定，结果见表 5.11、表 5.12。

根据统计结果得出：

① 注浆前：JZ1-1 孔：砂岩段 RQD 值为 27%~100%，平均值为 40.3%；JZ3-3 孔：砂岩段 RQD 值为 3%~18%，平均值为 11.2%，泥岩段 RQD 值为 7%~45%，平均值为 22.3%，见表 5.11。

表 5.11　注浆前底板钻孔 JZ1-1 孔与 JZ3-3 孔岩石 RQD 测量结果

JZ1-1 孔			JZ3-3 孔		
岩性	距巷道底板距离/m	RQD/%	岩性	距巷道底板距离/m	RQD/%
砂岩段	25.00~26.80	0	砂岩段	0.00~20.80	18
	26.80~28.60	29		20.80~23.40	11
	28.60~32.00	27		23.40~25.78	7
	32.00~34.00	56		25.78~32.28	16
	34.00~36.00	100		32.28~38.59	3
	36.00~41.80	30		38.59~42.59	12
平均		40.3	平均		11.2
			泥岩段	42.59~44.59	0
				44.59~46.59	0
				46.59~48.79	45
				48.79~50.90	35
				50.90~53.20	9
				53.20~55.50	0
				55.50~59.60	0
			平均		22.3

② 注浆后：FZ1-3 孔：砂岩段 RQD 值为 11%~45%，平均值为 26.3%，泥岩段 RQD 值为 7%~39%，平均值为 22.3%；FZ2-5 孔：砂岩段 RQD 值为 3%~4%，平均值为 3.5%，泥岩段 RQD 值为 16%~49%，平均值为 28.0%，灰岩段 RQD 值为 6%~68%，平均值为 30.5%，见表 5.12。

表 5.12　注浆后底板钻孔 FZ2-5 孔与 FZ1-3 孔岩石 RQD 测量结果

FZ2-5 孔			FZ1-3 孔		
岩性	距巷道底板距离/m	RQD/%	岩性	距巷道底板距离/m	RQD/%
砂岩段	40.75~43.70	3		38.20~40.10	45
	43.70~45.80	4		40.10~42.20	34
平均		3.5		42.20~44.10	22
泥岩段	45.80~47.81	16	砂岩段	44.10~45.80	11
	47.80~49.81	49		45.80~47.80	31
	64.30~65.40	19		47.80~49.80	26
平均		28.0		49.80~51.80	18
灰岩段	65.40~66.15	68		51.80~54.20	23
	66.15~70.15	18	平均		26.3
	70.15~71.85	6		54.20~56.50	8
	71.85~72.45	30		56.50~59.25	7
平均		30.5	泥岩段	59.25~61.25	39
				61.25~65.80	8
				65.80~67.84	45
				67.84~69.84	41
				69.84~71.54	8
			平均		22.3

③ 对比注浆前后测试结果可以看出：不同位置、不同深度，岩石的 RQD 值不同；砂岩段的 RQD 值小于泥岩段；注浆后砂岩段的 RQD 值有所提高，而泥岩段变化不大。

④ 由于井下钻探条件限制，岩心采取率偏低，并且岩心受钻杆扰动影响较大，破坏了岩石的原始状态，所以统计的 RQD 值偏小，仅能反映其变化趋势，但不能很好地反映出注浆前后底板岩体结构的差异性。

5.1.4　注浆前后底板岩块波速测试与对比

1. 测试原理

当波在不同的岩体（石）介质中传播时，由于其矿物成分、密度、孔隙率、含水率及裂隙发育程度不同，使得波速及能量出现差异。在实际工作中，可根据这些差异分析岩体的工程物理力学性质，为生产设计提供依据。

由弹性波理论，岩体的声波波速主要决定于岩体的弹性常数和密度。当岩体为均匀介质时

$$V_{\mathrm{p}} = \sqrt{\frac{E(1-\mu)}{\rho(1+\mu)(1-2\mu)}} \qquad (5.1)$$

式中，ρ 为岩体密度；E 为杨氏模量；μ 为泊松比；V_{p} 为纵波波速。

式（5.1）表明，岩石的纵波波速 V_{p} 与 E 的平方根成正比，与密度 ρ 的平方根成反比。一般在同一介质中测试时，密度 ρ 变化不大，所以波速 V 主要由 E 来决定。当岩石中存在裂隙、孔隙、软弱面时，声波波速将明显降低。因此，声波波速 V 较好地反映岩体的弹性模量和岩体内部的结构特征。工程实践中常用抗压强度 R 表示岩体的静力学特征，而在一定的强度范围内，R 与 E 之间成单调函数关系。因此，可以通过实验建立 R 与波速 V 之间的相关关系，即：

$$R = f(V) \qquad (5.2)$$

根据式（5.2）及现场波速测试结果即可反演岩体的原位抗压强度和抗拉强度值。

建立 $R = f(V)$ 的相关关系式的方法，主要通过室内声波波速标定与室内岩石力学试验取得实测值，然后用数理统计的方法确定函数中的常数项。

2. 波速试样的制备与测试

利用 II 615 工作面底板注浆和检查测试钻孔所采取的岩心样品，制备成高度 10cm 左右，兼做抗压强度试样，共制作 72 块测试样品。

使用 SYC-2 声波参数测定仪和 100K-P40F 激发、接收探头进行声波波速测试。测试时，探头与样品之间使用汽车黄油进行耦合，每块样要求重复测试三次。测试原理如图 5.6 所示。

当试样长为 L，声波旅行时间为 t，则声波波速 V 为：

$$V = L/t \qquad (5.3)$$

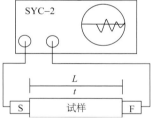

图 5.6　声波测试装置

由式（5.3）计算每块试样的声波波速 V，每组取 V 的平均值。

1）注浆前底板岩石试件波速测试

对注浆前钻孔的取心样品进行了波速测试，测试结果见表 5.13、表 5.14。

表 5.13　注浆前正常区 JZ3-3 孔岩心试件波速测试结果

序号	样号	深度/m	岩性	波速/（m/s）
1	1-3	22.50~23.80	细砂粉砂岩互层	3400.00
2	1-4	25.78~27.50	粉砂岩	3464.29
3	1-5	30.50~32.78	粉砂岩	2420.00
4	1-6	32.78~38.59	粉砂细砂岩互层	2536.67
5	1-7	38.59~38.79	细砂岩	3338.89
6	1-8	38.79~39.00	细砂岩	1836.36
7	1-9	39.00~42.59	细砂岩	2111.11

续表

序号	样号	深度/m	岩性	波速/（m/s）
8	1-10	44.50~45.50	粉砂岩	3928.59
9	1-11	45.50~46.69	泥岩	1376.67
10	1-12	46.69~48.79	粉砂岩	2681.82
11	1-13	48.79~49.50	粉砂岩	1818.18
12	1-14	49.50~50.90	粉砂岩	2425.00
13	1-16	53.20~56.90	石灰岩	2710.00

表 5.14   注浆前异常区 JZ1-1 孔岩心试件波速测试结果

序号	样号	深度/m	岩性	波速/（m/s）
1	2-1	17.50~18.50	泥岩	2217.95
2	2-2	19.50~20.50	砂岩	2636.36
3	2-3	26.80~28.60	含砂泥岩	2025.64
4	2-4	28.60~29.50	细砂岩	2213.79
5	2-5	29.50~32.00	砂岩泥岩互层	2287.50
6	2-6	32.00~34.00	细砂岩	2500.00
7	2-7	34.00~36.00	细砂岩	3000.00
8	2-8	34.00~36.00	砂岩泥岩互层	2288.10
9	2-9	36.00~39.79	砂质泥岩	1960.00
10	2-10	39.79~40.69	细砂岩	3474.07
11	2-11	40.69~41.00	泥质粉砂	2662.16
12	2-12	41.00~41.30	砂岩泥岩互层	2396.97
13	2-13	41.30~41.60	砂质泥岩	1948.65
14	2-14	41.60~41.80	泥岩	2441.46
15	2-15	52.00~52.65	泥岩	2627.03
16	2-16	52.65~52.68	泥岩	2770.59
17	2-17	53.50~54.70	泥岩	1367.65
18	2-18	54.70~54.80	泥岩	1500.00
19	2-19	66.50~67.42	石灰岩	2657.89
20	2-20	69.22~70.82	石灰岩	2125.00
21	2-21	69.84~71.54	砂质泥岩	2027.27
22	2-22	71.54~71.84	石灰岩	2352.94

从表 5.13 和表 5.14 中可以看出，不同岩石的波速不同，各种岩石的波速范围如下：

① 细砂岩的波速最大，范围在 1836.36~3474.07m/s；灰岩和粉砂岩次之，灰岩在 2125.00~2710.00m/s，粉砂岩在 1818.18~3464.29m/s；泥岩最小，范围在 1876.67~2770.59m/s。

② 注浆前正常区的 JZ3-3 钻孔在 22~42m 范围的砂岩段，试件的平均波速为 2872m/s，在 42~57m 范围的泥岩段，试件的平均波速为 2446m/s。

③ 注浆前异常区的 JZ1-1 钻孔在 20~41m 范围的砂岩段，试件的平均波速为2281m/s，在 41.5~62m 范围的泥岩段，试件的平均波速为 2163m/s。

由此可见，砂岩段的波速大于泥岩段的波速；对于同一层岩性段，正常区的波速要比异常区大。

2）注浆后底板岩石试件波速测试结果

注浆后岩石试件的波速测试结果见表 5.15、表 5.16 所示。

从表 5.15 和表 5.16 可以看出，注浆后不同岩石的波速也不同，各种岩石的波速范围如下：

① 注浆后异常区 FZ1-3 钻孔在 25~53m 范围的砂岩段，试件的平均波速为 2519m/s，在 53.55~70.50m 范围的泥岩段，试件的平均波速为 2275m/s，灰岩试件的平均波速为 2111m/s。

② 注浆后正常区 FZ2-5 钻孔在 45~62m 范围的泥岩段，试件的平均波速为 2352m/s，灰岩试件的平均波速为 3061m/s。

由此可见，砂岩段的岩块波速大于泥岩段的波速；对于同一层岩性段，正常区的波速要比异常区的大。

表 5.15　注浆后 FZ1-3 钻孔的岩心波速

序号	样号	深度/m	岩性	波速/（m/s）
1	3-1	38.20～39.00	细砂岩	2166.67
2	3-2	39.00～40.10	细砂岩	2751.35
3	3-3	40.10～42.20	砂岩泥岩互层	2519.35
4	3-4	42.20～43.00	砂岩泥岩互层	2646.15
5	3-5	43.20～44.10	砂岩泥岩互层	1454.55
6	3-6	45.80～46.80	砂岩泥岩互层	2345.24
7	3-7	46.80～47.80	砂岩泥岩互层	2000.00
8	3-8	47.80～48.80	粉砂岩	2436.67
9	3-9	48.80～49.80	粉砂岩	2774.29
10	3-10	49.80～50.80	砂岩泥岩互层	2186.84
11	3-11	50.80～51.80	砂岩泥岩互层	1989.47
12	3-12	51.80～54.20	泥岩	1880.00
13	3-13	54.20～56.50	粉砂岩	1902.44
14	3-15	59.25～61.25	粉砂岩	2061.22
15	3-16	61.25～65.80	砂岩泥岩互层	3100.00
16	3-17	65.80～63.80	细砂岩	2123.81
17	3-18	66.80～67.84	细砂岩	2721.62
18	3-19	67.84～69.84	砂岩泥岩互层	2152.50
19	3-20	69.84～71.54	泥岩	2847.22
20	3-21	71.84～73.70	石灰岩	2111.11

表 5.16   注浆后 FZ2-5 钻孔的岩心波速

序号	样号	深度/m	岩性	波速/（m/s）
1	4-1	40.75~45.50	泥质粉砂岩	2545.45
2	4-2	45.50~46.30	泥岩	2520.00
3	4-3	46.30~48.11	泥质粉砂岩	2353.57
4	4-4	48.11~49.21	粉砂岩	2345.71
5	4-5	49.21~49.41	粉砂泥岩互层	1973.53
6	4-6	49.41~49.81	粉砂岩	2368.00
7	4-7	49.81~61.70	泥质粉砂岩	2362.85
8	4-8	61.70~64.30	石灰岩	3458.33
9	4-9	64.30~65.20	泥岩	2367.65
10	4-10	65.20~65.90	石灰岩	3583.33
11	4-11	65.90~69.45	粉砂泥岩互层	1818.18
12	4-12	69.45~69.65	粉砂泥岩互层	2243.24
13	4-13	69.65~70.25	石灰岩	2472.22
14	4-14	70.25~72.35	石灰岩	2731.03

3）注浆前后底板岩块波速变化

表 5.17 为不同钻孔岩心波速测试结果对比表。从表中可以看出，不同岩石的波速不同，其中注浆前岩层波速反映其原岩特征，粉、细砂岩波速基本上在 1800~3500m/s，泥岩在 1300~2700m/s，而灰岩在 2100~2700m/s。注浆前构造区的 JZ1-1 孔在 20.0~41.0m 的砂岩段，其试件平均波速为 2281m/s，在 41.5~62.0m 的泥岩段，试件的平均波速为 2163m/s。注浆前正常区的 JZ3-3 孔在 20.0~41.0m 的砂岩段，试件的平均波速为 2872m/s，在 42.0~57.0m 的泥岩段，试件的平均波速为 2446m/s。即同一岩性段，正常区岩块波速大于构造区。

表 5.17   注浆前后底板钻孔岩心试块波速测试结果对比表

孔号	各段波速/（m/s）		备注	
	砂岩段	泥岩段		
JZ3-3	2872	2446	注浆前	正常区
JZ1-1	2281	2163		异常区
FZ1-3	2519	2275	注浆后	异常区
FZ2-5	/	2352		正常区

注浆后构造区 FZ1-3 钻孔在 25.0~53.0m 的砂岩段，试件的平均波速为 2519m/s，在 53.6~70.5m 的泥岩段，试件的平均波速为 2275m/s。注浆后正常区 FZ2-5 钻孔在 43.0~62.0m 的泥岩段，试件的平均波速为 2352m/s。

注浆前后岩块波速对比可以看出，异常区注浆后岩块波速有所增大，但正常区不明显。这主要与异常区岩块相对裂隙较发育，浆液充填微裂隙，使其整体性有所增强有关；

正常区段岩块较密实，浆液注不进去，对其基本无影响。

5.1.5　注浆前后底板岩层钻孔波速原位测试与对比

为了评价注浆效果，采用底板钻孔震波 CT 探测技术，对Ⅱ615 和Ⅱ6117 工作面底板注浆前后岩层波速的变化情况进行了探查（吴基文等，2015），为进一步分析注浆前后底板结构变化和注浆效果提供依据。

1. 钻孔波速法测试方法原理及设备

1）检测方法

在钻孔物探技术中，震波检层法是通过在钻孔中放置声波检波器，在孔口附近进行声波激发，声波由孔口通过岩体传播至孔中检波器。地震波在传播过程中，将携带岩体的动力学特征，表现为直达波到时 t、波速 v、幅值 A、频率 f 等的变化，在有强波阻抗界面时，如断层界面、裂隙面、岩性分界面等还会产生波的分裂与转换，一次反射和多次反射波等特征（牛滨华、孙春岩，2007）。通过在孔中逐点测试直达波和反射波的波场特征，并进行相关的解析计算，就可按照波速进行地层划分，判定软弱破碎带的位置和注浆加固的前后效果（王观石等，2010；李新伟、王晓飞，2011）。

若钻孔深度为 h，激震点偏离孔口的距离为 x，即偏移距，声波到时为 t，则波速 v 为

$$v = \frac{\sqrt{h^2 + x^2}}{t} \text{ 或 } v = \frac{h_{i+1} - h_i}{t_{i+1} - t_i} \quad (5.4)$$

震波波速检层主要以纵波或横波直达波为研究对象，进而可得到相应的速度曲线（图 5.7），对不同岩层进行分辨。

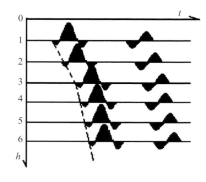

图 5.7　震波检层速度曲线示意图

2）测试设备

现场探测采用的仪器设备主要为轻便型本安地震探测仪，具体设备包括：i. KDZ1114-3 型地震探测仪一台；ii. ZK-1 型孔中高频检波器两只（两分量），电缆 100m；iii.大线，启动线；iv. 18 磅重锤一把。

图 5.8 为钻孔波速测试仪器系统图。

2. 现场施工技术与方法

1）Ⅱ615 工作面底板钻孔波速现场测试

（1）钻孔设计

针对Ⅱ615 工作面具体情况，现场设计了四个波速测试钻孔，分别位于机巷和风巷不同钻场中，测试钻孔布置见图 5.1，钻孔基本情况见表 5.1。

（2）现场数据采集

实测过程中，孔中贴壁式检波器在钻孔中移动，点距为 0.5~1.0m，激震点在孔固

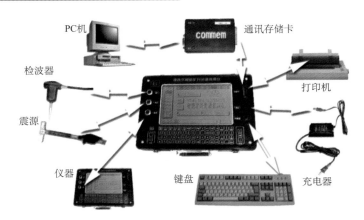

图 5.8　钻孔波速测试仪器系统图

定位置，其偏移距为 0.1~0.3m。采用锤击震源形式，孔中两分量检波器进行数据接收。通过现场试验检测参数选定为：采样点数 1024 个；采样间隔 50~150μs；采样频带为 50~2000Hz。共完成近 260m 钻孔波速测试，达到了预设的效果。具体测试状况统计见表 5.18。

表 5.18　Ⅱ615 工作面注浆前后底板钻孔波速测试记录表

序号	钻孔名称	测试日期/（y-m-d）	测试孔深/m	移动步距/m	炮点数/个	数据量/个	备注
1	JZ1-1	2010-9-17	62	0.5	85	87040	注浆前
2	JZ3-3	2010-6-29	57	0.5~1.0	57	58368	注浆前
3	FZ1-3	2010-9-21	70.5	0.5	92	94208	注浆后
4	FZ2-5	2010-8-24	62	0.5	86	88064	注浆后

2）Ⅱ6117 工作面底板钻孔波速现场测试

（1）钻孔设计

针对 Ⅱ6117 工作面具体情况，现场设计了四个波速测试钻孔，分别位于机巷和风巷不同钻场中，测试钻孔布置见图 5.3，钻孔基本情况表 5.2。

（2）现场数据采集

测试方法和测试参数与 Ⅱ615 工作面相同。本面共完成 252.2m 钻孔波速测试，达到了预设的效果。具体测试状况统计见表 5.19。

3. 数据处理与结果分析

钻孔波速数据处理利用专用 KDZ 震波处理软件进行，通过数据传输→数据解编→数据预处理→纵横波到时拾取→直达波速度分析→结果成图。根据钻孔各层波速分布结果即可进行对比，对注浆前后岩层条件加以评价。

表 5.19　Ⅱ6117 工作面注浆有后底板钻孔波速测试记录表

序号	钻孔名称	测试日期 / (y-m-d)	测试孔深/m	移动步距/m	炮点数/个	数据量/个	备注
1	JZ2-1	2011-8-19	64.0	0.5	89	91136	注浆后
2	FZ2-3	2011-9-24	60.0	0.5	61	62464	注浆后
3	FZ4-2	2011-11-9	66.2	0.5	94	96256	注浆前
4	JZ6-4	2012-4-25	62.0	1.0	43	44032	注浆前

1）Ⅱ615 工作面底板钻孔波速测试成果分析

（1）注浆前钻孔波速测试结果

震波波速检层数据处理是在 KDZ 软件上完成。图 5.9a 为机巷 JZ1-1 钻孔原位探测波形及岩层波速分层图。从图中可以看出，在孔深 47m 以浅波形较为完整，波的能量强；而 47m 以深部分则波形质量相对较差，除受测试条件影响外，也反应岩层本身的质量条件。对于直达波初至处呈锯齿状，局部初至波出现延时变异现象，表明在这些部位岩体强度降低、裂隙结构面发育，或为岩性分界面。对比不同岩层的波速大小，总体上测试的 62m 孔深中可以分为七个界面（层），其地震波速度结果如表 5.20 所示。图 5.9b 为机巷 JZ3-3 钻孔原位探测波形及岩层波速分层图，对比不同岩层的波速大小，总体上测试的 57m 孔深中可以分为六个界面（层），其地震波速度结果如表 5.20 所示。

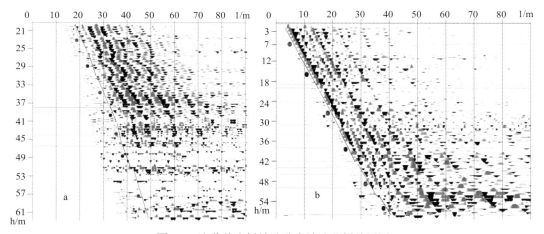

图 5.9　注浆前底板钻孔孔中波速分析结果图

a.JZ1-1 孔；b.JZ3-3 孔

（2）注浆后钻孔波速测试结果

图 5.10a 为风巷 FZ1-3 钻孔原位探测波形及岩层波速分层图。从图中可以看出，注浆后测试波形连续性增强，整孔测试效果较好。对比不同岩层的波速大小，总体上测试的 70.5m 孔深中可以分为六个界面（层），其地震波速度结果见表 5.21。图 5.10b 为风巷 FZ2-5 钻孔原位探测波形及岩层波速分层图。从图中可以看出，注浆后测试波形连续性增强，整孔测试效果较好。对比不同岩层的波速大小，总体上测试的 62m 孔深中可以

分为七个界面（层），其地震波速度结果见表 5.21。

表 5.20　Ⅱ615 工作面底板注浆前钻孔波速检测纵波速度分析结果

层号	钻孔深度/m	岩性	纵波波速 / （m/s）	层号	钻孔深度/m	岩性	纵波波速 / （m/s）	岩性段名称
	JZ1-1 孔				JZ3-3 孔			
1	20.0~25.5	砂质泥岩	1881	1	2.0~9.0	细砂岩	2167	砂岩段
2	25.5~30.5	含砂泥岩	2167	2	9.0~20.0	粉砂岩	1887	
3	30.5~37.0	细砂岩	1733	3	20.0~31.0	细砂岩	2167	
4	37.0~41.0	砂岩泥岩互层	1468	4	31.0~41.0	细砂岩	2207	
5	41.0~46.0	泥岩	3078	5	41.0~51.0	泥岩	2017	海相泥岩段
6	46.0~51.5	泥岩	1858	6	51.0~57.0	泥岩	1547	
7	51.5~62.0	泥岩	2241					

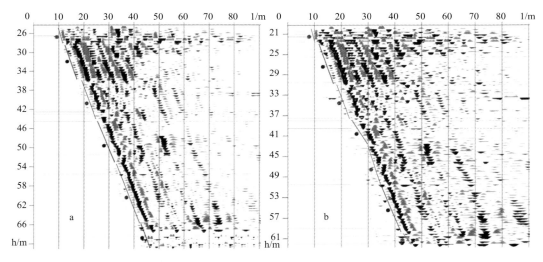

图 5.10　注浆后底板钻孔孔中波速分析结果图

a.FZ1-3 孔；b.FZ2-5 孔

（3）注浆效果对比分析

基于上述各孔波速原位测试成果（表 5.20、表 5.21），将注浆前后不同层段波速进行了分层对比，并对各孔底板两大类岩层段平均波速进行了计算，结果见表 5.22。通过对注浆前后不同层段速度值大小的综合分析，可知Ⅱ615 工作面底板岩层在注浆加固前后其波速值发生了较大的变化，并得出以下几点认识。

表 5.21　Ⅱ615 工作面底板注浆后钻孔波速检测纵波速度分析结果

层号	钻孔深度/m	岩性	纵波波速/(m/s)	层号	钻孔深度/m	岩性	纵波波速/(m/s)	岩性段名称
	FZ1-3 孔				FZ2-5 孔			
1	25.0~28.0	细砂岩	2786	1	20.0~22.5	细砂岩	2500	砂岩段
2	28.0~35.5	粉砂岩	2219	2	22.5~30.5	粉砂岩	2321	
3	35.5~44.0	细砂岩	2123	3	30.5~37.5	细砂岩	2913	
4	44.0~53.0	含泥质砂岩	1700	4	37.5~42.5	粉砂岩	2089	
5	53.0~65.5	粉砂质泥岩	1925	5	42.5~50.0	泥质粉砂岩	1820	
6	65.5~70.5	砂岩泥岩互层	2340	6	50.0~59.5	泥岩	1625	海相泥岩段
				7	59.5~62.0	含砂质泥岩	1858	

① 注浆影响深度：从四个钻孔测试结果来看，在钻孔孔深所揭露的砂岩段注浆效果显著，孔深基本上在 40m 左右，其中注浆前 20~40m 段地震波平均波速值为 1995m/s，而注浆后 20~40m 段地震波平均波速值增加为 2530m/s。孔深 40~60m 段的海相泥岩段波速整体值变化不大，不宜区分其增加效果。再向深部由于钻孔孔深和测试条件所限，未探测到数据，故其注浆效果无法评价。

② 注浆效果评价：根据地震波纵波波速测试结果分析，注浆前底板钻孔波速较小，且正常区砂岩段波速大于异常区；说明异常区砂岩层裂隙发育；注浆后底板钻孔波速均较大，且正常区砂岩段波速与异常区砂岩段波速相近，说明注浆使砂岩中裂隙被充填，结构完整性提高趋于一致。

对于孔深 20~40m 砂岩段，地震波平均波速由 1995m/s 增加到 2530/s，即注浆后底板岩层波速增加到 1.27 倍，说明底板岩层中裂隙被浆液充填，岩体结构完整性增加，根据波速与岩体强度的关系（吴基文，2003；吴基文等，2005），可以认为其平均强度增加到 1.27 倍，充分说明注浆对底板起到了很好的加固作用，注浆效果是明显的。对于海相泥岩段，其注浆前后波速基本不变，说明该区域海相泥岩段裂隙不发育，相对致密完整，这与该面底板钻孔取心完整和不存在原始导高一致。

表 5.22　Ⅱ615 工作面底板注浆前后各岩层段平均波速对比

岩层段	注浆前波速/（m/s）			注浆后波速/（m/s）			注浆前后波速比
	JZ1-1	JZ3-3	平均值	FZ131	FZ2-5	平均值	
砂岩段	1812	2187	1995	2376	2456	2530	1.27
海相泥岩段	2049	1782	1910	1988	1767	1915	1.00

2）Ⅱ6117工作面底板钻孔波速测试成果分析

（1）注浆前钻孔波速测试结果

FZ4-2 钻孔实测孔深为 7~66.2m 段，其中 0~7m 为套管下入段。图 5.11 为机巷 FZ4-2 钻孔原位探测波形及岩层波速分层图。从图中可以看出，整孔测试波形连续性较好，仅局部波形出现起伏。对比不同岩层的波速大小，总体上测试的 66.2m 孔深中可以分为五个界面（层段），其地震波速度结果见表 5.23。该孔 20~45.2m 段为砂泥岩互层，其平均速度为 1240m/s 左右。45.2~66.2m 段为海相泥岩，其平均速度为 1500m/s。

JZ6-4 钻孔实测孔深为 20~62m 段，其中 0~25m 为套管下入段。图 5.12 为机巷 JZ6-4 钻孔原位探测波形及岩层波速分层图。从图中可以看出，孔中测试波形连续性较好，但在 50m 孔深以后波形质量变差，其与岩层质量有一定的关系，当岩层条件变差时，波形能量变弱。对比不同岩层的波速大小，总体上测试的 62m 孔深中可以分为三个界面（层段），其地震波速度结果见表中所示。该孔 20~49.5m 段为砂泥岩互层，其平均速度为 1520m/s 左右。49.5~62.0m 段为海相泥岩，其平均速度为 1310m/s（表 5.24）。

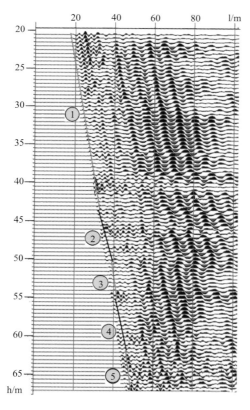

图 5.11　FZ4-2 孔中波速分析结果图

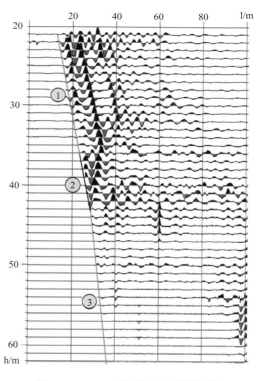

图 5.12　JZ6-4 孔中波速分析结果图

表 5.23　风巷 FZ4-2 钻孔单孔波速测试结果

层号	钻孔深度/m	岩性	岩性段名称	斜长/m	纵波波速/(m/s)	备注
1	20.0~43.0	细砂岩	砂泥岩互层段	13.0	1280	
2	43.0~45.2	泥岩		2.2	1200	钻孔情况：FZ4-2 孔方位
3	45.2~50.0	泥岩		4.8	1200	角及倾角为 251º∠−52º;
4	50.0~55.5	粉砂质泥岩	海相泥岩段	5.5	1670	全取心；测试深度
5	55.5~62.5	泥岩		7.0	1321	66.2m；注浆前测试
6	62.5~66.2	粉砂质泥岩		3.7	1678	

表 5.24　机巷 JZ6-4 钻孔单孔波速测试结果

层号	钻孔深度/m	岩性	岩性段名称	斜长/m	纵波波速/(m/s)	备注
1	20.0~36.0	泥岩		16.0	1210	
2	36.0~42.0	细砂岩	砂泥岩互层段	6.0	1839	钻孔情况：JZ6-4 孔方位角及
3	42.0~49.5	泥岩		7.5	1310	倾角为 59º∠−58º; 全取心;
4	49.5~62.0	泥岩	海相泥岩段	12.5	1310	测试深度 62m；注浆前测试

（2）注浆后钻孔波速测试结果

JZ2-1 钻孔实测孔深为 20~64m 段，其中 0~20m 为套管下入段。图 5.13 为机巷 JZ2-1 钻孔原位探测波形及岩层波速分层图。从图中可以看出整孔波形较为完整，波的能量强，仅在 35m 处波形质量相对较差，反应该段岩层本身的质量条件。对比不同岩层的波速大小，总体上测试的 64m 孔深中可以分为五个界面（层段），其地震波速度结果如表 5.25 所示。20~47.2m 段为砂泥岩互层，该段岩层平均波速为 2000m/s 左右。而下部 47.2~64m 段为海相泥岩，其平均速度为 1400m/s 左右。

FZ2-3 钻孔实测孔深为 20~60m 段，其中 0~20m 为套管下入段。图 5.14 为风巷 FZ2-3 钻孔原位探测波形及岩层波速分层图。对比不同岩层的波速大小，总体上测试的 60m 孔深中可以分为六个界面（层段），其地震波速度结果见表 5.26 所示。该孔 20~41.6m 段为砂泥岩互层，平均速度为 1861m/s 左右。41.6~60m 段为海相泥岩，其平均速度为 1800m/s，局部层段波速值相对较小。

（3）注浆效果对比分析

对四个钻孔波速原位测试结果的综合分析，图 5.15 为四个钻孔不同层段波速分层结果对比，表 5.27 为底板钻孔两大类岩层段平均波速对比结果。其中机巷 JZ2-1 钻孔和风巷 FZ2-3 钻孔为注浆后测试，风巷 FZ4-2 钻孔和机巷 JZ6-4 钻孔为注浆前测试，根据不同层段速度值大小综合分析，可知 II 6117 工作面底板岩层在加固注浆前后其波速值发生了一定的变化，且可得出几点认识。

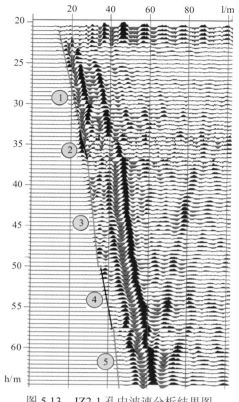

图 5.13　JZ2-1 孔中波速分析结果图

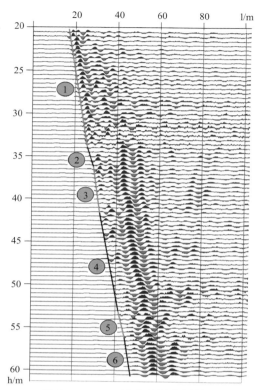

图 5.14　FZ2-3 孔中波速分析结果图

表 5.25　机巷 JZ2-1 钻孔单孔波速测试结果

层号	钻孔深度/m	岩性	岩性段名称	斜长/m	纵波波速/(m/s)	备注
1	20.0~34.5	细砂岩		14.5	1287	钻孔情况：JZ2-1 孔方
2	34.5~37.0	砂质泥岩	砂泥岩互层段	2.5	2500	位角及倾角为 144°∠
3	37.0~50.0	细砂岩		13.0	1980	−48°；全取心；测试深
4	50.0~57.5	粉砂质泥岩	海相泥岩段	7.5	1390	度 64m；注浆后测试
5	57.5~64.0	泥岩		6.5	1350	

表 5.26　风巷 FZ2-3 钻孔单孔波速测试结果

层号	钻孔深度/m	岩性	岩性段名称	斜长/m	纵波波速/(m/s)	备注
1	20.0~34.0	细砂岩		14.0	1386	
2	34.0~36.0	砂质泥岩	砂泥岩互层段	2.0	2612	钻孔情况：FZ2-3 孔方位
3	36.0~41.0	细砂岩		5.0	1587	角及倾角为 293°∠
4	41.0~53.0	砂质泥岩		12.0	1724	−53°；全取心；测试深
5	53.0~56.5	粉砂岩	海相泥岩段	3.5	1174	度 60m；注浆后测试
6	56.5~60.5	泥岩		4.5	2510	

① 注浆影响深度：四个测试钻孔分别为注浆前和注浆后测试，其结果表明，在钻孔孔深所揭露的砂泥岩互层段注浆效果较为显著，孔深基本上在 45m 左右，其中注浆前 20~45m 段地震波平均波速值为 1380m/s，而注浆后 20~45m 段地震波平均波速值增加为 1930m/s。对于孔深 45~60m 的海相泥岩段波速整体值不宜区分其增加效果，其总体岩层平均速度值由注浆前的 1405m/s 增加到 1600m/s，但不同钻孔变化较大。

② 注浆效果评价：根据地震波纵波波速结果分析，对于孔深 20~45m 段砂泥岩互层段，地震波平均波速由 1380m/s 增加到 1930m/s，整体提高了 1.4 倍，海相泥岩段地震波平均波速由 1405m/s 增加到 1600m/s，整体提高了 1.14 倍，说明注浆对砂泥段加固效果较为显著，对海相泥岩段改造不明显。

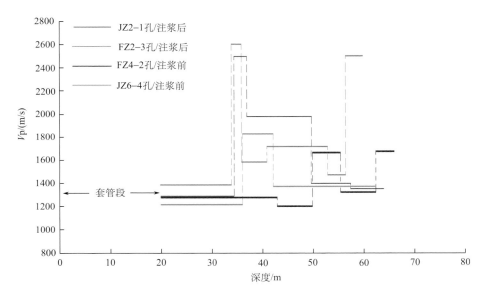

图 5.15　四个钻孔不同层段波速分层结果对比

表 5.27　底板钻孔各岩层段平均波速对比

岩层段	注浆前波速/（m/s）			注浆后波速/（m/s）			注浆前后波速比
	FZ4-2	JZ6-4	平均值	JZ2-1	FZ2-3	平均值	
砂泥岩互层	1240	1520	1380	2000	1861	1930	1.40
海相泥岩	1500	1310	1405	1400	1800	1600	1.14

4. 小结

① Ⅱ615 工作面底板钻孔波速测试结果表明，底板砂岩段注浆效果显著，注浆影响孔深基本上在 40m 左右，其中注浆前 20~40m 段地震波平均波速值为 1995m/s，而注浆后该段地震波平均波速值增加为 2530m/s，则其平均波速增加到 1.27 倍；而孔深 40~60m 以下的海相泥岩段注浆前后波速整体变化不大，不宜区分其增加效果。

② Ⅱ6117 工作面底板钻孔波速测试结果表明，底板砂泥岩互层段注浆效果显著，注浆影响孔深基本上在 45m 左右，其中注浆前 20~45m 段地震波平均波速值为 1380m/s，而注浆后 20~45m 段地震波平均波速值增加为 1930m/s，则其平均波速增加到 1.4 倍；而孔深 45~60m 的海相泥岩段波速整体值有所提高，但不同钻孔波速大小有波动且不宜区分。

③ 注浆前底板岩层波速小于注浆后底板岩层波速；注浆前正常区砂岩段波速大于异常区砂岩段波速，说明异常区砂岩层裂隙发育；注浆后正常区砂岩段波速与异常区砂岩段波速相近，说明注浆使砂岩中裂隙被浆液充填加固，结构完整性提高且趋于一致。

5.1.6　注浆前后底板岩体结构分析

通过对 Ⅱ615 工作面底板注浆前后岩块的波速测试、钻孔原位波速测试、岩石质量指标的统计计算，对底板岩体结构进行了对比分析，从不同角度反映了底板岩体的结构变化特征。

1. 注浆前底板岩体结构特征

根据 Ⅱ615 工作面底板注浆前底板 JZ3-3、JZ1-1 钻孔的岩块的波速测试、钻孔原位波速测试、岩石质量指标，编制了底板岩层结构示意图，如图 5.16、图 5.17 所示。

从图 5.16、图 5.17 中可以看出，不同岩性，不同深度，岩体结构的类型不完全相同。但总体表现基本一致，即上部为整体块状结构，中部为块状结构，下部泥岩段为层状结构。

底板岩层主要由砂岩、泥岩、粉砂岩和泥质砂岩或砂质泥岩组成，属沉积岩系，层理面发育，表现为层状结构；在构造区，节理裂隙发育，或伴生层间滑动构造，往往形成层状碎裂结构。

Ⅱ615 工作面底板岩层主要由上部砂岩段、中部粉砂岩段、下部海相泥岩段组成，与之对应的岩体结构是上部整体块状，中部块状，下部层状，总体上表现为上硬下软组合的岩体结构类型。

注浆前岩体完整性系数 K_v：砂岩段为 0.54~0.63，泥岩段为 0.53~0.90，总体属于较完整结构。

2. 注浆后底板岩体结构特征

根据 Ⅱ615 工作面底板注浆后底板 FZ1-3、FZ2-5 钻孔的岩块的波速测试、钻孔原位波速测试、岩石质量指标，编制了底板岩层结构示意图，如图 5.18、图 5.19 所示。

从图 5.18、图 5.19 中可以看出，注浆后的底板岩体结构和注浆前相似，上部为整体块状结构；中部为块状结构；下部泥岩段为层状结构。

底板岩层主要由砂岩、泥岩、粉砂岩和泥质砂岩或砂质泥岩组成，属沉积岩系，层理面发育，表现为层状结构；在构造区，节理裂隙发育，或伴生层间滑动构造，往往形成层状碎裂结构；断层破碎带为碎裂结构或散体结构。上部砂岩段、中部粉砂岩段、下部海相泥岩段组成，与之对应的岩体结构是上部整体块状，中部块状，下部层状。

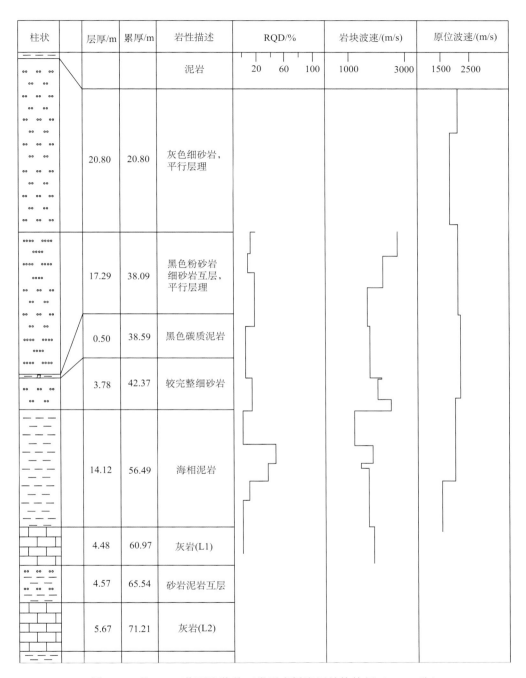

图 5.16　Ⅱ615 工作面注浆前正常区底板岩层结构特征（JZ3-3 孔）

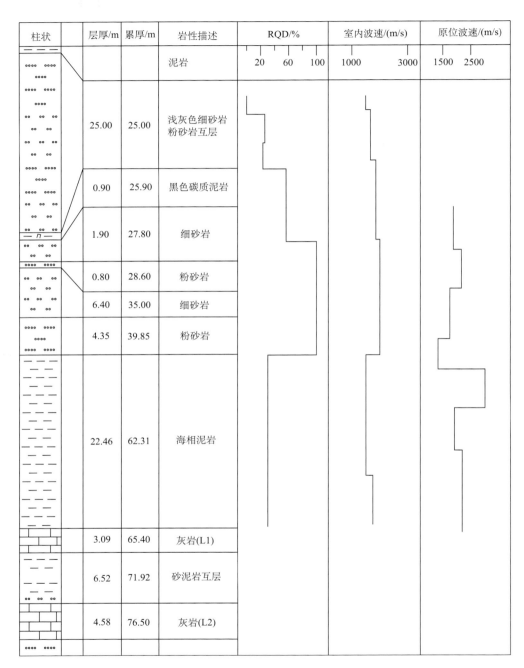

图 5.17　Ⅱ615 工作面注浆前异常区底板岩层结构特征（JZ1-1 孔）

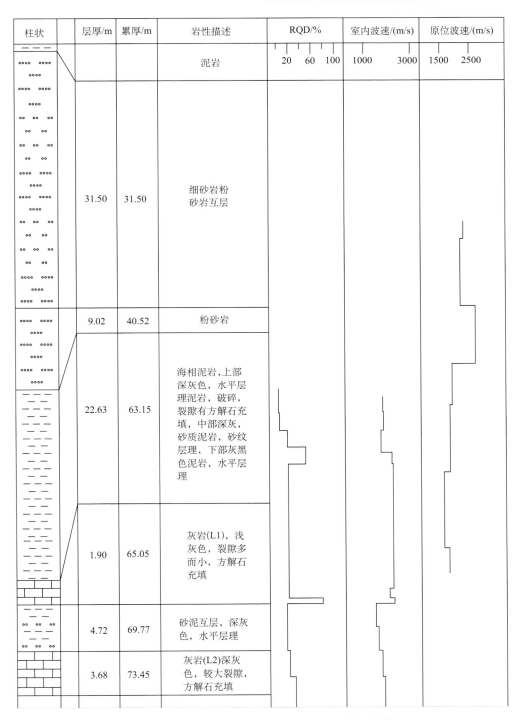

柱状	层厚/m	累厚/m	岩性描述	RQD/%	室内波速/(m/s)	原位波速/(m/s)
			泥岩	20　60　100	1000　3000	1500　2500
	31.50	31.50	细砂岩粉砂岩互层			
	9.02	40.52	粉砂岩			
	22.63	63.15	海相泥岩,上部深灰色,水平层理泥岩,破碎,裂隙有方解石充填,中部深灰,砂质泥岩,砂纹层理,下部灰黑色泥岩,水平层理			
	1.90	65.05	灰岩(L1),浅灰色,裂隙多而小,方解石充填			
	4.72	69.77	砂泥互层,深灰色,水平层理			
	3.68	73.45	灰岩(L2)深灰色,较大裂隙,方解石充填			

图 5.18　Ⅱ 615 工作面注浆后 FZ2-5 底板岩体结构描述

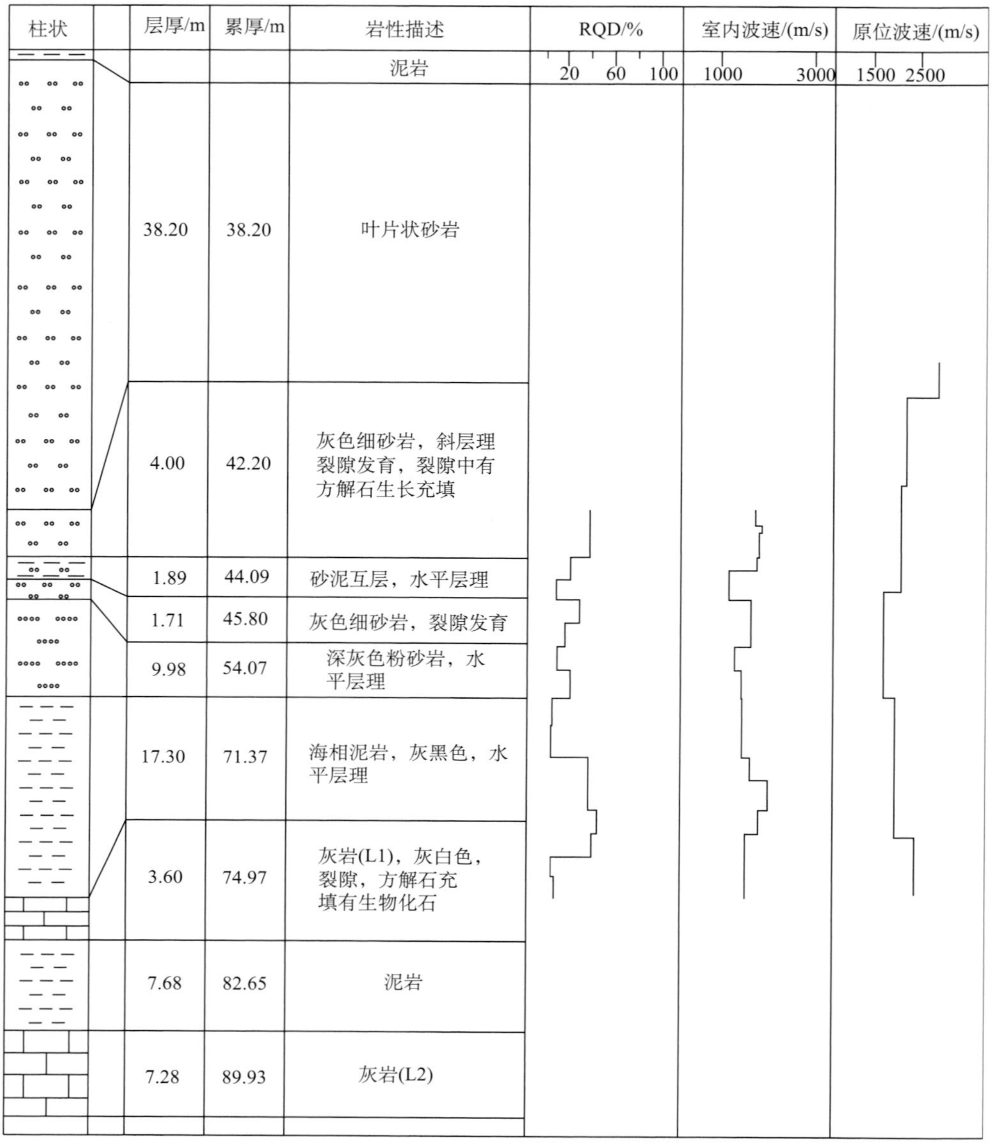

柱状	层厚/m	累厚/m	岩性描述	RQD/%	室内波速/(m/s)	原位波速/(m/s)
			泥岩	20　60　100	1000　　3000	1500 2500
	38.20	38.20	叶片状砂岩			
	4.00	42.20	灰色细砂岩，斜层理裂隙发育，裂隙中有方解石生长充填			
	1.89	44.09	砂泥互层，水平层理			
	1.71	45.80	灰色细砂岩，裂隙发育			
	9.98	54.07	深灰色粉砂岩，水平层理			
	17.30	71.37	海相泥岩，灰黑色，水平层理			
	3.60	74.97	灰岩(L1)，灰白色，裂隙，方解石充填有生物化石			
	7.68	82.65	泥岩			
	7.28	89.93	灰岩(L2)			

图 5.19　Ⅱ615 工作面注浆后 FZ1-3 孔底板岩体结构描述

注浆后岩体完整性系数 K_v：砂岩段为 0.77~0.95，泥岩段为 0.58~0.88，总体属于完整结构。与注浆前对比，底板岩体中，砂岩段的完整性有较明显的提高，而泥岩段略有提高，体现了注浆有较明显的加固效果。

5.1.7　注浆前后底板岩体强度特征

1. 注浆前底板岩体强度确定

1）计算原理

在漫长的地质历史演化过程中，岩体在复杂的地质环境下，经历了地应力和其他作用力的反复作用，岩体内部发育了大小不一、规模不等的微观与宏观裂隙。因此，岩块与岩体的物理力学性质存在很大差异。实验室对岩石试件测定的岩石强度结果，并不能代表真正的岩体强度，而要在现场进行岩体强度试验又比较困难，为此需要通过某种折减方式，将岩石试件的强度换算成岩体强度（吴基文，2003；吴基文等，2005）。

目前国内外用以表征岩体完整性的指标较多（Hu and Zhang，2001；中华人民共和国水利部，2015），获取这些指标的方法主要有三类（谷德振，1979）：i.弹性波测试法，基于此法的评价指标有岩体完整性系数（岩体龟裂系数）K_v 等；ii.岩心钻探法，基于该法的评价指标有岩石质量指标 RQD、单位岩心裂隙数等；iii.结构面统计法，基于此法的评价指标有岩体体积节理数 J_v、平均节理间距 d_p 等。这些评价方法各有优缺点，且多数评价指标仅是从某一侧面反映了岩体的完整程度，其中岩石质量指标 RQD 由于受到钻探工艺的影响不能准确地反映出岩体结构；结构面统计法在现实中的应用比较复杂；而波速测试法，特别是在原位的测试，所受到的影响因素少，能较好地反映岩体的完整性（马超峰，2010）。岩体质量评价一直是勘察、设计、施工及科研人员共同关注的重要课题（沈中其、关宝树，1998；刘大刚，2004；张鹏等，2009）。

日本学者池田和彦提出，可将岩石试件强度乘以岩体完整性系数 K_v（岩体龟裂系数）作为岩体抗压强度，即准岩体强度（陈成宗，1990）。

$$\sigma_{cm}=K_v\sigma_{cr} \tag{5.5}$$

式中，σ_{cm} 为岩体抗压强度，MPa；σ_{cr} 为岩石试件抗压强度，MPa；K_v 为完整性系数。

由于岩体中结构弱面的存在，纵波在岩体中的传播速度一般要小于其在岩石中的传播速度，结构面越多，声速下降得越快（刘长武、陆士良，1999）。岩体完整性系数（K_v）是指岩体弹性纵波速度与同一岩体中所包含的岩石弹性纵波速度之比（波速比）的平方（臧秀平等，2007），本书根据弹性波测试法来确定岩体完整性。完整性系数 K_v 可以表示为

$$K_v=\frac{V_{pm}^2}{V_{ps}^2} \tag{5.6}$$

式中，V_{pm} 为原位钻孔纵波波速；V_{pr} 为岩石试件的纵波波速。

2）完整性系数

根据 5.1.4 和 5.1.5 节所获得的注浆前两个钻孔的岩石试件波速 V_{pr} 和原位钻孔波速 V_{pm}，代入式（5.6），即可计算出岩体完整性系数 K_v。计算结果见表 5.28、表 5.29。

表 5.28　Ⅱ615 工作面注浆前正常区 JZ3-3 孔完整性系数

序号	深度 H/m	岩性	V_{pm}/（m/s）	V_{pr}/（m/s）	K_v
1	20~41	砂岩段	2107	2872	0.54
2	42~57	泥岩段	1782	2446	0.53

表 5.29　Ⅱ615 工作面注浆前异常区 JZ1-1 孔完整性系数

序号	深度 H/m	岩性	V_{pm}/（m/s）	V_{pr}/（m/s）	K_v
1	20~41	砂岩段	1812	2281	0.63
2	41.5~62	泥岩段	2059	2163	0.90

从上表可以看出，注浆前正常区的岩体完整性系数小于构造区，按照岩体完整性的定义，岩体完整性系数越大岩体的完整性应该越好。但实际上，在构造区由于岩体裂隙较发育，岩体的完整性差，岩体波速较小，而从钻孔中所取的岩块由于受到构造区的地质环境影响，岩块裂隙发育程度也较大，岩块较破碎，岩石试件的波速相对较小，所以构造区的岩体和岩石试件的波速相差较小，计算出的岩体完整性系数反而较大；正常区岩体的完整性较好，岩体波速较大，从钻孔中取出的岩块完整性相对岩体来说更好，岩块的波速要比岩体波速大的多，因而在正常区计算的岩体完整性系数反而较小。

3）岩体强度

得出岩体完整性系数之后，根据式（5.5）即可计算出岩体的强度值。由于工作面构造区范围较小，因此采用正常区计算的完整性系数 K_v，结合 5.1.2 节所获得的正常区各个岩性段不同岩石试件的抗压强度和抗拉强度进行换算，换算后得出各个岩性段的准岩体强度，计算结果见表 5.30。

表 5.30 Ⅱ615 工作面注浆前底板岩体平均强度

孔号	岩性段	抗压强度/MPa		抗拉强度/MPa	
		岩块	岩体	岩块	岩体
JZ3-3	砂岩段	21.53	11.63	2.02	1.09
	泥岩段	11.33	6.00	1.05	0.56
JZ1-1	砂岩段	32.82	20.68	2.54	1.60
	泥岩段	15.70	14.13	1.32	1.19
平均	砂岩段	27.18	16.16	2.28	1.35
	泥岩段	13.52	10.07	1.19	0.88

通过计算得出：注浆前底板砂岩段岩体的平均抗压强度为 16.16MPa，平均抗拉强度为 1.35MPa；注浆前泥岩段岩体的平均抗压强度为 10.07MPa，平均抗拉强度为 0.88MPa。注浆前整个底板抗拉强度和抗压强度均较小。

2. 注浆后底板岩体强度计算

根据 5.1.4 和 5.1.5 节所获得的注浆后两个钻孔的岩石试件波速 V_{pr} 和原位钻孔波速 V_{pm}，代入式（5.6），即可计算出岩体完整性系数 K_v。计算结果见表 5.31、表 5.32。

表 5.31 Ⅱ615 工作面注浆后正常区 FZ2-5 孔完整性系数

序号	深度 H/m	岩性	V_{pm}/（m/s）	V_{pr}/（m/s）	K_v
1	20~42.5	砂岩段	2456	2519	0.95
2	43~62	泥岩段	1787	2352	0.58

表 5.32　Ⅱ615 工作面注浆后异常区 FZ1-3 孔完整性系数

序号	深度 H/m	岩性	V_{pm}/（m/s）	V_{pr}/（m/s）	K_v
1	25~53	砂岩段	2207	2519	0.77
2	53.5~70.5	泥岩段	2133	2275	0.88

从上两表可以看出，注浆后正常区的岩体完整性系数小于构造区，该结果和注浆前的情况一致，进一步说明在构造区岩体和岩块的完整性都差，波速都较小，且相差不大；而正常区岩体中尽管有裂隙发育，岩块的完整性却不受太大的影响，正常区岩体和岩块波速相差较大。

注浆后，由于岩体裂隙中充满了浆液，固结以后使得整个岩体强度增大，而对于单个岩块来说，浆液很难进入岩块的微小裂隙中，即使有少量浆液进入，对其强度的影响也不是很大，这一点可以通过从注浆前、后的岩体波速和岩石试件波速的测试结果对比看出。

异常区注浆前砂岩段岩体波速为 1812m/s，注浆后为 2207m/s，注浆后增大了 395m/s，岩体完整性程度有所提高；注浆前砂岩段岩石试件的平均波速为 2281m/s，注浆后为 2519m/s，注浆后增加了 238m/s；正常区注浆前砂岩段岩体波速为 2107m/s，注浆后为 2456m/s，注浆后增加了 349m/s，岩体完整性提高；注浆前砂岩段岩石试件的平均波速为 2872m/s，注浆后为 2519m/s，注浆后反而减少了 253m/s，可见注浆增加了岩体波速，而对岩块的波速影响不明显（表 5.33）。

因此，注浆后岩体强度不能再直接使用 $\sigma_{cm}= K_v\sigma_{cr}$，此时的 K_v 应该是注浆后岩体波速平方和注浆前岩体波速平方的比值，注浆前岩体强度乘以 K_v 作为注浆后的岩体强度。由于原构造区范围较小，而且注浆后构造区消失或范围变得更小，所以，注浆后的岩体强度计算可使用正常区的岩体波速。

表 5.33　注浆前后砂岩段波速对比

注浆情况	异常区			正常区		
	岩性	V_{pm}/（m/s）	V_{pr}/（m/s）	岩性	V_{pm}/（m/s）	V_{pr}/（m/s）
注浆前	砂岩段	1812	2281	砂岩段	2107	2872
注浆后	砂岩段	2207	2519	砂岩段	2456	2519

将Ⅱ615 工作面底板测试数据代入计算，得出砂岩段完整性系数为 1.25，泥岩段为 1.04（表 5.34），砂岩段强度有所增加，而泥岩段基本不变。

表 5.34　Ⅱ615 工作面注浆后岩体完整性系数

序号	岩性	注浆后 V_{pm}/（m/s）	注浆前 V_{pm}/（m/s）	K_v
1	砂岩段	2456	2107	1.25
2	泥岩段	1787	1782	1.04

注浆前底板砂岩段岩体的平均抗压强度为 16.16MPa，平均抗拉强度为 1.35MPa，注浆前泥岩段岩体的平均抗压强度为 10.07MPa，平均抗拉强度为 0.88MPa；注浆后底板砂岩段岩体的平均抗压强度为 20.20MPa，平均抗拉强度为 1.69MPa，注浆后泥岩段岩体的平均抗压强度为 10.47MPa，平均抗拉强度为 0.92MPa。

注浆后整个底板岩体抗压强度和抗拉强度相比于注浆前均有所增大。砂岩段注浆后岩体完整性有所增加，强度也有所增大，说明注浆对砂岩段有较大影响；而泥岩段注浆前后完整性变化不大，强度增加很少，说明注浆对其影响较小。注浆前、后底板各岩层段平均岩体强度对比见表 5.35。

表 5.35　注浆前后底板岩体平均强度对比

岩性	注浆前		注浆后	
	抗压强度/MPa	抗拉强度/MPa	抗压强度/MPa	抗拉强度/MPa
砂岩段	16.16	1.35	20.20	1.69
泥岩段	10.07	0.88	10.47	0.92

5.2　注浆前后煤层底板含水层富水性钻探探查与评价

5.2.1　Ⅱ615 工作面注浆前后底板含水层富水性钻探探查与评价

Ⅱ615 工作面底板注浆改造工程，共施工钻场七个，施工底板灰岩注浆改造钻孔 36 个（见图 4.4），钻孔终孔层位均为二灰底，钻探总进尺为 3136.2m，扫孔进尺 3203.7m，采用地面注浆站注浆 6356.6m³，井下注浆 206.3m³。

1．注浆前底板钻探探查

1）工作面煤层底板岩性组合特征

从工作面钻探资料可知，6 煤层底板为一套软、硬相间的岩性组合。钻探控制的层位为 6 煤层底至 L2 灰，煤层直接底为泥岩，厚 1.2m 左右，老底为细砂岩，局部含粉砂岩条带，平均 29.7m，其下为深灰色致密海相泥岩，平均层厚 13.5m，海相泥岩下为太原组薄层灰岩，岩性组合呈上硬下弱特征，有利于隔水。根据钻探揭露数据，从地层间距来看，6 煤至一灰间距基本正常。工作面 36 个底板灰岩改造钻孔中，6 煤至 L1 灰岩顶的最小间距为 39.0m，最大间距为 49.0m，平均间距 44.4m；6 煤至 L2 灰岩底的最小间距为 48.4m，最大间距为 63.5m，平均间距 57.1m。

2）工作面底板砂岩裂隙出水性分析

从工作面底板钻孔施工情况来看，钻孔在砂岩层位无明显出水现象，砂岩含水层富水性弱。

3）工作面底板一灰、二灰岩层富水性分析

根据钻探工程分析，除 FZ1-3 孔受 FⅡ61-2 断层（落差为 7m）影响，在海相泥岩底部层位有出水现象外，其他钻孔在揭露灰岩含水层前，孔内无出水现象，不存在原始导高。

施工的 36 个底板灰岩钻孔，一灰层位出水量为 0~40m³/h；二灰层位 FZ3-2 孔涌水量为 74m³/h、JZ1-2 孔涌水量为 68m³/h，其余钻孔涌水量在 0~40m³/h。一灰层位无明显出水钻孔 17 个，二灰层位无明显出水钻孔 6 个，详情见表 5.36 和图 5.20。

表 5.36　Ⅱ615 工作面钻孔灰岩层位涌水量表

序号	孔号	钻孔最大涌水量 /（m³/h）	涌水量/（m³/h）		序号	孔号	钻孔最大涌水量 /（m³/h）	涌水量/（m³/h）	
			一灰	二灰				一灰	二灰
1	FZ1-1	70	0	70	19	JZ2-3	0.5	0	0.5
2	FZ1-2	30	10	20	20	JZ2-4	10	8	2
3	FZ1-3	20	20	0	21	JZ2-5	20	0	20
4	FZ1-4	40	0	40	22	FZ3-1	40	40	0
5	FZ1-5	40	0	40	23	FZ3-2	80	6	74
6	FZ1-6	4	0	4	24	FZ3-3	50	20	30
7	JZ1-1	7	0	7	25	FZ3-4	30	1	29
8	JZ1-2	70	2	68	26	FZ3-5	50	0	50
9	JZ1-3	7	0	7	27	JZ3-1	0.5	0	0.5
10	JZ1-4	25	0	25	28	JZ3-2	20	15	5
11	JZ1-5	4	4	0	29	JZ3-3	0.5	0	0.5
12	FZ2-1	20	0	20	30	JZ3-4	17	0	17
13	FZ2-2	3	1.5	1.5	31	JZ3-5	0.5	0	0.5
14	FZ2-3	1	0	1	32	JZ4-1	25	25	0
15	FZ2-4	30	16	14	33	JZ4-2	14	8	6
16	FZ2-5	10	2	8	34	JZ4-3	40	30	10
17	JZ2-1	30	1	29	35	JZ4-4	10	0	10
18	JZ2-2	0.5	0.5	0	36	JZ4-5	30	0	30

从钻探情况来看，工作面一灰富水性较弱，二灰在工作面范围内富水性不均一，整体含水性中等偏弱，局部地点可能有径流补给区，且一灰和二灰之间有一定的水力联系；风巷一侧灰岩富水性较好。

2. 注浆后底板钻探探查

为检查注浆效果，在每个钻场都施工了检查钻孔，各检查孔的出水情况如表 5.37 所示。从表中可以看出，钻孔揭露二灰出水量在 0.5~10m³/h，该面改造层位为一、二灰，达到了预期的注浆效果，FZ3-5、JZ4-5 两孔出水量较大，为三灰出水量，不是本面改造层位。

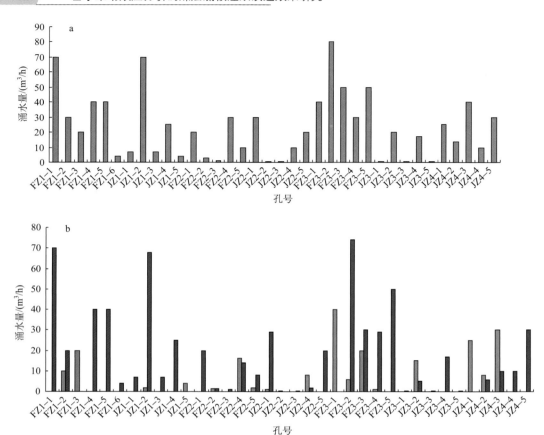

图 5.20　Ⅱ615 工作面底板钻孔灰岩层位涌水量柱形图

a.钻孔最大涌水量分布；b.各层灰岩钻孔涌水量分布

表 5.37　Ⅱ615 工作面底板注浆检查孔涌水量统计表

序号	孔号	钻孔涌水量/（m³/h）	注浆量/m³	出水层位
1	FZ1-6	4	381.4	二灰
2	JZ1-5	4	88.5	一灰
3	JZ2-4	10	92.4	一、二灰
4	FZ2-5	10	87.2	一、二灰
5	JZ3-5	0.5	11.9	一、二灰
6	FZ3-5	50	463.5	两孔在一、二灰层位无明显出水现象，穿过二灰层位
7	JZ4-5	30	117.5	后，孔内突然出水。分析认为该处出水是裂隙导通三灰含水层所致，联通性较好

3. 注浆前后底板钻探探查评价

对比表 5.36 和表 5.37，可以看出，注浆后底板一、二灰含水层出水量明显减小，富水性明显减弱，表明一、二灰已改造为弱含水层或隔水层。

5.2.2　Ⅱ6117 工作面注浆前后底板含水层富水性钻探探查与评价

由于Ⅱ6117 工作面较长，加之工作面接替紧张，所以采用分段注浆、分段评价的方法，以满足工作面安全高效生产。Ⅱ6117 工作面底板注浆改造工程，共分里、中、外三段进行。里、中段注浆改造至二灰，外段改造至三灰。里段共施工六个钻场，施工底板灰岩注浆改造钻孔 29 个，钻探总进尺为 2446.3m，采用地面注浆站注浆 4410.6m³，井下注浆 148m³；中段共施工四个钻场，施工底板灰岩注浆改造钻孔 35 个，钻探总进尺为 2851.54m，采用地面注浆站注浆 2012.6m³，井下注浆 139.73m³；外段共施工四个钻场，施工底板灰岩注浆改造钻孔 25 个，钻探总进尺为 2255.4m，采用地面注浆站注浆 2560.4m³，井下注浆 60m³。故该面共施工 14 个钻场，施工底板灰岩注浆改造钻孔 89 个，钻探总进尺为 7553.24m，采用地面注浆站注浆 8983.6m³，井下注浆 347.73m³。见图 4.5。

1. 注浆前底板钻探探查

1）工作面煤层底板岩性组合特征

从工作面钻探资料可知，6 煤层底板为一套软、硬相间的岩性组合。钻探控制的层位为 6 煤层下至二灰，外段至三灰。煤层底板为细砂岩，局部含粉砂岩条带，平均 38.04m。其下为深灰色致密海相泥岩，平均层厚 11.91m，海相泥岩下为太原群薄层灰岩，岩性组合呈上硬下软特征，有利于隔水。一灰平均厚 2.01m，二灰平均厚 2.71m，三灰平均厚 2.80m，一灰—二灰间为砂泥岩互层，平均厚 4.28m，二灰—三灰间为砂泥岩互层，平均厚 5.50m。各层厚度统计见表 5.38。

表 5.38　Ⅱ6117 工作面底板岩层厚度统计表

岩层名称	里段/m	中段/m	外段/m	全面/m
叶片状砂岩	35.9	38.9	39.3	38.04
海相泥岩	12.1	11.9	11.7	11.91
L1	1.9	2.1	2.0	2.01
L1—L2	4.5	3.8	4.7	4.28
L2	2.9	2.7	2.5	2.71
L2—L3			5.5	5.50
L3			2.8	2.80

2）工作面底板砂岩富水性分析

从工作面底板钻孔施工资料分析，工作面里段煤层底板整体赋水性较差，但在风巷 3#钻场，钻孔在砂岩层位有明显出水（最大出水量为 6m³/h，水质为混合水）；工作面中段部分钻孔在煤层底板 35m 以下的砂岩层位均有不同程度的出水现象，单孔涌水量为 0~20m³/h，且砂岩水中含灰岩水成分；工作面外段部分钻孔在煤层底板砂、泥岩层位均有不同程度的出水现象，单孔涌水量为 0~10m³/h，且水质以砂岩水为主。由此可见，工作面里段砂岩富水性弱，中段砂岩层理较发育，富水性中等偏弱，外段砂岩层裂隙发育一般，富水性较弱。

3）工作面底板一灰—三灰岩层富水性分析

（1）工作面里段底板一灰、二灰岩层富水性分析

根据钻探资料分析，工作面里段施工的六个钻场，除风巷 3#钻场外，其他钻场在揭露灰岩含水层前，孔内无出水现象，不存在原始导高。施工的 29 个底板灰岩钻孔，一灰层位出水量 0~15m³/h，二灰层位出水量 0~23m³/h；一灰层位无明显出水钻孔 20 个，二灰层位无明显出水钻孔 3 个；风巷 3#钻场有 3 个钻孔施工至三灰，三灰层位出水量 25~60m³/h；该段风巷一侧出水量较大。见图 5.21。

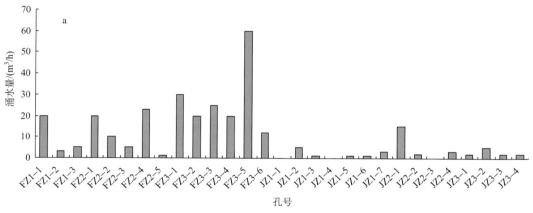

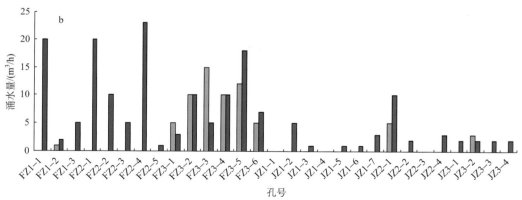

图 5.21　Ⅱ6117 工作面里段底板钻孔灰岩层位涌水量柱形图

a.钻孔最大涌水量分布；b.各层灰岩钻孔涌水量分布

从钻探情况看，工作面里段一灰除局部地点弱富水外，其余地点基本不富水；二灰富水性不均一，整体含水性较弱，局部地点富水性中等。风巷 3#钻场为物探探查显示重

点异常区边缘，钻探工程证实，该处煤层底板隔水层存在原始导高，砂岩层位与灰岩含水层存在一定的水力联系，且越靠近异常区，深部灰岩富水性越强。

（2）工作面中段底板一灰、二灰岩层富水性分析

根据钻探资料分析，工作面中段施工的四个钻场，部分钻孔在揭露灰岩前，孔内出水有灰岩成分，说明工作面中段灰岩水存在原始导高，但导水裂隙发育不均匀，影响范围难以确定。

一灰出水情况：FZ5-6 在一灰出水为 50m³/h，其余钻孔一灰出水量在 0~14m³/h；FZ5-6 在一灰层位使用地面注浆站注浆后，施工至三灰，孔内水量小于 1m³/h。据此分析认为该孔揭露灰岩处，灰岩含水层裂隙较发育，且上部灰岩与下部灰岩之间联通性好，造成该孔在一灰出水较大。

二灰出水情况：FZ5-1 二灰出水为 80m³/h，FZ5-5 二灰出水为 50m³/h，其余钻孔在二灰出水量在 0~20m³/h。

从钻探情况来看，工作面中段一灰及二灰整体富水性弱。见图 5.22。

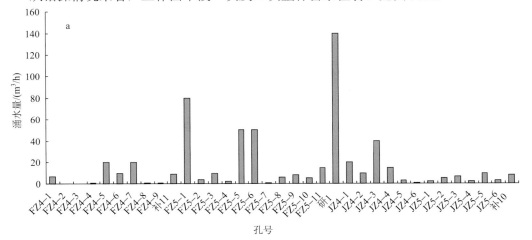

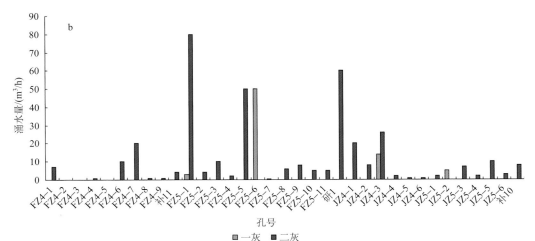

图 5.22　Ⅱ6117 工作面中段底板钻孔灰岩层位涌水量柱形图

a.钻孔最大涌水量分布；b.各层灰岩钻孔涌水量分布

（3）工作面外段底板一灰—三灰岩层富水性分析

一灰出水情况：FZ6-4 在一灰出水为 $100m^3/h$，JZ6-1 在一灰出水为 $140m^3/h$，其余钻孔在一灰出水量在 $0~18m^3/h$。表明工作面外段一灰层位整体富水性较弱，局部地点富水性较强。FZ6-4 在一灰层位使用地面注浆站注浆后，施工至三灰，孔内水量小于 $2m^3/h$。分析认为该孔揭露灰岩处，灰岩含水层垂向裂隙较发育，上部灰岩与下部灰岩之间联通性好，造成该孔在一灰出水大。JZ6-1 在一灰层位使用地面注浆站注浆后，施工至三灰，孔内又出水 $50m^3/h$。分析认为该孔揭露灰岩处，灰岩含水层岩溶裂隙非常发育，上部灰岩与下部灰岩之间的联通性好，造成该孔涌水量大。

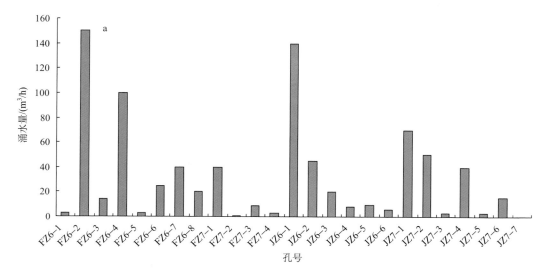

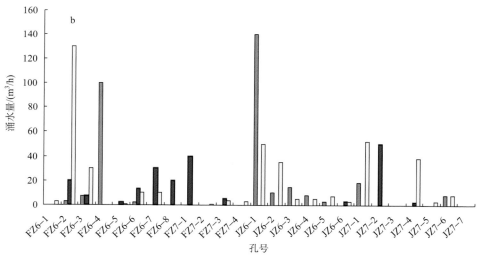

图 5.23　Ⅱ6117 工作面外段底板钻孔灰岩层位涌水量柱状图

a.钻孔最大涌水量分布；b.各层灰岩钻孔涌水量分布

二灰出水情况：JZ7-2 孔二灰出水为 50m³/h，FZ7-1 二灰出水为 40m³/h，其余钻孔在二灰出水量在 0~30m³/h；表明工作面外段二灰层位富水性较弱，局部地点富水性中等。

三灰出水情况：FZ6-2 在三灰出水 130m³/h，JZ6-1 和 JZ7-1 孔在三灰出水 50m³/h 左右，其余钻孔在三灰出水量在 0~38m³/h。显示工作面外段三灰层位富水性中等，局部地点富水性较强。

从钻探情况看，工作面外段一灰及二灰整体富水性弱；三灰富水性中等，但局部富水性较强，灰岩含水层垂向裂隙较发育，上部灰岩与下部灰岩之间的联通性好。见图 5.23。

2. 注浆后底板钻探探查

为检查注浆效果，在每个钻场都施工了检查钻孔，探查结果见表 5.39。从表中可以看出，底板灰岩出水量除个别孔大于 10m³/h，其余孔出水均小于 10m³/h，大多小于 3m³/h。

表 5.39　Ⅱ6117 工作面底板注浆检查钻孔涌水量表

序号	孔号	钻孔涌水量/（m³/h）	注浆量/m³	出水层位	工作面区域
1	JZ1-4	0	78.9		
2	JZ2-2	2	117.6	二灰	
3	JZ3-3	2	18.7	二灰	里段
4	FZ1-2	3	84.4	二灰	
5	FZ2-5	1	28.2	二灰	
6	FZ3-6	12	133.8	一灰—二灰	
7	JZ4-5	3	46.6	砂岩、二灰	
8	JZ4-6	1	32.7	二灰	
9	JZ5-6	3	21.6	砂岩、二灰	中段
10	FZ4-9	1	17.5	二灰	
11	FZ5-11	8	43.7	二灰	
12	JZ6-6	6	21.4	二灰—三灰	
13	JZ7-5	1	12.8	三灰	外段
14	FZ6-3	14	75	一灰—二灰	
15	FZ7-3	9	14.6	二灰—三灰	

3. 注浆前后底板钻探探查评价

对比图 5.21~图 5.23 和表 5.39，可以看出，注浆后底板一、二灰含水层以及外段三灰出水量明显减小，富水性明显减弱，表明已改造为弱含水层或隔水层。

5.2.3　Ⅱ6112 工作面注浆前后底板含水层富水性钻探探查与评价

Ⅱ6112 工作面底板注浆改造工程，自 2012 年 2 月中旬正式施工，于 2013 年 1 月上旬完成工作面钻探注浆工作。由于工作面接替紧张，所以采用分段注浆、分段评价的方法，以满足工作面安全高效生产。本面共分里、外两段进行。里段共施工六个钻场，施工底板灰岩注浆改造钻孔 40 个，钻探总进尺为 3233.3m，采用地面注浆站注浆 2037.3m³，井下注浆 36.5m³；外段共施工六个钻场，施工底板灰岩注浆改造钻孔 50 个，钻探总进尺为 4477.4m，采用地面注浆站注浆 1419.2m³，井下注浆 39.2m³。见图 4.6。所有钻孔使用活动式底盘稳固钻机，图解法放设钻孔，最大限度地保证了钻孔的精度，确保了施工效果。

1. 注浆前底板钻探探查

1）工作面煤层底板岩性组合特征

从工作面钻探资料可知，6 煤层底板为一套软、硬相间的岩性组合。钻探控制的层位为 6 煤层下至三灰，煤层底板为细砂岩，局部含粉砂岩条带，平均 31.95m。其下为深灰色致密海相泥岩，平均层厚 14.81m，海相泥岩下为太原群薄层灰岩，岩性组合呈上硬下弱特征，有利于隔水。一灰平均厚 1.94m，二灰平均厚 2.47m，三灰平均厚 3.31m，一灰—二灰间为砂泥岩互层，平均厚 5.39m，二灰—三灰间为砂泥岩互层，平均厚 4.30m。根据钻探资料（以全取心孔及部分高角度钻孔为准），从地层间距看，6 煤至一灰间距基本正常，排除了工作面内部存在较大地质构造的可能。各层厚度统计见表 5.40。

表 5.40　Ⅱ 6112 工作面底板岩层厚度统计表

岩层名称	里段/m	外段/m	全面/m
叶片状砂岩	30.7	32.9	31.95
海相泥岩	14.3	15.2	14.81
一灰	2.0	1.9	1.94
一灰—二灰	6.3	4.7	5.39
二灰	2.3	2.6	2.47
二灰—三灰	3.2	5.1	4.30
三灰	3.2	3.4	3.31

2）工作面底板砂岩富水性分析

根据工作面底板钻孔施工资料，Ⅱ 6112 工作面仅个别钻孔在煤层底板砂岩层位有出水现象，单孔涌水量＜1m³/h，水质为砂岩裂隙水，说明工作面里段砂岩层裂隙不发育，富水性弱。

3）工作面底板一灰—三灰岩层富水性分析

（1）工作面里段底板一灰—三灰岩层富水性分析

根据钻探资料分析，工作面里段施工的六个钻场，钻孔在揭露灰岩前，孔内没有灰岩出水现象，说明工作面里段灰岩水不存在原始导高。

一灰出水情况：所有揭露灰岩钻孔，有 8 个孔在一灰层位有明显出水，其中 JZ1-3 孔在一灰层位最大出水量为 12m³/h，其他在一灰层位涌水量≤8m³/h。

二灰出水情况：所有揭露灰岩钻孔，有 15 个孔在二灰层位有明显出水，其中补 4 孔在二灰层位最大涌水量为 12m³/h，其他在二灰层位涌水量≤3m³/h。从钻探情况看，工作面里段一灰及二灰整体富水性弱。

三灰出水情况：所有揭露灰岩钻孔，有 30 个孔在三灰层位有明显出水。涌水量≥50m³/h 的钻孔 7 个，其中 FZ1-3 和 JZ1-7 孔单孔涌水量为 100m³/h，涌水量为 10~50m³/h 的钻孔 9 个，涌水量<10m³/h 的钻孔 14 个，在三灰层位无出水现象的钻孔 6 个。

根据钻探资料，工作面里段三灰含水层赋水性不均匀，裂隙发育程度不一致，局部地点富水较强，可能与构造影响有关，三灰含水层整体富水性中等。见图 5.24。

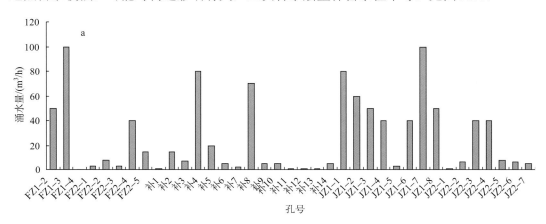

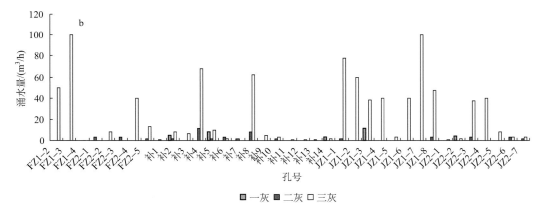

图 5.24 Ⅱ6112 工作面里段底板钻孔灰岩层位涌水量柱形图

a.钻孔最大涌水量分布；b.各层灰岩钻孔涌水量分布

（2）工作面外段底板一灰—三灰岩层富水性分析

根据钻探资料分析，工作面外段施工的六个钻场，钻孔在揭露灰岩前，孔内没有灰岩出水现象。说明工作面外段灰岩水不存在原始导高。

一灰出水情况：所有揭露灰岩钻孔，有 18 个孔在一灰层位有明显出水。其中 JZ5-7 孔在一灰层位最大出水量为 20m³/h，其他在一灰层位涌水量≤10m³/h。

二灰出水情况：所有揭露灰岩钻孔，有 12 个孔在二灰层位有明显出水。其中 JZ3-2

和 JZ5-3 孔在二灰层位出水 14 m^3/h 和 30m^3/h，其他在二灰层位涌水量≤10m^3/h；从钻探情况看工作面外段一灰及二灰整体弱富水。

三灰出水情况：所有揭露灰岩钻孔，有 43 个孔在三灰层位有明显出水。涌水量≥30m^3/h 的钻孔 5 个。其中 FZ4-5 孔涌水量 100m^3/h，JZ4-3 和 JZ5-7 孔涌水量为 70~80m^3/h；涌水量为 10~52m^3/h 的钻孔 12 个；涌水量＜10m^3/h 的钻孔 28 个；在三灰层位无出水现象的钻孔 7 个。

根据钻探资料，工作面外段三灰含水层，富水性不均匀，裂隙发育程度不一致。局部地点富水较强，可能与岩溶裂隙发育有关。三灰含水层整体富水性中等。见图 5.25。

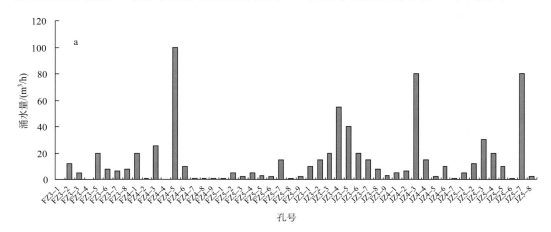

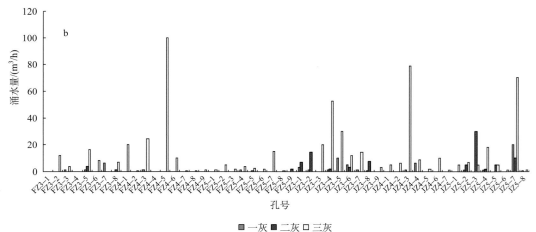

图 5.25　Ⅱ6112 工作面外段底板钻孔灰岩层位涌水量柱形图

a.钻孔最大涌水量分布；b.各层灰岩钻孔涌水量分布

2. 注浆后底板钻探探查

为检查注浆效果，在每个钻场都施工了检查钻孔，各检查孔涌水情况见表 5.41。从表中可以看出，底板灰岩出水量均小于 10m^3/h，大多数小于 3m^3/h。

表 5.41　Ⅱ6112 工作面底板注浆检查孔涌水量表

序号	孔号	钻孔涌水量 /（m³/h）	注浆量 /m³	出水层位	工作面区域
1	JZ1-5	3	6.6	三灰	里段
2	JZ2-6	6	12.6	二灰、三灰	
3	补 11	3	28.2	三灰	
4	补 6	5	8.8	二灰、三灰	
5	JZ3-9	3	2.5	三灰	
6	JZ4-7	1	40.5	三灰	外段
7	JZ5-8	2	11	三灰	
8	FZ3-8	8	18	三灰	
9	FZ4-9	1	17.3	三灰	
10	FZ5-9	2	9.6	二灰	

3. 注浆前后底板钻探探查评价

对比图 5.24、图 5.25 和表 5.41，可以看出，注浆后底板一、二、三灰含水层检查孔出水量≤8m³/h，出水量明显减小，富水性明显减弱，说明其已被改造为弱含水层或隔水层。

5.3　注浆前后底板含水层富水性物探探查与评价

为了评价底板注浆效果及含水层富水性变化情况，采用网络并行电法对底板进行探查。

由于底板富水区为相对低电阻率表现，因此，直流电法对富水区反应明显。对于断层等构造影响，若断层带导水或含水，则表现为低电阻率特征；若断层带不导水或不含水，则表现为相对高电阻率特征。双巷三维底板探水为最新的电法技术，对底板含水情况探测效果直观、显著，已在煤矿生产中成功应用。本次探测采用网络并行电法探测技术进行注浆前底板含导水性进行探测，为工作面底板注浆加固提供地质依据；在工作面注浆结束后，再次采用双巷并行电法探测注浆后底板岩层电性变化情况，评价含水层的富水性，检验注浆效果。

5.3.1　探测方法原理

1. 网络并行电法基本原理

网络并行电法系统由 PC 机、测量主机、电极阵列和电缆组成，目前所研制的仪器为集中式 64 道电极。传统的多道电成像采集系统在每个采样位置只有四个电极点在工作，两个电极供电，两个电极测量，其余电极闲置。网络并行电法系统每一电极都能自动采样。各电极通过网络协议与主机保持实时联系，在接受供电状态命令时电极采样部分断开，让电极处于供电状态（即供电电极 A 或 B），否则一直处于电压采样状态（即测量电极 M），并通过通讯线实时地将测量数据送回主机。通过供电与测量的时序关系对自然场、一次场、二次场电压数据及电流数据自动采样，采样过程没有空闲电极出现。所采集的数据可进行自然电位、视电阻率和激发极化参数等数据处理。

根据电极观测装置的不同，网络并行电法数据采集方式分为两种：AM 法和 ABM法。AM 法观测系统所测量的电位场为点电源场（图 5.26a），该装置与常规二极法类似，布置时采用两条无穷远线（∞），一条作为供电电极 B 极，一条作为公共 N 极，提供参照标准电位，当测线任一电极供电时（A 极），其余电极同时在采集电位（M 极）。对AM 法采集数据，可以进行二极、三极装置的高密度电法反演和高分辨地电阻率法反演。ABM 法采集数据所反映的是双异性点电源电场情况，为一对电流电极 AB 供电，一条无穷远线作为公共 N 极，提供参照标准电位，整条测线的其他电极均采集电位值（M 极），没有空闲电极存在，如图 5.26b 所示的 64 个电极测线电位测量情况。对 ABM 法采集的电位、电流值，可以进行对称四极、偶极装置和微分装置的高密度电法反演。

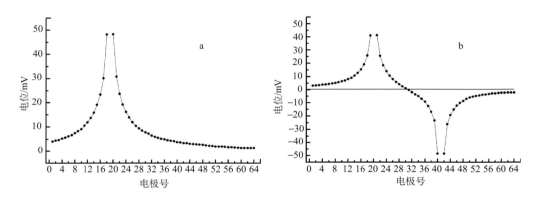

图 5.26　网络并行电法系统电位数据采集图

a.单点电源场；b.双点异性电源场

2. 电法三维反演

电阻率三维反问题的一般形式可表示为

$$\Delta d = G\Delta m \tag{5.7}$$

式中，G 为 Jacobi 矩阵；Δd 为观测数据 d 和正演理论值 d_0 的残差向量；Δm 为初始模型 m 的修改向量。

对于三维问题，将模型剖分成三维网格，反演要求参数就是各网格单元内的电导率值，三维反演的观测数据则是测量的单极-单极电位值或单极-偶极电位差值。由于它们变化范围大，一般用对数来标定反演数据及模型参数，有利于改善反演的稳定性。由于反演参数太多，传统的阻尼最小二乘反演往往导致过于复杂的模型，即产生所谓多余构造，它是数据本身所不要求的或是不可分辨的构造信息，给解释带来困难。*Sasaki* 在最

小二乘准则中加入光滑约束，反演求得光滑模型，提高了解的稳定性。其求解模型修改量 Δm 的算法为

$$(G^TG + \lambda C^TC)\Delta m = G^T\Delta d \qquad (5.8)$$

式中，C 是模型光滑矩阵。通过求解 Jacobi 矩阵 G 及大型矩阵逆的计算，来求取各三维网格电性数据。

网络并行电法仪采集的数据为全电场空间电位值，保持电位测量的同步性，避免了不同时间测量数据的干扰问题。该数据体特别适合于采用全空间三维电阻率反演技术。通过在已掘巷道中布置电法测线，采用网络并行电法仪观测不同位置不同标高的电位变化情况，通过三维电法反演，得出工作面内及其底板不同深度的电阻率分布情况，从而给出客观的地质解释。

3. 井下电法应用的物性条件

在煤系地层中，泥岩和砂岩视电阻率相对煤层较低。底板富水区通常与裂隙带、断层等构造发育情况相关，表现为相对低电阻率特征。在断层或裂隙带不含水的情况下，常有较高的电阻率值反映；在断层或裂隙带含水的情况下，通常为低电阻率值范围。对于不含水的断层，由煤岩变化所产生的低阻区通常仅限于煤层平面附近，垂向延伸小，而富水区通常在垂向上有较大的延伸，因此，用三维电阻率成像法可以较好地分析构造和富水区的分布情况。

通过多次实践和实验探测，对于断层延展情况，只有落差较大的断层（落差大于煤厚）才能产生较明显的电性差异，对于较小的断层效果不理想。

对于注浆效果检验，由于注浆后富水区储水空隙及导水通道被水泥浆充填加固，空隙率减小，含水富水性大大降低，导致地电场发生显著改变，探测出的电阻率值明显升高。因此，在注浆前后均采用双巷并行三维电法探测可以对相对富水区的分布准确进行定位与评价，有力地指导注浆加固工程的实施，确保工作面的安全回采。

4. 主要仪器设备

直流电法探测仪器采用安徽惠洲地下灾害研究设计院与江苏东华测试有限技术公司自行研制的 WBD-1 型网络并行电法仪，主要构件有：NPEI-1 型网络并行电法仪一台、军用防爆笔记本一台、仪器配套电缆大线六条、不锈钢电极 70 根等。

5.3.2　Ⅱ615 工作面底板注浆前后物探探测结果对比分析

1. 探测工程概况

工作面形成后于 2010 年 3 月 11 日对 Ⅱ615 工作面底板进行网络并行电法探测，至 2010 年 10 月初，底板注浆加固工程基本完成，于 10 月 8 日进行注浆效果检验。在 Ⅱ615 工作面回风巷和机巷施工网络并行电法测线，共施工电法测线四站，每站布置电极数为 64 个，电极间距 5m，每站测线长 315m。经机巷—切眼—回风巷，控制巷道长度 1100m。

每站均采集二组 AM 法数据，数据一电流电压变化情况完全一致，电场稳定。除两

个电极电流较低外，其余电极电流均达 20mA 以上，采集数据合格率达 97%。

2. 注浆前后底板富水性评价

1）Ⅱ615 工作面底板注浆改造前网络并行电法物探结果

双巷三维电阻率立体成像结果如图 5.27 所示。采用均质模型反演，较好地反映了底板岩层电性变化情况。探测深度为 75m，电阻率变化范围为 0~200Ω·m。相对富水区电阻率阀值在 40Ω·m 以下（为浅蓝—深蓝色区域）；正常岩层电阻率值一般在 48~70Ω·m，80Ω·m 以上为高电阻率值异常范围，可能与干裂隙带发育有关。将三极测深与三维电法切面进行综合分析，得到底板不同水平标高解释图，见图 5.28、图 5.29，据此可确定出底板砂岩层段和灰岩层段富水异常区位置，其中，砂岩层段共有八个电阻率值异常区，灰岩层段共有五个异常区，如图 5.30 所示。

（1）砂泥岩段富水性探测结果

该范围共有八个电阻率值异常区（见图 5.30），各低阻区情况如下。

1#异常区：走向影响长度约 120m，倾斜方向长度约 40m。在较浅部 0~10m 砂泥岩地层中，范围较小，而在较深部 20~45m 范围较大，且一直向下到灰岩地层，因此，可能与灰岩水有较强水力联系。该范围为重点防治水区域。

2#异常区：走向影响长度约 40m，倾斜方向影响长度约 20m。该异常区主要表现在 0~30m 深度较浅部地层中，向下不明显。该范围裂隙发育，较富集砂岩裂隙水。

3#异常区：走向影响长度约 40m，倾斜方向影响长度约 35m。该异常区与灰岩水间存在水力联系，为重点防治水区域。

4#异常区：走向影响长度约 150m，倾斜方向影响长度约 200m。该异常区在 0~10m 深度较浅部地层中，低阻范围较小；而在 20~45m 较深部地层中，低阻范围显著增大。该低电阻率值范围与灰岩水有较强水力联系，可能富含砂岩裂隙水，为重点防治水区域。

5#异常区：走向影响长度约 130m，倾斜方向影响长度约 70m。该范围可能为干裂隙发育区。

6#异常区：走向影响长度约 80m，倾斜方向影响长度约 40m。该低阻异常区向深部范围显著减小，与灰岩水无明显联系。该范围主要为巷道附近积水影响，砂岩裂隙水威胁较小。

7#异常区：走向影响长度约 30m，倾斜方向影响长度约 40m。该异常区主要表现在 0~38m 砂泥岩地层中，可能相对富集砂岩裂隙水。

8#异常区：走向影响长度约 30m，倾斜方向影响长度约 60m。该异常区在 0~10m 深度较浅部地层中无明显反映，而在较深部反映较明显，与灰岩水有水力联系，可能富含砂岩裂隙水，为重点防治水区域。

（2）灰岩段富水性探测结果

该范围共有五个异常区，其中 1#、3#、4#和 8#为低阻异常区，均与砂岩段相对低阻区相连，其中 4#异常区阻值最低，1#、3#和 8#异常区相对较弱；5#异常区为相对高阻区（见图 5.30）。各异常区情况如下：

1#异常区：该异常区在灰岩段沿走向影响长度约 160m，倾斜方向影响长度约 50m。

该范围相对富含岩溶水，为重点防治水区域。

3#异常区：该异常区主要在较浅部灰岩，而在较深部 64~75m 不明显。该异常区在灰岩段沿走向影响长度约 40m，倾斜方向影响长度约 30m。该范围相对富含岩溶水。

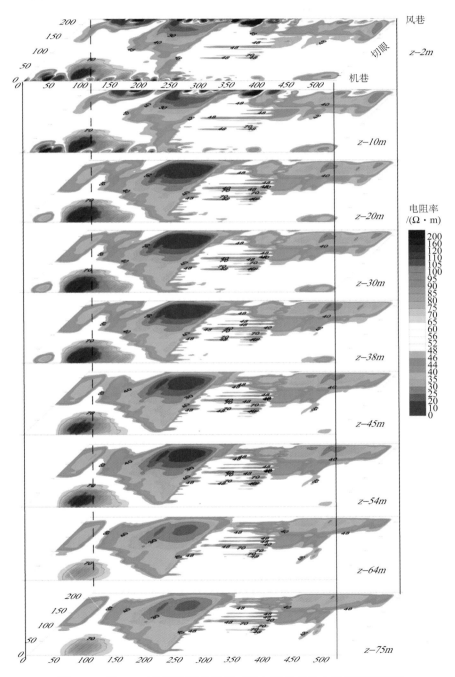

图 5.27　Ⅱ615 工作面注浆前底板三维电阻率成像水平切面解释图

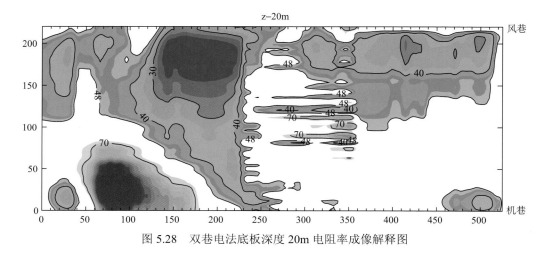

图 5.28　双巷电法底板深度 20m 电阻率成像解释图

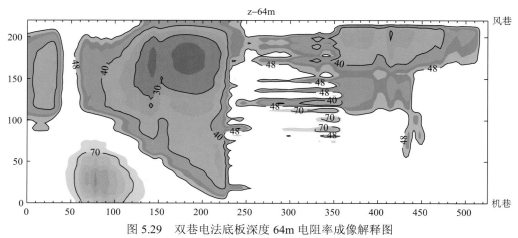

图 5.29　双巷电法底板深度 64m 电阻率成像解释图

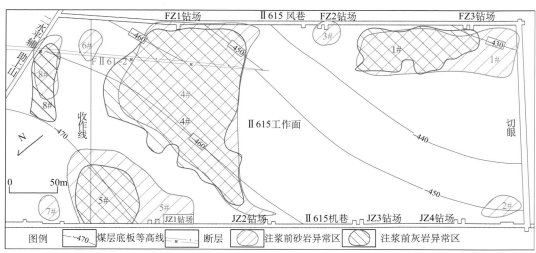

图 5.30　Ⅱ615 工作面底板注浆前网络并行电法探测结果

4#异常区：该异常区在较浅部灰岩 54m 范围较大，而在较深部 64~75m 范围有所减小。该异常区在灰岩段沿走向影响长度约 150m，倾斜方向影响长度约 200m。该范围富含岩溶水，为重点防治水区域。

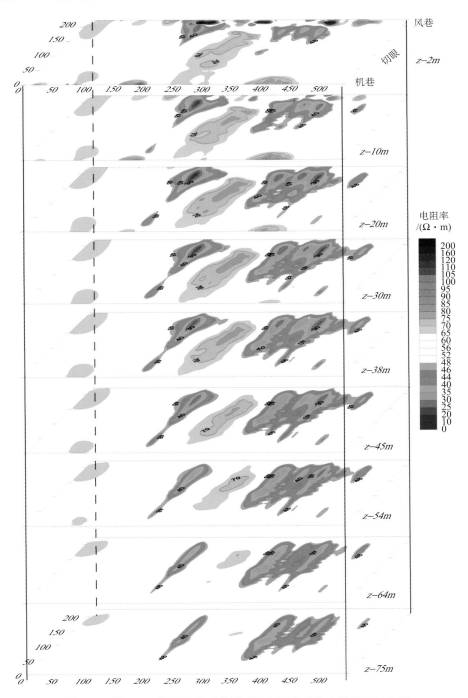

图 5.31　Ⅱ615 工作面注浆后底板三维电阻率成像水平切面解释图

5#异常区：该范围为相对高阻范围（>70Ω·m），灰岩段向深部延伸，相对高阻范围显著减少，因此，该范围可能为干裂隙发育区。

8#异常区：靠近风巷位置，走向影响长度约30m，倾斜方向影响长度约60m。该低阻区范围在灰岩地层中较稳定，为重点防治水区域。

（3）底板含导水构造情况

1#和3#低电阻异常区相距较近，且在深部有一定联系，该范围为底板裂隙较发育范围，裂隙连通性较好。4#、6#和8#低电阻异常区总体上沿FⅡ61-2断层（落差为0~20m）展布，由于该断层落差较大，通过范围部分段裂隙发育，含导水性较强。2#、7#低阻区为断层影响区，含砂岩裂隙水，影响范围较小。5#异常区可能为不含水的干裂隙区，应打钻验证是否为裂隙发育带，确保注浆加固效果。

2）注浆后网络并行电法探测结果

将双巷采集各单站数据联合进行三维电阻率反演，并对三维电阻率数据体进行水平切面成图，结果如图5.31所示，对比图5.27，可以看出，注浆加固后，总体上电阻率值表现为相对较高的电阻率值，低阻异常区显著减少，仅原低阻异常区内及附近仍存在小范围相对低阻区。

根据注浆效果检验并行电法成像底板不同水平切面图（见图5.32、图5.33），可以看出，注浆前Ⅱ615工作面各低阻异常区，砂岩和灰岩段电阻率值均显著升高，低阻区范围显著减小或不明显，仅有A、B、C三个较小的低阻区（图5.34），表明总体富水性显著减弱，注浆效果良好。情况如下。

A低阻区：位于原1#异常区内，主要在砂泥岩中下部到L2灰岩顶界地层段，影响深度主要为20~54m。低电阻率值区残余为原低阻区范围的20%左右，注浆效果显著。

B低阻区：位于原1#~3#异常区之间部分。原为相对正常区，可能受注浆影响，富水区向工作面中部有所转移，影响范围主要为砂泥岩段到L2灰岩顶界地层段。

C低阻区：位于原4异常区内，主要在砂泥岩中下部到L2灰岩顶界地层段，影响深度主要为20~54m。低电阻率值区残余为原低阻区范围的15%左右，注浆效果显著。

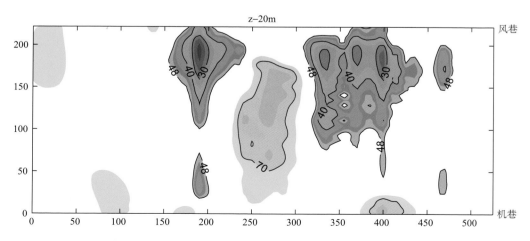

图5.32　注浆效果检验并行电法成像底板20m水平切面图

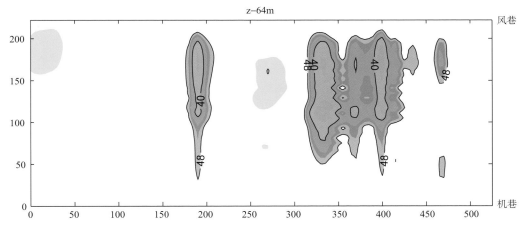

图 5.33　注浆效果检验并行电法成像底板 64m 水平切面图

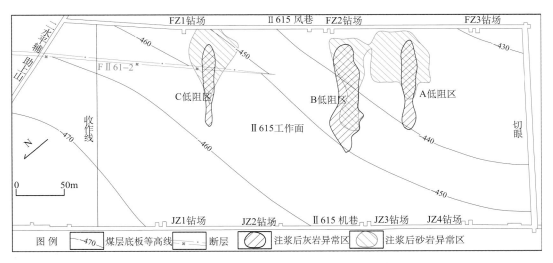

图 5.34　Ⅱ615 工作面底板注浆改造后网络并行电法探测结果

其他区域注浆后电阻率值也都有明显提高，表明注浆效果较为显著。通过注浆改造，一灰、二灰地层已无明显大范围富水区和导水区，基本达到阻隔水层效果。

工作面底板注浆前后电性特征及富水情况对比见表 5.42。

表 5.42　注浆前后低阻异常区面积及电阻率值变化情况

异常区序号	注浆前情况		注浆后情况		注浆效果
	层位面积/m²	电阻率值/(Ω·m)	层位面积/m²	电阻率值/(Ω·m)	评价
1#异常区	砂泥岩段:约5600；灰岩段(影响到75m深):约4000	砂岩段:25~40；灰岩段:30~40	砂泥岩段：约1500；灰岩段(影响到75m深):约600	砂岩段:25~40灰岩段:35~40	砂泥岩段及;灰岩段注浆效果显著，仍有局部孤立富水区，并向工作面中部转移

续表

| 异常区序号 | 注浆前情况 | | 注浆后情况 | | 注浆效果 |
	层位面积/m²	电阻率值/（Ω·m）	层位面积/m²	电阻率值/（Ω·m）	评价
2#异常区	砂泥岩段:约500； 灰岩段:不明显	砂岩段:35~40； 灰岩段:无显著相对低阻区	砂泥岩段：无； 灰岩段：无	砂泥岩段:>48 灰岩段>48	砂泥岩段低阻面积消失;注浆效果显著
3#异常区	砂泥岩段:约1500； 灰岩段:（影响到54m深）:约900	砂岩段35~40； 灰岩段:35~40	砂泥岩段：相对低阻区不明显； 灰岩段：无	砂泥岩段：>40 灰岩段>40	砂泥岩段低阻面积消失;注浆效果显著
4#异常区	砂泥岩段:约17000； 灰岩段:约14000	砂岩段:20~40； 灰岩段:25~40	砂泥岩段:约2500； 灰岩段:约1200	砂泥岩段25~40 灰岩段:30~40	砂泥岩段及灰岩段注浆效果显著
5#异常区	砂泥岩段:约5000； 灰岩段:2500	砂岩段:25~40； 灰岩段:30~45	砂泥岩段:无相对高阻区； 灰岩段:无相对高阻区	砂岩段:>48 灰岩段:>48	干裂隙区，电阻率趋于正常，注浆效果显著
6#异常区	砂泥岩段:约2000； 灰岩段:无	砂岩段:20~40	砂泥岩:范围消失； 灰岩段:不明显	砂岩段:>48	低阻面积消失;注浆效果显著
7#异常区	砂泥岩段:约500； 灰岩段:无	砂岩段:25~40	砂泥岩:范围消失； 灰岩段:不明显	砂岩段:>48	低阻面积消失;注浆效果显著
8#异常区	砂泥岩段:约3000； 灰岩段:1800	砂岩段:20~40； 灰岩段:30~45	砂泥岩:范围消失； 灰岩段:无	砂岩段:>48 灰岩段:>60	低阻面积消失;注浆效果显著

　　根据工作面底板注浆改造工程与三维电法注浆前后探测结果，对各注浆钻孔的出水量、注浆量及所处异常区位置进行了统计，结果见表 5.43 和图 5.35。从表中可知：i.钻孔的终孔层位于二灰和二灰底，多数孔均有一定量涌水，部分水量较大可达 50m³/h以上。注浆量与涌水量存在线性关系，涌水量越大，通常注浆量也大，表明钻孔周边存在的裂隙较发育。ii.注浆前一灰、二灰灰岩段部分区域富水性较强，富水性有明显不均匀性。iii.不同出水量钻孔分布为：出水量<20m³/h 钻孔共有 16 个，其中两个位于圈定低阻区内，14 个在低阻区外；50>Q≥20m³/h 钻孔 17 个，其中 11 个位于圈定低阻区内，两个在低阻区边缘，四个距低阻区范围较远；>50m³/h 钻孔三个，其中两个位于圈定低阻区内，一个在低阻区外缘附近。

　　根据统计结果，绝大多数相对无水钻孔位于相对正常电阻率值区，多数明显出水钻孔位于圈定的低阻区范围风，特别是出水量相对集中的两个大出水量区域（1#、4#异常区），圈定准确。对于部分在低阻区外较大出水量钻孔（Q≥20m³/h），可能与该钻孔经过岩溶水管道区有关，但周围含水裂隙不太发育。

　　总的来说，注浆前后并行三维电法探测均较准确地反映煤层底板相对富水区的赋存情况，钻孔出水量及注浆量情况也较好地验证了探测结果。通过电法探测结果对比，也证实总体上注浆效果较好。

表 5.43　注浆检验段钻孔出水量、注浆量及与低阻异常区位置关系统计表

孔号	涌水量/（m³/h）	注浆量/m³	终孔层位	注浆前终孔所处异常区位置
FZ1-1	70	324.6	二灰底	4#异常区内
FZ1-2	30	164.5	二灰底	4#异常区内
FZ1-3	20	487.0	二灰底	4#异常区内
FZ1-4	40	272.8	二灰	4#异常区内
FZ1-5	40	182.7	二灰	4#异常区内
FZ1-6	4	381.4	二灰	4#异常区内
JZ1-1	7	132.5	二灰底	5#异常区边部附近
JZ1-2	70	453.4	二灰底	5#异常区边部附近
JZ1-3	7	310.5	二灰底	5#异常区边部附近
JZ1-4	25	212.7	二灰底	5#异常区边部附近
JZ1-5	4	88.5	二灰底	5#异常区内
FZ2-1	20	215.7	二灰底	1#异常区边部
FZ2-2	3	193.5	二灰底	异常区外
FZ2-3	1	66.5	二灰底	异常区外
FZ2-4	30	136.5	二灰底	3#异常区边部
FZ2-5	10	87.2	二灰底	异常区外
JZ2-1	30	142.0	二灰底	异常区外
JZ2-2	0.5	33.0	二灰底	异常区外
JZ2-3	0.5	84.0	二灰底	异常区外
JZ2-4	10	92.4	二灰底	4#异常区内
JZ2-5	20	127.4	二灰底	4#异常区内
FZ3-1	40	337.1	二灰底	1#异常区内
FZ3-2	80	322.4	二灰底	1#异常区内
FZ3-3	50	236.0	二灰底	1#异常区内
FZ3-4	30	160.0	二灰底	1#异常区内
FZ3-5	50	463.5	二灰底	1#异常区内
JZ3-1	0.5	4.0	二灰底	异常区外
JZ3-2	20	37.5	二灰底	异常区外
JZ3-3	0.5	42.0	二灰底	异常区外
JZ3-4	17	72.8	二灰底	异常区外
JZ3-5	0.5	11.9	二灰底	异常区外
JZ4-1	25	220.4	二灰底	2#异常区边部
JZ4-2	14	32.0	二灰底	异常区外
JZ4-3	40	84.5	二灰底	异常区外
JZ4-4	10	38.0	二灰底	异常区外
JZ4-5	30	117.5	二灰底	2#异常区边部

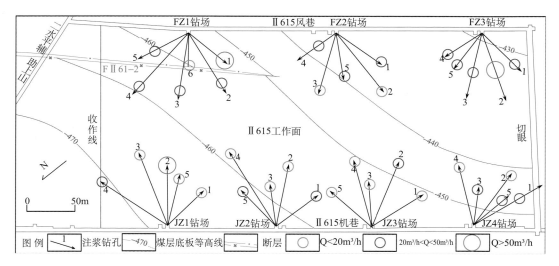

图 5.35　Ⅱ615 工作面底板注浆改造出水钻孔出水量分布图

综上所述，由于本次探测的三维电法结果与前次探测结果高低阻所在位置基本一致，各低阻区范围显著减小，富水区深度减少明显，注浆后仅有一些孤立的小范围富水区。电阻率值普遍升高，反映注浆效果较为显著。由于注浆工程仅对设计收作线以内底板进行加固，6#~8#异常区电阻率图像也有较大变化，说明该底板范围总体砂泥岩段和灰岩段裂隙连通性均较强，都受到钻孔放水及注浆工程的影响。注浆前探测的5#异常区为高电阻率值，实际施工钻孔时，有小部分钻孔涌水较大，注浆量也较大，说明该范围为裂隙发育区，富水性较弱，但可能存在一些导水通道，钻孔经过时有较大涌水量。

5.3.3　Ⅱ6117 工作面底板注浆前后物探探测结果对比分析

1. 探测工程概况

工作面形成后，现场探测工作于 2011 年 7 月 2 日进行，在Ⅱ6117 工作面回风巷和机巷施工网络并行电法测线，共施工电法测线六站，每站布置电极数为 64 个，电极间距 5.5m，共 2079m，控制巷道长度 2000m，对注浆前工作面底板富水性进行评价。

该面分三段进行注浆改造，注浆效果检查也随注浆工程进行分段评价。于 2011 年 10 月 27 日、2012 年 4 月 12 日和 2012 年 8 月 10 日，分别对工作面里段、中段和外段注浆底板进行网络并行电法探测，并对注浆效果进行评价。测试方法与注浆前相同，在Ⅱ6117 工作面回风巷和机巷施工网络并行电法测线，在Ⅱ6117 工作面回风巷和机巷施工网络并行电法测线，共施工电法测线九站，电极间距 5.5m，总测线长 2487.5m，控制巷道长度 1250m。每站均采集二组 AM 法数据，数据一电流电压变化情况完全一致，电场稳定。

2. 注浆前后底板富水性探查与评价

1）Ⅱ6117 工作面底板注浆前探测结果
本工作面注浆前探测结果里段和外段电阻率值特征有较显著差异：里段电阻率值总

体较低，相对低阻区阀值为 44Ω·m，多数出水钻孔位于相对低阻区内或低阻区边缘附近；外段电阻率值总体较高，相对低阻区阀值为 55Ω·m，绝大多数出水钻孔位于相对低阻区内或低阻区边部范围。造成里外段电性特征与相对富水区范围圈定阀值不同的原因可能主要为两方面：一是外段工作面宽度比里段工作面宽度小 80m 左右（1/3 面宽），造成里段与外段电性反演结果可能存在系统的误差；二是外段工作面范围岩层本身完整性可能相对较好，总体电阻率值偏高，但是局部可能存在较宽大的裂隙发育，裂隙延展范围较大，导致相对富水区仅表现为电阻率值略低，正常区和相对富水区电性差异较小。

　　双巷三维电阻率立体成像结果如图 5.36 所示，采用均质模型进行反演，较好地反映了底板岩层电性变化情况。探测深度为 80m，电阻率变化范围为 0~200Ω·m。圈定相

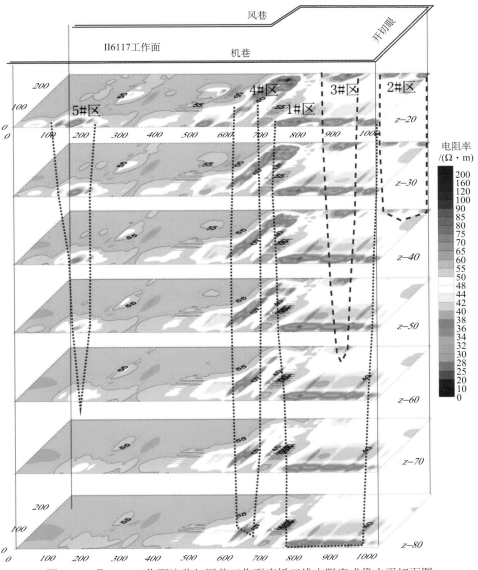

图 5.36　Ⅱ6117 工作面注浆加固前工作面底板三维电阻率成像水平切面图

对富水区电阻率阀值定为 44Ω·m；正常岩层电阻率值一般在 48~70Ω·m，80Ω·m 以上为高电阻率值异常范围，可能与干裂隙带发育有关。

按相对低阻区阀值取 44Ω·m 圈定，工作面外段仅有 5# 异常区。根据实际底板探放水情况，可知工作面外段底板富水性仍较强，由于总体探测的电阻率值较高，因此，对于探测前相对富水区重新解释，将低阻区阀值取 55Ω·m，相对低阻区范围与实际结果较为吻合，重新解释后原 4#、5# 低阻区范围扩大，增加了 3 个低阻区，即 6#、7#、8# 低阻区。工作面外段双巷三维电阻率立体成像解译结果如图 5.37 所示。

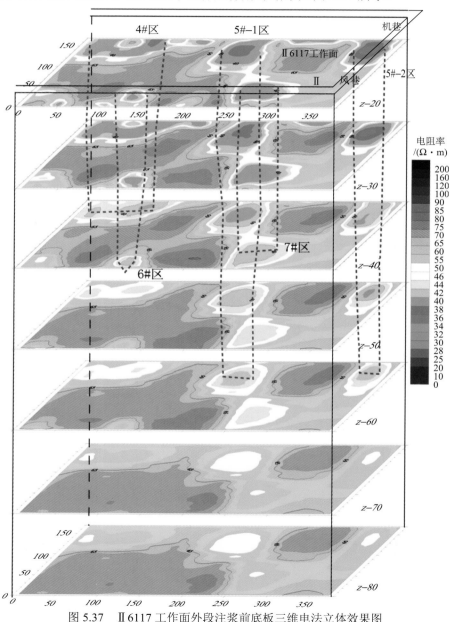

图 5.37　Ⅱ 6117 工作面外段注浆前底板三维电法立体效果图

通过对三极测深与三维电法切面进行综合分析，可得到底板不同岩层段富水性解释成果。底板 20~40m 砂泥岩段地层共有八个相对低阻异常区，垂深 50m 以下为灰岩地层，该范围共有六个相对低阻异常区，1#、3#、4#、5#、6# 和 8# 低阻异常区，均与砂岩段相对低阻区相连，其中 1#、4# 异常区阻值最低，影响范围大，3# 和 5# 异常区相对较弱。各异常区分布见图 5.38。

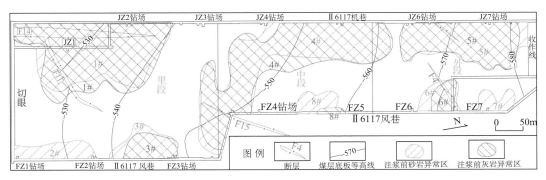

图 5.38　Ⅱ6117 工作面底板注浆前物探探测成果图

2）Ⅱ6117 工作面底板注浆后探测结果

注浆前后底板低阻异常区变化情况对比见表 5.44，注浆改造后残存低阻异常区见图 5.39。

Ⅱ6117 工作面各低阻异常区，砂岩和灰岩段电阻率值均显著升高，低阻区范围显著减小或消失，仅在局部区域存在残留低阻区，表明总体富水性显著减弱，注浆效果良好。工作面里段注浆范围内的 2#、3#、4# 异常区的砂岩段和灰岩段部分，异常区均显著减小或消失，但 1# 异常区在注浆后仍表现出明显的相对低阻区特征，范围仍较大。各异常区对应的残存低阻区分别为 1#-C 区、2#-C 区和 3#-C 区。对于 4# 异常区范围，包括新转移的低阻区范围，仍表现为相对低阻的范围约有 7000m^2。外段注浆后相对低阻区面积也大大减小，注浆前范围较大的 5# 低阻区已变成两个小范围低阻区。

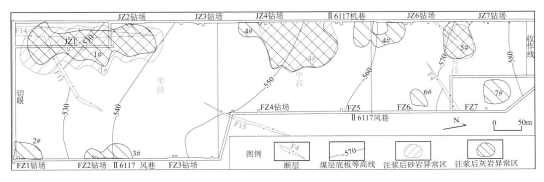

图 5.39　Ⅱ6117 工作面底板注浆后物探探测成果图

表 5.44 Ⅱ 6117 工作面底板低阻异常区注浆前后变化情况一览表

异常区序号	注浆前情况	注浆后情况	注浆效果评价
1#异常区	砂岩段: 约28000m²; 灰岩段（影响到80m深）:约28000m²	砂岩段: 约13000m²; 灰岩段: 约15000m²	砂泥岩段和灰岩段低阻面积均显著减小, 注浆效果较为显著
2#异常区	砂岩段: 约4500m²; 灰岩段:无	砂岩段:总面积约1600m²	砂泥岩段低阻面积大大减小;注浆效果显著
3#异常区	砂岩段: 约5000m²; 灰岩段:（影响到65m深）: 约4000m²	砂岩段: 约1500m²,相对低阻区有所转移	灰岩段低阻面积消失;注浆效果显著
4#异常区	砂泥岩段:40500m²; 灰岩段（影响到80m深）:约40500m²	砂岩段: 约10200m², 主要影响深度在30m深度以内, 向下面积急剧减小;灰岩段: 约7000m² 表现为相对低阻区	砂泥岩段低阻面积及影响深度均显著减小, 灰岩段低阻现象不明显, 注浆效果显著
5#区异常区	砂泥岩段:约15000m²; 灰岩段（影响到80m深）:约13000m²	砂岩段: 5#-1区（约3000m²）及5#-2区（约2400m²）, 一直向下影响到灰岩地层; 灰岩段: 5#-1区（约2800/m²）及5#-2区（约2000/m²）, 一直向下影响60m深度	砂泥岩段低阻区总面积约6400m², 且为分散的孤立区, 影响深度也显著减小, 在灰岩段低阻面积及影响深度也显著减小, 注浆效果显著
6#区异常区	砂泥岩段:约2000/m²; 灰岩段（影响到80m深）:约1200m²	砂岩段: 约900m², 主要影响深度40m深度以内; 灰岩段: 不明显	砂泥岩段低阻区面积显著减小, 灰岩段低阻区不明显, 注浆效果显著
7#区异常区	砂泥岩段:约2000m²; 灰岩段: 无	砂岩段: 约2000m², 主要影响深度40m深度以内; 灰岩段: 不明显	砂泥岩段低阻区面积注浆前后相近, 但位置有所偏移; 2个钻孔揭露该范围均无水, 表明该范围为小范围富水区, 水量小

　　根据钻孔出水和三维电法注浆前探测资料,对钻孔出水量及其分布位置进行了统计,结果如下:出水量<10m³/h钻孔共有43个,其中30个位于圈定低阻区内或低阻区边缘,13个在低阻区外;50>Q≥10m³/h钻孔钻孔24个,其中15个位于圈定低阻区内,两个在低阻区边缘,八个在低阻区外;100>Q≥50m³/h钻孔六个,均在低阻区内;Q≥100m³/h钻孔四个,低阻区内一个,低阻区边缘三个。注浆前电法探测较为准确、可靠,有效指导了底板放水及注浆加固工作。

　　从钻孔出水量及注浆情况分析,本工作面里段底板富水性相对较差,大部分钻孔出水量小于10m³/h。通过注浆,2#、3#低阻异常区,砂泥岩段低阻区显著减小,灰岩段低阻区消失,注浆效果显著;4#低阻区砂泥岩段和灰岩段低阻区均不明显,说明注浆效果显著;1#低阻区面积也明显减小,钻孔揭露水量均较小,说明该范围尽管仍相对富水,但突水威胁性小。中段 4#异常区范围位于 JZ-4 钻场注浆范围之内,通过该钻场注浆后JZ4-5 和 JZ4-6 检查孔施工情况,两孔出水 1～3m³/h,说明 4#异常区不是地层异常含水所致,注浆后工作面中段其他无异常区。外段注浆前范围较大的 5#低阻区已变成两个小范围低阻区，钻孔出水量及注浆量情况也较好地验证了探测结果。残余的相对低阻区均有钻孔注浆，满足生产安全要求。

总的来说，工作面注浆后电阻率值均有明显提高，原相对低阻区范围均显著减小，影响深度降低，表明注浆效果较为显著。通过注浆改造，二灰、三灰间地层已无明显大范围富水区和导水区，基本达到阻隔水层效果。

5.3.4　Ⅱ6112 工作面底板注浆前后物探探测结果对比分析

1. Ⅱ6112 工作面底板注浆前探测结果

1）探测工程概况

现场探测工作于 2012 年 1 月 11 日进行，在Ⅱ6112 工作面回风巷和机巷施工网络并行电法测线，共施工电法测线六站，每站布置电极数为 64 个，电极间距 5m，共 1890m，控制巷道长度 1590m。每站均采集二组 AM 法数据，数据一电流电压变化情况完全一致，电场稳定。除一个电极电流在 5mA 以下，其余电极电流均达 20mA 以上，采集数据合格率达 98%以上。

2）探测结果

采用均质模型进行反演，较好地反映了底板岩层电性变化情况。探测深度为 80m，电阻率变化范围为 0~200Ω·m，确定相对富水区电阻率阀值为 40Ω·m。综合分析三极测深与三维电法切面图（图 5.40、图 5.41），可得到底板不同层段富水性解释成果，具体特征分析如下。

（1）砂泥岩段富水性探测

底板 10~35m 砂泥岩段地层共有五个相对低阻异常区，其分布见图 5.42。各低阻区情况如下。

YC1：位于机巷一侧，表现为相对低电阻率值特征，沿走向影响长度约 100m。该异常区在较浅部砂泥岩地层中，电阻率值 20~40Ω·m，为相对低阻反映。该异常区在三极电测深结果也表现为局部低阻特征（C1 区）。推测该区砂岩裂隙发育，含水。

YC2：贯穿工作面，其深部低阻区偏风巷一侧，走向影响长度约 200m。该异常区在三极电测深结果上表现为强低阻特征（C2 区），电阻率值 20~40Ω·m。该异常区在 35m 深度以内砂泥岩地层中有一定的影响，向下低阻范围集中，电阻率值变低。在水平切面图上一直延伸到灰岩地层，该范围巷道揭露断层有五条，FⅡ6112-14~ FⅡ6112-18，最大落差 4m，因此与灰岩水间存在一定水力联系，为重点防治水区域。

YC3：位于机巷一侧，表现为相对低电阻率值特征，沿走向影响长度约 50m。该异常区在三极电测深结果上表现明显（C3 区），在三维电法结果上表现不明显。推测该区砂岩裂隙发育，含水。

YC4：走向影响长度约 70m。该异常区在三极电测深结果上有强低阻特征（C4 区），电阻率值 20~40Ω·m。该范围巷道揭露 FⅡ6112-9 断层，落差 4.5m。该异常区在水平切面图上也一直延伸到灰岩地层，因此与灰岩水间存在一定水力联系，为重点防治水区域。

YC5：沿走向影响长度约 50m。该异常区在三极电测深结果上表现明显（C5 区），在三维电法结果上表现不明显。推测该区砂岩裂隙发育，含水。

YC6：靠近机巷位置，走向影响长度约110m。该异常区在三极电测深结果表现为相对低阻特征（C5区），电阻率值25~40Ω·m。巷道揭露该区存在 FⅡ6112-5 断层，落差1.7m，分析为浅部砂泥岩地层含水裂隙发育。

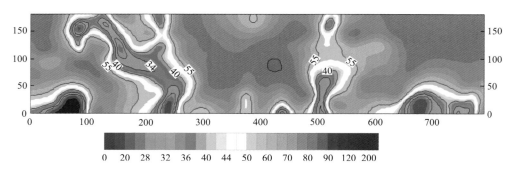

图 5.40　双巷电法底板深度 20m 电阻率成像解释图

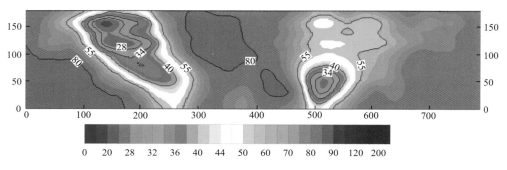

图 5.41　双巷电法底板深度 50m 电阻率成像解释图

（2）灰岩段富水性探测

垂深 50m 以下为灰岩地层，该范围共有两个相对低阻异常区。考虑到三极电测深所分析各低阻区均达灰岩地层，因此，将三极电测深所圈定的各低阻区与三维电法各低阻区综合解释，共解释五个低阻异常区（图 5.42），情况如下：

YC1：位于机巷一侧，沿走向影响长度约 40m。该异常区在三极电测深结果上表现为局部低阻特征（C1区）。在三维电法上无低阻反映，该区含灰岩水。

YC2：该异常区在灰岩段沿回采方向影响长度约240m，倾斜方向贯穿工作面。在该异常区在三极电测深结果（C2区）和三维电法上均表现为强低阻特征。该范围断层发育，落差较大，相对富含岩溶水，为重点防治水区域。

YC3：位于机巷一侧，沿走向影响长度约 50m。该异常区在三极电测深结果上表现明显（C3区），在三维电法结果上表现不明显。推测该区裂隙发育，含水。

YC4：走向影响长度约 70m。该异常区在三极电测深结果上（C4区）和三维电法结果上均有较强低阻特征。相对富含岩溶水，为重点防治水区域。

YC5：沿走向影响长度约 50m。该异常区在三极电测深结果上表现明显（C5区），在三维电法结果上表现不明显。推测该区灰岩裂隙发育，含水。

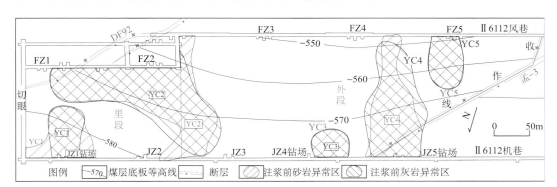

图 5.42　Ⅱ 6112 工作面底板注浆前物探探测成果图

（3）工作面底板含水构造连通情况

YC1 和 YC2 为砂泥岩段和灰岩段低阻区，延展深度较大，在低阻区内断层及裂隙较发育。由于两低阻区相距较近，两低阻区之间可能存在水力联系。YC4 和 YC5 为为砂泥岩段和灰岩段低阻区，延展深度较大，在低阻区内断层及裂隙较发育。由于两低阻区相距较近，两低阻区之间可能存在水力联系。YC3 和 YC6 为较小范围低阻区，距其他低阻区较远，从电性特征上，未表现连通特征，因此两低阻区与其他低阻区之间基本无水力联系。

2. Ⅱ 6112 工作面底板注浆后探测结果

1）探测工程概况

本工作面底板注浆效果探分两段进行，探测方法与注浆前一致。里段现场探测工作于 2012 年 9 月 22 日进行，外段现场探测工作于 2013 年 1 月 14 日进行。在Ⅱ 6112 工作面回风巷和机巷里段及切眼施工并行电法测线，测线共六站，每站布置电极数为 64 个，电极间距 5m，共 1830m，控制巷道长度 810m。每站均采集二组 AM 法数据，数据一电流电压变化情况完全一致，电场稳定。每站均采集二组 AM 法数据，数据一电流电压变化情况完全一致，电场稳定。除两个电极电流在 10mA 以下，其余电极电流均达 20mA 以上，采集数据合格率达 98% 以上。

2）探测结果

注浆前后底板低阻异常区变化情况对比见表 5.45，残留低阻异常区分布如图 5.43 所示。

对比注浆前后探测结果，原本相对低阻的区域经注浆加固，或低阻区范围减小或电阻率值提高，低阻范围基本消失，表明注浆效果显著。注浆前后并行三维电法探测均较准确地反映了煤层底板相对富水区的赋存情况，钻孔出水量及注浆量情况也较好地验证了探测结果。通过注浆改造，二灰、三灰间地层已无明显大范围富水区和导水区，基本达到阻隔水效果。

表 5.45　钻孔注浆前后低阻异常区面积及电阻率值变化情况

异常区序号	注浆前情况	注浆后情况	注浆效果评价
YC1	砂泥岩段:约2252m²	原低阻区范围本次探测已不显著,残留局部低阻区。 砂岩段:约1776m²; 灰岩段:约1785m²	受注浆影响,砂岩段原低阻区发生改变,其面积显著减小;新的残留相对低阻区,在注浆前电阻率值多为正常值区,该范围存在水仓,因此,相对低阻主要为水仓所影响。综合分析,该范围注浆效果明显
YC2	砂泥岩段:约17540m²; 灰岩段(影响到80m深):约18251m²	原低阻区范围本次探测已消失	砂岩段及灰岩段原低阻区消失,注浆效果明显
YC3	砂泥岩段:约9000m²; 灰岩段:约9000m²	原低阻区范围在本次探测范围内已消失	砂岩段及灰岩段原低阻区消失。在异常区外缘存在一相对较弱的低阻区(XYC-1区),可能具弱富水性,注浆效果明显
YC4	砂泥岩段:约6000m²; 灰岩段:无	原低阻区范围本次探测已消失	砂岩段低阻区消失,注浆效果明显

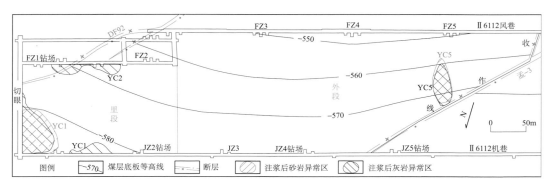

图 5.43　Ⅱ6112 工作面底板注浆后物探探测成果图

5.4　本 章 小 结

综上所述,得出以下几点认识和结论:

①通过对注浆前后底板岩层的岩石强度、岩块波速、钻孔岩体波速的测试研究与对比分析,可以看出注浆后底板岩体波速增加,岩体强度增大,阻隔水能力增强,注浆效果显著。主要表现有:i.注浆前和注浆后,砂岩段和泥岩段的岩块波速分别都大于各岩性段的岩体的波速。这是由于岩体在复杂的环境中受到地温、地下水、地应力的影响,产生了大量裂隙,因而在实验室所得到的岩块的参数不能代表岩体的参数。ii.注浆后底板砂岩段平均岩体波速明显增加,注浆后海相泥岩段平均岩体波速增加不明显。iii.砂岩段,无论是岩块的波速还是岩体的波速,注浆前的正常区大于异常区,注浆后也有同样的特点;海相泥岩段,注浆前的正常区的波速小于异常区,注浆后也有同样的特点。产生这

一现象的原因是，砂岩段为硬质岩体，性脆，发育有大量裂隙，注浆后浆液填充砂岩裂隙，排开裂隙中的水，固结之后将岩石胶结，使得岩体完整性增加，岩体波速也相应增加；而泥岩段属于弱质岩体，当受到地应力作用时，易产生塑性变形，一般不会产生大的裂隙，从而使得浆液无法扩散进去，因此注浆后泥岩段完整性基本不变，其波速也没有明显变化。iv.底板注浆加固与改造后，底板岩体中，砂岩段的完整性明显提高，而泥岩段略有提高，体现了注浆有明显的加固效果。v.底板注浆加固后岩体强度有所增加，砂岩段约为注浆前的 1.25 倍，泥岩段增加不明显，约为 1.04 倍。底板注浆加固后，其工程地质性质明显提高。

② 通过对注浆前后底板含水层富水性的钻探探查，结果表明，注浆前底板一灰、二灰或三灰含水层钻孔出水率高，出水量大，大多大于 $10m^3/h$，部分钻孔出水量大于 $50m^3/h$，少数大于 $100m^3/h$。注浆后底板灰岩含水层检查孔出水量≤$10m^3/h$，大多小于 $3m^3/h$，出水量明显减小，富水性明显减弱，说明其已被改造为弱含水层，注浆效果明显。

③ 通过对注浆前后底板含水层富水性的物探探查，结果表明，注浆效果良好，工作面注浆前的各低阻异常区的砂岩段和灰岩段的电阻率值，在注浆后均显著升高，低阻区范围显著减小或不明显，总体富水性显著减弱，即通过注浆改造，一灰、二灰（或三灰）岩层已由含水层改造成弱含水层或隔水层，基本达到了阻隔水效果。

综上所述，工作面实施注浆后，底板岩层得到有效加固，岩体强度增大；底板含水层得到有效改造，底板隔水层厚度增加。在评价注浆后的突水危险性时，可以将 6 煤底到二灰（或三灰）之间的岩层厚度作为注浆后工作面底板的隔水层总厚度计算。

第6章 煤层底板采动效应原位测试研究

6.1 底板采动效应原位测试研究概况

采动效应是指煤层底板采动过程中的次生应力分布及其变化情况，以及由其引起的一定深度范围岩层的变形、破坏作用（吴基文，2007）。底板采动效应受多种因素影响，包括开采工艺、工作面尺寸、地质和构造条件等。工作面回采过程中，相对于底板某一位置的采动效应是动态变化的，其间采动效应所反映的是应力的不断调整、变化，并导致岩层产生相应的变形。当底板内应力调整和岩层变形趋于稳定后，采动效应所反映的是底板扰动深度及该深度范围岩层的变形破坏程度。采动效应的认识对于带压开采条件下的底板水害防治十分重要。以往的研究中，很多人从不同角度对采动过程底板应力调整特点、采动影响深度等问题进行了研究，研究成果深化了底板采动效应的认识，也揭示了岩层结构对采动效应的主控影响，但这方面的研究很不足，有很多问题有待于继续深化研究去揭示。

煤层开采后顶底板的破坏发育规律探测与研究一直是煤矿安全生产十分关注的问题，正确确定底板采动破坏深度是精确预测底板阻水能力的首要条件。特别是在受煤层底板水害威胁较为严重的煤层开采过程中，更应注意对开采后底板破坏规律的探测研究。20世纪80年代以来，全国已进行了许多有关底板采动破坏的现场观测。常用的观测方法有钻孔注水法、电磁波法、钻孔声波法、超声成像法等（张金才、刘天泉，1990；高延法、李白英，1992；王希良等，2000；王连成，2000；张红日等，2000；关英斌等，2003；施龙青等，2004；高召宁、孟祥瑞，2011）。但是，现场观测受技术方法条件的限制，对岩层变形与破坏的判断准确率低。如钻孔注水法，每个钻孔只在底部留2m裸孔段作为注（放）水观测点，其余孔段注浆封闭，为点式间断观测，难以确切反映底板采动破坏的变化形态和破坏深度；为了能够连续观测底板破坏过程，深入研究底板采动破坏的动态变化，准确探测采动破坏深度，张文泉等（2000）和张红日等（2000）采用钻孔注水系统底板采动破坏过程的连续探测研究；刘传武等（2003）采用声波检测技术观测煤层底板的破坏深度和破坏规律，但受方法本身所限，在施工难度及探测精度等方面尚存在一定的不足；电磁波法（如瞬变电磁法）主要用于中深部水文勘探（朴化荣，1990），抗干扰能力较直流电阻率CT技术低，受人为设施干扰大，存在浅部勘探盲区、成本高等缺点。直流电阻率CT技术相对于电磁波法技术（施龙青等，2009，2013），理论方法比较成熟，施工技术简单，抗干扰能力强，且成本较低。震波CT技术对底板破坏规律探测具有连续的动态效应，其适用性强。因此，这两种方法是目前开展煤层顶底板采动效应监测研究的首选方法。

高承压岩溶水体上煤层开采主要采用疏水降压和带压开采两种方法（吴基文等，2009；李彩惠，2010），但随着开采深度的增加，疏水降压难度大，不仅浪费了大量宝贵的水资源，而且疏放时间长，影响生产接替，所以这种方法基本不用。目前主要采用底板注浆加固与含水层改造方法，实现煤层带压开采（李自黎，2006；胡荣杰等，2011）。以往对未注浆底板的采动变形破坏特征进行了较多研究，而对注浆底板的采动效应特征研究较少。鉴于此，采用震波 CT 探测技术和电阻率 CT 技术，分别对皖北恒源煤矿 II 614 综采工作面（非注浆工作面）以及 II 615、II 6112 综采工作面（注浆工作面）回采过程中孔间观测剖面进行动态数据采集与处理，探查煤层开采底板岩层的破坏深度，及其随工作面开采的动态发育规律，进一步评价工作面底板注浆效果，为安全开采及矿井水害防治提供更加科学的参数。

6.2　非注浆工作面底板采动效应原位测试研究

恒源煤矿 II 614 工作面为该二水平第一个工作面，底板未进行注浆改造，为非注浆工作面，主要采用疏水降压探水方法进行底板水防治。工作面回采期间采用震波 CT 方法对 6 煤底板采动变形破坏特征进行了探测，为安全开采及矿井水的防治提供更加科学的参数依据。

6.2.1　震波 CT 探测原理

震波 CT 技术是利用地震波在不同介质中传播速度的差异，通过在探测区域内构成切面，根据地震波信号初至时间数据的变化，利用计算机通过不同的数学处理方法重建介质速度的二维图像。通过这种重建的测试区域地震波速度场的分布特征，来推断剖面介质的精细构造及地质异常体的位置、形态和分布状况（王辉、黄鼎成，2000；邱庆程、李伟和，2000）。

根据一定的观测系统，获得地震波到时数据并进行慢度 $s(x, y)$ 或速度 $v(x, y)$ 分布反演，其中 $v(x, y) = 1 / s(x, y)$。假设地震波的第 i 个传播路径为 l_i，其地震波初至时间为 t_i，则 $t_i = \int_{l_i} s(x, y) \mathrm{d}s$，$\mathrm{d}s$ 为弧长微元，通常在速度场变化不大的情况下，可近似把射线路径作为直线求解，这样 t_i 为已知，从而可反演慢度或速度值。对速度场图像重建，可使用反投演法（BPT 法）计算出迭代初值，采用算术迭代法（ART 法）和联合迭代法（SIRT 法）进行终值迭代（刘盛东、李承华，2000；宿淑春等，2001）。通过对比研究发现，弯曲射线追踪震波到时要比直射线追踪更趋于实际值，又由于 SIRT 法收敛速度较快，而且对投影数据误差的敏感度小，因此多选取弯曲射线线性插值法进行时间追踪和 SIRT 法反演结果作为震波 CT 的图像。

由于地震波在介质中传播时，携带大量的地质信息，通过波速、频率及振幅等特性表现出来，其中地震波速度与岩体的结构特征有着显著的相关性。通常不同岩性中地震波的传播速度是不同的，即使是同一岩层，由于其结构特征发生变化，其波场分布便表现出不同的特征图像。煤层开采后底板岩层破坏检测正是基于此原理，正常岩体其波速值与破裂岩体存在一定的差异性。因此通过钻孔与巷道之间所组成的测试区域内岩煤体不同时间速度场图像重建，结合已有的底板地质资料可进行断裂破坏、裂隙等具体特征判定（张平松，2004；张平松等，2004；2006）。由于钻孔可以深入至采煤工作面塌陷区域内部，其检测结果具有绝对的可靠性。

6.2.2 探测工程布置与探测数据采集

1. 探测工作面概况

Ⅱ614 工作面位于Ⅱ61 采区中上部东侧，为Ⅱ61 采区首采工作面。该工作面走向长 733m，倾斜宽 130~190m，煤层倾角 6°~11°，厚度 2.60~3.20m，平均 2.93m，可采储量 54.0×10^7kg。工作面内构造相对较简单，整体为一宽缓的小背斜，主要构造为断层，其中三条落差大于 10m 的断层穿过工作面，其他均为小型正断层（图 6.1）。Ⅱ614 工作面底板厚度 42~56m，上部以泥岩细砂岩互层为主，中部为细砂岩和粉砂岩，下部为海相泥岩夹条带状粉砂岩（图 6.2），属中硬—硬质—软质底板类型组合。

采用综采一次采全高，走向长壁式采煤，全部陷落法顶板管理，采深 500m 左右。

因为该工作面为北翼 6 煤层－400m 以下首采工作面，巷道掘进过程中，顶底板砂岩裂隙水丰富，水质为 SO_4-Na·K 型，总水量为 24m³/h。工作面 6 煤层至一灰间距为 42~56m，平均为 46.99m，底板承受的灰岩水水压为 2.76~2.97 MPa，处于高水压条件下开采。根据相邻矿井 6 煤回采太灰突水特征，结合矿井其他工作面的安全回采情况分析，工作面在底板正常情况下可以安全回采，在构造异常区段（断裂发育带或底隔变薄带）太灰水存在突水危险性。故此采用疏水降压和对底板构造异常区进行局部加固的方法，确保了工作面的安全回采。

2. 探测数据采集

1）测试钻孔布置

根据现场实际条件，测试地点选择在Ⅱ614 工作面风巷 Y9 号测点，距收作线约 6m 处，见图 6.1。

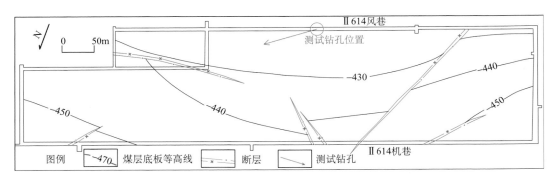

图 6.1   Ⅱ614 工作面底板破坏测试钻孔位置图

震波 CT 数据接收装置放在钻孔中，现场斜向工作面并向着切眼方向施工一个倾斜钻孔，与巷道走向夹角为 45°。钻孔深度要求其垂直距离超过预计的破坏深度。结合该矿区实际情况，接收孔施工孔深为 25.5m。

深度/m
柱状
厚度/m
岩性
0
6煤
1.1
泥岩
13.9
泥岩、细砂岩互层
14
4.67
细砂岩
9.83
粉砂岩
30
10.6
泥岩
40
1.7
条带状粉砂岩
12.8
泥岩
50
灰岩
图 6.2　Ⅱ614 工作面地层柱状图

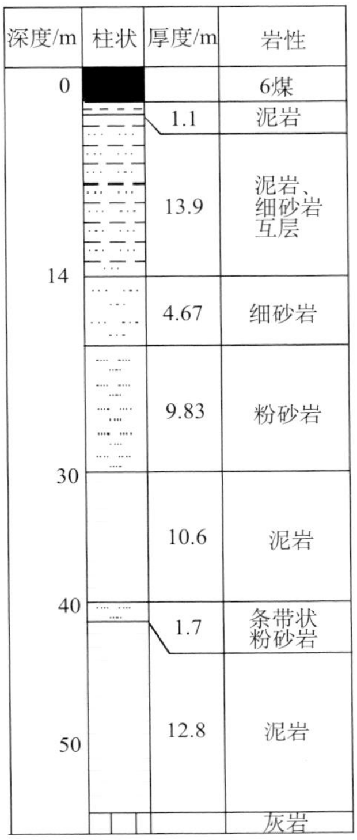

测试孔孔径要求不小于 73mm，为防止孔口塌陷，需在孔口处埋设套管，孔内下入一 PVC 管，以防止杂物落入孔中。塑料管与孔壁之间用水泥浆封闭，使之尽量与孔壁耦合好，孔内放满水。钻孔施工时应采用全取心方式，保证岩心的完整，并进行分段编录、采样。岩心用于室内超声波波速测试，为 CT 反演提供背景波速参数。图 6.3 为测试钻孔及探测剖面结构图。

2）探测设备

受井下特殊环境所限，地震波测试仪器必须安全防爆，探测采用 KDZ1114–3 型矿井地质探测仪和 ZK 型孔中三分量检波器进行数据采集。地震波激发震源采用锤击方式，根据巷道实际情况，如果浮煤较为松散，实际激发时可利用铜块或铁块作为锤垫相辅助，利于地震波向底板岩煤层中传播。

3）CT 数据采集

现场数据采集时，首先在钻孔中不同位置固定孔中检波器，并在巷道中不同位置锤击以激发地震波进行单道数据采集，从而形成一个测试点的各外向锤击点记录。现场采集时孔中检波器移动距离为 0.5~2.0m，巷道锤击点移动距离为 1.0~2.0m，其距离大小决定探测精度。检波器点根据实际情况在孔中可自下而上变换点位，锤击激发点在巷道中的长度可完成 20m 左右，每次测试时保持相对位置固定便于进行对比。通过试验，仪器工作参数可选择为：采样间隔 100μs，采样频带 1kHz 低通，固定增益 48~81dB，采样长度 512 点。测试时要结合波形情况避免钻孔中套管波的影响。

Ⅱ614工作面风巷
工作面推进方向
45°
套管ϕ108mm
检波器测试区
钻孔ϕ110mm
混凝土封闭
塑料管ϕ70mm
图 6.3　底板破坏深度 CT 测试钻孔及探测剖面结构图

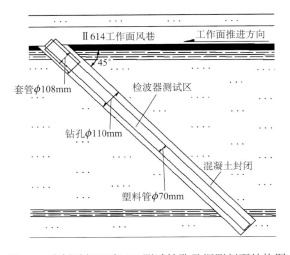

4）探测过程

现场测试结合工作面推进速度合理安排，通常必须多于三次，即钻孔安装后远离工作面推进位置时，测取探测区域岩煤层背景波速分布值，通常在工作面距离钻孔位置平距 100m 左右时完成。当工作面煤壁推进至钻孔底端垂直对应巷道位置时，测取第二次变化值，当工作面煤壁推进至距离钻孔孔口 10~15m 时，测取变化结果数据。三次监测数据基本上可获得底板岩煤层破坏超前发育规律与特征参数，为了清晰观测裂隙发育动态过程，当工作面推进至钻孔平距 30m 左右可加密观测。本着前疏后密的原则，Ⅱ614工作面共完成了六次井下不同时间孔—巷间 CT 数据采集。

6.2.3　探测数据处理与结果分析

1. 探测数据处理

1）处理方法及流程

震波 CT 数据处理是通过自行编制的 GraphCT 矿井震波资料解析处理软件来完成的。该软件使用方便，成果解析直观。首先对 KDZ1114-3 仪器内部数据通过通讯模块传入计算机，进行数据格式转换。并在系统预处理模块支持下，对各个单炮记录进行抽道集重排，使井下记录转换成共炮点记录（CSP）、共接收点记录（CGP），并进行文头编辑、道数据编辑、二次采样、噪声剔除、频谱分析、初至识取等处理过程。从波的能量、速度、频率三个方面进行震波透射 CT 成像反演。其具体处理总流程见图 6.4。

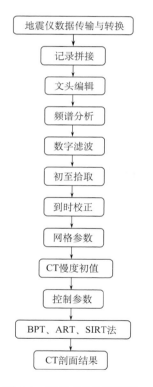

图 6.4　震波 CT 处理流程

2）建立坐标系

为了计算与成图的方便，选取钻孔与巷道交点为坐标原点，向工作面切眼方向作为 X 轴正向，原点向底板方向作为 Y 轴正向建立坐标系。在这个坐标系内取得各个炮点及检波点相对坐标。

3）网格划分

在反演计算时，为了计算方便，多用均匀的矩形网格划分探测区域，形成多个尺度大致相同的像元，并把像元内的平均波速值作为其中心点的值。由于像元的宽度是成像时可分辨尺度的极限，对走时反演成像方法来说，为了提高成像的分辨率，希望像元越小越好，但是像元尺寸又受震源间距和接收器间距的限制，因为一个像元最少要有一条射线通过，否则这个像元就没有存在的意义。

在 Ⅱ614 工作面风巷的孔-巷间 22m×18m 测试区域内，以边长为 1m 的网格在坐标系内沿 X 轴、Y 轴进行网格划分，共计划分成 22×18 个网格单元。

4）CT 反演

使用 GraphCT 自动初至拾取模块进行到时拾取，得到纵波时间函数。将网格划分参数及炮、检点位置坐标等输入到 BPT、ART、SIRT 三种 CT 成像模块，首先以 BPT 的计算结果作为 CT 计算的慢度初值，再进行 ART、SIRT 迭代计算得出 CT 反演结果。通过对比研究，发现弯曲射线追踪震波到时要比直射线追踪更趋于实际值，又由于 SIRT 方法收敛速度较快，而且对投影数据误差的敏感度小，结果多选取弯曲射线线性插值法（LTI）进行时间追踪和 SIRT 方法进行反演的结果为震波 CT 的图像。

2. 探测结果分析

1）CT 解释原则

地震波在介质中传播的过程中，携带大量的地质信息，通过波速、频率及振幅等特性表现出来，其中地震波速度与岩体的结构特征及应力状态有着显著的相关性。通常不同岩性中地震波的传播速度是不同的，即使是同一岩层，由于其结构特征发生变化，其波场分布也会发生新的变化。煤层底板岩层破坏观测正是基于其原理，当岩层受采动影响，应力场发生改变，应力集中或增大，岩体波速会增加，岩体遭受破坏，相应波速会明显减小。因此通过不同时期速度场图像重建，在速度成像图上可以清晰反映速度的高低变化，从而方便地解释相应阶段的应力集中、裂隙发育、底板破坏范围及规律等具体特征。

2）探测结果分析

在 CT 反演计算结果中，以不同时间切面图进行对比，并选取 SIRT 法的固定慢度值 CT 切片进行解释。图 6.5 是背景探测布置及网格划分图和 SIRT 法纵波波速 CT 切片图。

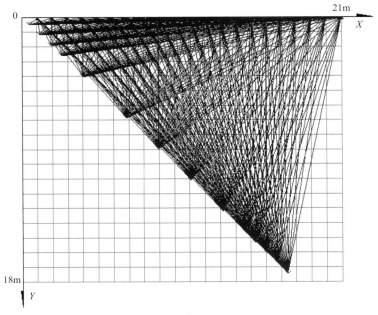

a

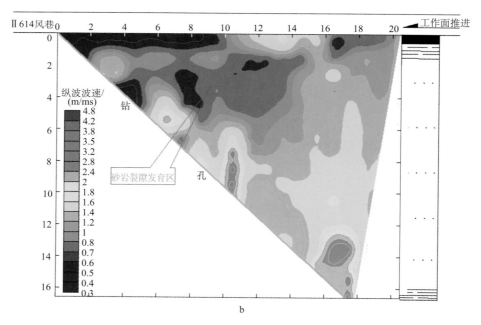

图 6.5　背景探测网格划分及纵波波速 CT 切片图

a.探测布置及网格划分图；　b.SIRT 法纵波波速 CT 切片图

　　测试是在工作面切眼离钻孔 120m 时完成的，为探测区域内的岩层背景波速分布值。从背景图中可以看出，反演结果波速分布与煤层底板实际岩层柱状对应性较好，探测区域内地震波波速呈现明显的分带性，其中浅部对应煤层和泥岩，其迭代波速较小，为0.3m/ms~1.8m/ms，局部相对稍大，具不均匀性；深部为粉细砂岩互层，其迭代波速为1.9m/ms~4.9m/ms，岩层均有不均匀性，局部存在裂隙发育区，波速在 1m/ms 以下。反演所得波速分布与煤层底板实际岩层柱状对应性较好，这为后续探测对比与解释提供了良好的基础。

　　图 6.6 是采距 1#点（工作面距钻孔孔口 32.7m 位置）探测布置及网格划分图和波速CT 切片图。

　　从 CT 切片图中可以看出，探测结果与背景波速分布在很大程度上具有一定的相似性，但浅部距钻孔孔口 16~20m 处地震波波速比背景明显升高，达到 3.8m/ms 至 4.8m/ms，分析为采动应力变化影响所致，即应力超前影响，该距离达到 16m 左右。深部岩层地震波波速稳定性强，相对较为均一。

　　图 6.7 为采距 2#点（工作面距钻孔孔口 16.5m 位置）的探测布置及网格划分图和 SIRT法纵波波速 CT 切片图。从 CT 切片图中可以看出，受工作面采动影响，测试区域内垂深10m 以上的地震波波速变化相对较大，局部地震波波速小于 1.0m/ms，分析为岩层破坏或裂隙发育所致，同时可以分辨出粉细砂岩互层中的垂直裂隙及横向裂隙发育情况。从浅部岩层地震波波速变化可以看出，受工作面推进影响，高速区也在向前推进，分析采动应力超前距离为 11m 左右。

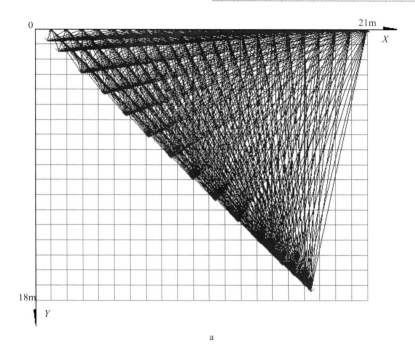

a

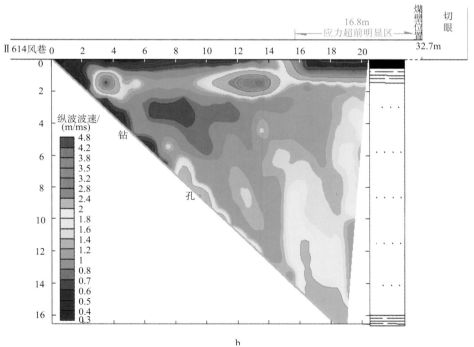

b

图 6.6　采距 1#点探测网格划分及纵波波速 CT 切片图

a.探测布置及网格划分图；　b. SIRT 法纵波波速 CT 切片图

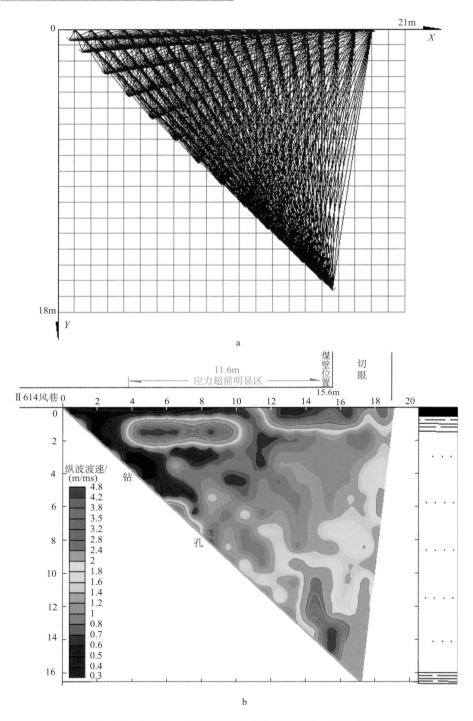

图 6.7 　采距 2 点探测网格划分及纵波波速 CT 切片图

a.探测布置及网格划分图; 　b. SIRT 法纵波波速 CT 切片图

图 6.8 为采距 3#点（工作面距钻孔孔口 9.8m 位置）的探测布置及网格划分图及 SIRT 法纵波波速切片图，测试时工作面切眼距钻孔孔口位置为 9.8m。从图中可以看出，受采动影响，煤层底板岩层发生了巨大变化，其地震波波速分带性增强且较为稳定。其中距

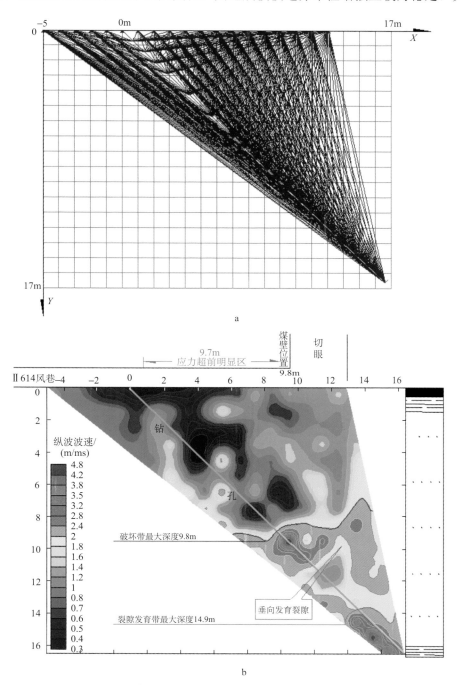

图 6.8　采距 3 点探测网格划分及纵波波速 CT 切片图

a.探测布置及网格划分图；b. SIRT 法纵波波速 CT 切片图

巷道垂深 0~10m 范围局部岩层迭代波速在 0.5m/ms 以下，分析为岩层破坏所引起的。且岩层破坏带最大深度可达 9.8m，老塘附近岩层具有压密趋势，破坏深度变浅。

与其他采距点的探测 CT 切片相对比，9~15m 垂深段地震波波速同样产生变化，但是以裂隙发育特征为主，波速在 1.5~2.1m/ms，其特征同样较为明显，裂隙带发育最大深度可达 14.9m。同样可分析应力超前距离为 10m 左右，受岩层结构特征影响，不同位置处采动应力发生一定的变化，总的来说是在 10~16m 范围内。

将距钻孔孔口 13m 处垂直方向地震波波速提取进行比较，获得了不同时期探测波速变化对比结果（图 6.9）；同样将垂深 2.0m 水平方向地震波波速提取进行比较，获得了不同时期探测波速变化对比结果（图 6.10）。从图 6.9 可以比较出采动破坏范围及变化规律的具体特征，而从图 6.10 中可以分析采动应力变化的具体趋势及规律。两者结果比 CT 反演图更加直观。

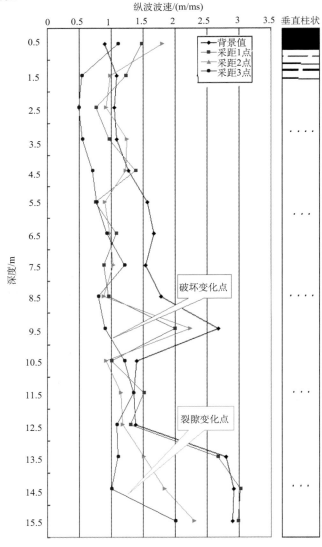

图 6.9　探测区域内距钻孔孔口平距 13m 处不同采距点垂向地震波波速对比结果图

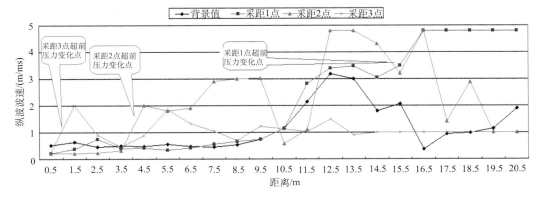

图 6.10　探测区域内垂深 2m 处不同时间段地震波波速对比结果图

起点为孔口位置，往工作面方向不同时间测试波速变化

3）探测结论

综上所述，得出以下几点结论：

① Ⅱ614 工作面底板受采动影响，岩层中垂直裂隙与横向裂隙发育特征反映的采动破坏分带特征明显，呈"两带"分布，其中底板岩层破坏带在 0~9.8m 范围，而裂隙发育带在 9.8~14.9m 范围。

②结合工作面推进情况综合分析，可得出煤层开采过程中采动应力超前的规律，该工作面采动条件下，超前应力在 10~16m 范围内。

6.3　注浆工作面底板采动效应原位测试研究

为了确定注浆底板采动变形破坏特征，分析注浆改造底板的抗破坏能力，分别在恒源矿井Ⅱ615、Ⅱ6112 工作面回采期间，采用电阻率 CT 方法对 6 煤底板采动变形破坏特征进行了探测，为注浆效果评价和注浆改造技术提供数据支撑（吴基文等，2015）。

6.3.1　孔巷间电阻率 CT 法测试原理及设备

1. 底板采动效应电阻率 CT 响应原理

电阻率对煤层底板采动破坏的响应明显（张朋等，2011）。工作面在开采过程中，破坏了原岩应力场的平衡状态，引起了应力重新分布。在老顶岩层尚未破断以前，老顶将被煤体所支撑，此时可将老顶岩层视为固支梁，它与采空区前后支撑体形成一完整的结构体系，承受上覆岩层的载荷，并把这种载荷向四周传递，形成支承压力。随着回采工作面的推进，上覆岩层形成的结构经历稳定—失稳—再稳定的周期性过程，以及采空区为岩体的移动提供了自由空间，促使采场周围的应力再次发生改变，在工作面前方形成了超前支承压力，它随工作面推进而不断推移。在工作面后方，采空区冒落矸石将逐渐进入压实状态，支承压力逐渐恢复到原岩应力状态，由于支承压力的作用，对采场周围岩层变形产生影响。

在采动影响下，工作面前方底板岩层由于受超前支承压力的作用而处于增压区内，使该处的煤层底板受到压缩，岩层内部垂直于支承压力的原始裂隙出现闭合或压密，岩石电阻率有所降低，但幅度不大，该区称为压缩区。在工作面后方，由于采空区范围内底板应力的释放，这部分底板岩层从压缩状态转为膨胀状态，由于应力释放，还可能出现垂直裂隙与层间裂隙贯通，特别是在回采工作面后方 10m 左右，膨胀比较剧烈，该区称为膨胀区，由于煤层底板岩性常为泥岩或砂岩，加之煤层回采时降尘喷水和顶板岩层淋水，底板破坏带多为含水状态，因此，因充水膨胀区的岩石电阻率大幅下降。当底板岩体处于采空区重新压实的冒落矸石下时，扩张的裂隙部分闭合，又从膨胀状态转为压实状态，重新压实区电阻率有所增高，但与原岩相比还是低阻。从已有的研究来看（赵贤任等，2008；刘树才等，2009；王家臣等，2010），过渡区电阻率与原岩变化不大。因此，随着底板岩体经历原岩应力—支承压力增大—支承压力减小—支承压力恢复的变化，其电阻率也做出相应的变化，据此，通过开采前的电法背景测试，可得到原岩应力条件下的电阻率图像。在开采期间连续监测，可得到底板电阻率的连续变化图像；在开采后，持续监测一段时间，可得到其稳定后的电阻率图像。通过不同阶段的电阻率变化情况，可以准确地判断底板岩体的破坏程度和深度。

在此要说明的是，若破坏带内不含水，则破坏带的电阻率值会升高，升高的幅度越大，则破坏越完全，电阻率值没有明显变化区域，即为未破坏区；若破坏带内充水，则该破坏带内的电阻率值会明显降低。工作面底板的原始导升带在矿山压力和地下水压力作用下向上发展，低阻带会向上发展。

2. 成像方法原理

孔间电阻率 CT 法是利用探测区内钻孔作为点源发射区或测量区而获得电场在空间上的分布特征的一种物探方法。由于电阻率和地层的岩性、岩石孔隙及孔隙中的流体性质有直接关系，因此孔间电法成像对于识别破碎带、断层、油气层、水源及污染等问题非常有用，孔间电法成像比常规电阻率勘探方法更高的分辨率。

孔间电阻率成像是在地面或者一钻孔中按一定间距设置源点，在地面或者是另一钻孔中设置一定数量的接收点，依次激发源点，在地下产生相应的稳定电流场，用接收点处测得的电位值来重构两孔之间介质物理性质差异的图像，从而解决煤田勘察和工程勘察等问题。其工作原理如图 6.11 所示。

井下测试中是在 1#钻孔中控制一路电极，2#钻孔中控制另一路电极，两孔 64 个电极即可形成一条测量线，通过不同位置电极点的组合实施连续测量，形成层析数据体，可以得到不同供电电极不同测量电极对应深度的电位值或电阻率值。

依次交换供电电极，重复上面的步骤，直到完成设计的供电电极数目为止。

3. 数据采集方式

数据采集仪器为并行电法仪，其最大优势在于任一电极供电，在其余所有电极同时进行电位测量，可清楚地反映探测区域的自然电位、一次供电场电位的变化情况，采集数据效率比传统的高密度电法仪又大大提高，是电法勘探技术的又一次飞跃。例如，测

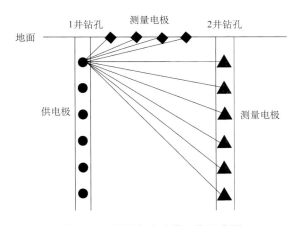

图 6.11　孔间电法成像工作示意图

线上布置 64 个电极,对于 AM 法采集,任一电极供电时,其余 63 个电极同时采集电位,这样其数据采集效率与串联采集相比,采集效率至少提高了 63 倍。不仅如此,通过 AM 法和 ABM 法装置自动顺次切换电极,取得大量的电法数据,不仅可实现所有现行的直流高密度电法探测(如温纳二极、三极、四极等)数据反演,而且可进行高分辨地电阻率法反演。该系统的另一个特点是可实现数据的远程采集,通过仪器专用软件系统、数据 Modem 以及电话线的连接,实现电法数据的实时远程监测,大大减少现场的工作量,效果良好。

4. 孔间电阻率反演

电阻率三维反问题的一般形式可表示为

$$\Delta d = G \Delta m \tag{6.1}$$

式中: G 为 Jacobi 矩阵; Δd 为观测数据 d 和正演理论值 d_0 的残差向量; Δm 为初始模型 m 的修改向量。

对于三维问题,将模型剖分成三维网格,反演要求参数就是各网格单元内的电导率值,三维反演的观测数据则是测量的单极-单极电位值或单极-偶极电位差值。由于它们变化范围大,一般用对数来标定反演数据及模型参数,有利于改善反演的稳定性。由于反演参数太多,传统的阻尼最小二乘反演往往导致过于复杂的模型,即产生所谓多余构造,它是数据本身所不要求的或是不可分辨的构造信息,给解释带来困难。Sasaki 在最小二乘准则中加入光滑约束,反演求得光滑模型,提高了解的稳定性。其求解模型修改量 Δm 的算法为

$$(G^{\mathrm{T}}G + \lambda C^{\mathrm{T}}C)\Delta m = G^{\mathrm{T}}\Delta d \tag{6.2}$$

式中, C 是模型光滑矩阵。通过求解 Jacobi 矩阵 G 及大型矩阵逆的计算,来求取各三维网格电性数据。

并行电法仪采集的数据为全电场空间电位值,保持电位测量的同步性,避免了不同时间测量数据的干扰问题。该数据体特别适合于采用全空间三维电阻率反演技术。通过

在钻孔间形成的电法测线，观测不同位置不同标高的电位变化情况，通过三维电法反演，得出孔间岩煤层的电阻率分布情况，从而对岩层富含水性等特征给出客观的地质解释。

5. 测试设备

主要测试设备有并行电法测试系统 WBD-1 采集仪器两台；本安电源转换器一台；孔中电法信号专用电缆两套，线缆总长 180m；军用笔记本电脑一台。图 6.12 为并行电法测试仪器系统图。

图 6.12　并行电法探测仪器系统图

6.3.2　Ⅱ615 工作面底板采动效应孔巷间电阻率 CT 法监测与分析

1. Ⅱ615 工作面概况

Ⅱ615 工作面位于Ⅱ61 采区中上部右侧，东部为 II613 工作面采空区，南部切眼外为 6 煤层工业广场保护煤柱，西部机巷外为尚未布置采掘工程的块段，并临近 SF16 断层，北部收作线外是二水平轨道、运输暗斜井和二水平辅助下山。设计为倾斜长壁、综采工作面。工作面走向长 475~590m，平均为 533m，倾斜宽为 213m。工作面风巷标高为−428.0m~−461.8m，机巷标高为−452.2m~−482.1m，切眼标高为−428.0m~−452.2m。6 煤层厚度 1.9~3.3m 之间，平均为 2.8m，为稳定的中厚煤层，可采储量 38.1 万 t。

6 煤层属于二叠系下统山西组，以中厚煤层为主，平均煤厚 2.82m，受构造及沉积的影响，局部煤厚变薄至 1.9m；根据工作面钻孔揭露资料，该煤层下距太原组一灰顶界面厚度平均为 46.1m，上部主要由泥岩、细砂岩组成，局部夹粉砂岩条带，下部由深灰色致密海相泥岩组成，其下为太原组薄层灰岩。

从Ⅱ615 工作面实际掘进揭露情况看，工作面内地质条件较为简单，无大的地质构造。巷道掘进过程中只揭露一条落差为 7m 的 FⅡ615-1 断层，且位于工作面收作线以外，其余揭露断层落差均较小，对工作面回采不会带来多大影响。但是，原二水平辅助上山揭露的 FⅡ61-2 断层，落差较大，在采区内延伸范围较长，估计Ⅱ615 工作面回采后期将揭露此断层，可能造成工作面内破顶、破底现象，给工作面的回采带来一定困难。

6 煤层开采主要受太灰岩溶水影响，根据现有资料计算，Ⅱ615 工作面 6 煤底板承受太灰水压为 2.40~2.94MPa，其突水系数大于临界值。电法探查结果表明：Ⅱ615 工作面底板共有八个富水异常区，容易引起灰岩水沿砂、泥岩段岩层裂隙通道涌出，给煤层回采造成水害威胁，为此，实施了 Ⅱ615 工作面底板钻探探查注浆加固和灰岩含水层注浆改造等工作，确保了工作面的安全回采。

2. Ⅱ615 工作面底板电阻率 CT 法现场施工技术与方法

1）钻孔布置

在工作面机巷中专门设置钻场，施工底板钻孔电法探测系统，布置两个倾角不同的钻孔，孔口位于 J13 点后 17m，进行钻孔间电法成像。图 6.13 为 Ⅱ615 面底板监测钻孔布置图。钻孔的技术参数见表 6.1，1#和 2#探测孔均为俯角孔，两个钻孔在同一垂直剖面上，形成有效的探测与监测空间。结合钻探资料，对孔中各个电极布置进行了合理安排，图 6.14 为钻孔地质剖面及电极总体布置示意图。其中，1#钻孔中 60m 长度内共布置 32 个电极，电极间距为 1.2m；2#钻孔中 60m 长度共布置 60 个电极，电极间距为 1m，两者所形成的探测区间有利于进行全电场数据采集。

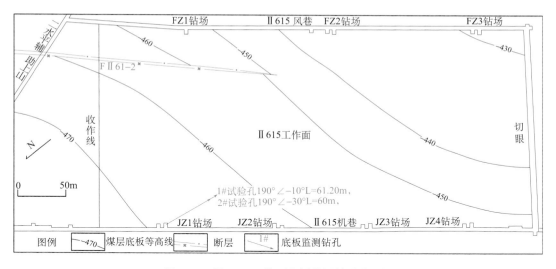

图 6.13 Ⅱ 615 工作面底板监测钻孔布置图

表 6.1 现场监测钻孔参数表

孔号	与机巷夹角/(°)	与煤层夹角/(°)	孔径/mm	孔深/m	套管长度/m	钻孔控制范围
1#	30	俯 10	91	60.0	7	控制垂高距煤层底板 9m，平距 52m
2#	30	俯 30	91	61.2	7	控制垂高距煤层底板 35m，平距 52m

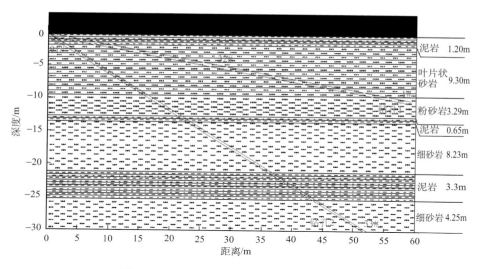

图 6.14   监测钻孔地质剖面和电极布置示意图

2）钻孔施工

① 开孔与注浆：本次测试工程布置在钻窝中进行。现场由地质技术人员放孔后紧贴

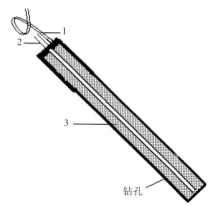

图 6.15   探测钻孔结构示意图

1.电缆线；2.孔径 40mm 的 PVC 管；

3.水泥浆；电缆线绑在 PVC 管上

内帮指向切眼开钻，开钻孔径为 127mm，终孔孔径均为 91mm。当钻进 10m 左右时，安装套管 7m，并加锁口后注浆封闭。然后重新开启锁口，扫孔钻进至预定深度。

② 正常钻进及测斜：严格按照给定的钻孔参数正常钻进，全取心，编录钻孔岩心柱状图，终孔后测斜。

③ 孔内安装：钻孔到位后即时进行现场安装。钻孔 1 布置 32 个电极，电极间距 1.2m；钻孔 2 布置 60 个电极，电极间距 1.0m。

④ 注浆封孔：孔中电极及各种传感器安装完成后进行注浆封孔，注浆必须等排气孔返浆后方可结束。

探测钻孔结构如图 6.15 所示。

3. 现场数据采集

监测钻孔相关测试系统于 2010 年 10 月 6 日安装完毕，孔口位于 J13 点后 17m 机巷钻窝中，仪器监控站位于钻孔后 10m 处，对测试电缆进行了有效保护。现场电极安装完毕后，首先将两孔中电极连接线按设计顺序接好，并布置好必要的电极电位参照点（无穷远极 B 极与 N 极）。待钻孔中水泥浆固结后，开始测量背景电阻率值。在回采工作面距监测钻孔 120m 以前，均可视为非监测灵敏阶段，通常回采工作面每推进 20~40m 采集一次数据。在回采工作面距监测钻孔孔口 60m 以内时，为监测灵敏阶段，回采工作面每推进约 5m 采集一次数据。为更好地观测采后底板破坏稳定情况，需将孔中电缆置入铁管内向外延伸 40m，以保护电极电缆来观测工作面推过钻孔后的情况。工作面回采至孔口，完成了整个现场数据采集任务。现场每天实际采集数据在四组以上，包括 0.5s~50ms AM 数据三组和 0.2s~100ms ABM 数据三组，目的是加强对数据采集有效性的验证。对于电阻率变化较大的时间，每天选取其中较为稳定的一组进行数据反演与解释，另两组作为对比参考。监测过程中总共采集数据 29 个工作日，采集有效物理数据点数 350784 个。

2010 年 11 月 11 日第一次进行孔中电法数据采集，2011 年 3 月 24 日工作面回采至孔口，完成了整个现场数据采集任务。表 6.2 为回采退尺与测试时间的统计，目的是通过与回采进度数据相结合，可进一步分析采动超前压力等基本特征。

表 6.2　监测孔电法数据采集情况表

序号	采集日期/（y-m-d）	工作面距孔口距离/m	采集方法/（次数）	有效数据物理点数/个
1	2010-11-11	265	AM 法（3 次）	64×63×3=12096
2	2010-11-23	240	AM 法（3 次）	64×63×3=12096
3	2010-12-17	191	AM 法（3 次）	64×63×3=12096
4	2011-02-15	100	AM 法（3 次）	64×63×3=12096
5	2011-02-24	73.9	AM 法（3 次）	64×63×3=12096
6	2011-02-25	72.9	AM 法（3 次）	64×63×3=12096
7	2011-02-26	70.5	AM 法（3 次）	64×63×3=12096
8	2011-02-28	67.9	AM 法（3 次）	64×63×3=12096
9	2011-03-01	65.4	AM 法（3 次）	64×63×3=12096
10	2011-03-02	63.9	AM 法（3 次）	64×63×3=12096
11	2011-03-03	62.2	AM 法（3 次）	64×63×3=12096
12	2011-03-04	59.9	AM 法（3 次）	64×63×3=12096
13	2011-03-05	57.4	AM 法（3 次）	64×63×3=12096
14	2011-03-07	51.8	AM 法（3 次）	64×63×3=12096
15	2011-03-08	50.4	AM 法（3 次）	64×63×3=12096
16	2011-03-09	47.8	AM 法（3 次）	64×63×3=12096
17	2011-03-10	45.0	AM 法（3 次）	64×63×3=12096
18	2011-03-11	43.0	AM 法（3 次）	64×63×3=12096
19	2011-03-12	40.5	AM 法（3 次）	64×63×3=12096
20	2011-03-14	33.7	AM 法（3 次）	64×63×3=12096
21	2011-03-15	31.0	AM 法（3 次）	64×63×3=12096
22	2011-03-16	27.4	AM 法（3 次）	64×63×3=12096
23	2011-03-17	25.0	AM 法（3 次）	64×63×3=12096
24	2011-03-18	21.4	AM 法（3 次）	64×63×3=12096
25	2011-03-19	18.0	AM 法（3 次）	64×63×3=12096

序号	采集日期/（y-m-d）	工作面距孔口距离/m	采集方法/（次数）	有效数据物理点数/个
26	2011-03-21	13.0	AM 法（3 次）	64×63×3=12096
27	2011-03-22	10.5	AM 法（3 次）	64×63×3=12096
28	2011-03-23	6.5	AM 法（3 次）	64×63×3=12096
29	2011-03-24	4.3	AM 法（3 次）	64×63×3=12096

4. 数据处理

1）观测电场数据解编

电法数据处理主要是先利用自编电法勘探系统解析软件进行数据解编—电流、电位奇异点剔除—多种装置数据提取—AGI 文件格式转换，然后将转换数据文件导入专用孔间电阻率透射 CT 成像软件进行数据反演，获得孔巷间岩层电阻率图像。

2）钻孔测试区域网格划分

根据稳定电流场的分布规律，结合直流电法观测系统布置情况，为获得合理有效测试区域内电阻率分布情况，需将探测区域划分成网格单元。在划分网格单元之前需建立合理的空间坐标。

为能直观表达成果图件，选取孔口于地面交点为坐标系原点，沿钻孔在水平投影方向为 X 正向，深度方向为 Y 轴负方向建立笛卡尔空间直角坐标系，依此可获得两测试钻孔内各供电测量电极坐标，其中孔口坐标为（$X=0$，$Y=0$）。

不均匀空间中，稳定电流场的传播路径具有不确定性，若电流线穿越的路径越不均匀，则需将路径网格划分越密；反之，若探测区域地质体较均匀，可适当减小划分网格数。但受网格划分单元大小及其密度影响，反演计算过程中会因网格数增加，计算所需时间较长，且其反演迭代收敛较慢甚至出现收敛程度较低，反而影响成像精度。

因此综合考虑反演计算精度和实际有效测试区域特点，本次探测网格划分时采用矩形网格方式，设计在两个钻孔之间划分网格单元较密，单元边长为 0.5m，共划分 120×60 个网格。

3）电阻率 CT 反演

孔巷间电阻率 CT 反演是利用 AGI 软件进行数据反演的。将经过预处理的电流电位数据体及其相应的坐标文件导入后选用孔间 ERT 方法，反演方法采用收敛程度较高的阻尼最小二乘法（Damped Least Squares），正演计算时利用测试区域内平均视电阻率（Avg. Apparent Resistivity）作为初始模型，通过有限元法（Finite Element Method）计算模型响应数据，获得初始模型正演视电阻率值，然后将该模拟计算视电阻率值与实测视电阻率值不断进行比较、拟合，最终使得正演计算值与实测值趋于一致或误差最小，此时各划分网格单元内的模型电阻率值便是反演电阻率值，提取并利用 Surfer 作图软件绘制可得孔巷间的电阻率等值线图。

由于煤层采动过程中上覆岩层的受力状态发生改变，其岩层电阻率值同样也发生变化，且随着采动进程会表现出不同特征。由于各个电极接触不同岩性，具有一定的耦合差异，且各个岩层电阻率值有所差异，因此，监测分析时采用视电阻率值的相对变化量来反映岩层变形与破坏情况。以电极耦合稳定后的背景视电阻率值为参照，将不同时间测试的视电阻率值与背景视电阻率相比，来反映煤层开采对顶底板岩层破坏的动态变化情况。

现场数据采集量大，现采用常规高密度温纳三极电阻率法处理与对比。将其计算结果采用 Surfer 软件成图，再对视电阻率图进行地质剖面图的叠加，以进一步解释。这样每天的监测图像可形成剖面进行对比，各图中采用统一色标，且以蓝色基调为低电阻率值，红色为高电阻率值，从而进行底板岩层变形与破坏的规律解释。

5. 孔间电阻率 CT 监测成果

1）背景电阻率

图 6.16 为底板岩层背景视电阻率成像结果剖面（2010 年 12 月 17 日观测，工作面距孔口 191m）。从图中可以看出，在回采工作面距监测范围较远时（离孔口 120m 以上），电阻率值总体较低小于 $150\Omega \cdot m$，其中泥岩段电阻率更低，小于 $40\Omega \cdot m$，而细砂岩和粉砂岩段电阻率值稍高为 $50\sim150\Omega \cdot m$，其地层岩性变化特征较为明晰，为后续煤层采动影响时岩层变形与破坏电阻率值对比提供了良好的基础。

为提高对岩层变形与破坏的电性差异的分辨率，对观测电阻率数据采用比值法进行计算，将每次测试值 ρ_i 与背景电阻率测试值 ρ_0 相比，即获得视电阻率异常系数：

$$\gamma = \frac{\rho_i}{\rho_0} \tag{6.3}$$

这样可以突出异常区，则 γ 大于或小于 1 的位置为电性异常区域。对每一次测试数据进行计算和对比，即可找出底板岩层变形与破坏规律。

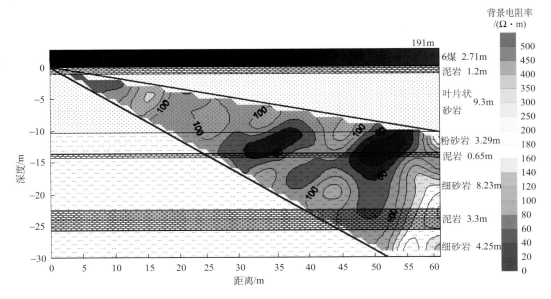

图 6.16 底板岩层钻孔视电阻率成像剖面图（背景值）

2）采动变化过程

2011 年 2 月 15 日至 3 月 24 日，工作面共推进 95.7m，平均推进速度为每天 2.52m 左右。井下共采集数据 29 次，由于采集数据量大，为了突出底板岩层受采动影响的变化特征，这里仅取其中 13 个关键位置视电阻率异常系数，形成的剖面图较好地表达了底板岩层电性参数的变化，其变化过程较明显。具体特征简述如下。

① 图 6.17a、b 为工作面推进至距孔口 100m 和 70.5m 处测试区域视电阻率异常系数剖面图。由图可知，在工作面推进至距孔口 70.5m 之前，工作面推进还没有进入监测区域，底部岩层整体视电阻率值基本没有变化，分析为未受采动影响。

② 随着工作面的推进，底部岩层视电阻率值开始发生变化。图 6.17c 为工作面推进至距孔口 62.2m 处测试区域视电阻率异常系数剖面图。由图可见，当工作面推进至距孔口 62.2m 处，视电阻率异常系数大于 1 的区域出现，表明局部电阻率值有所增加，其中在切眼前方附近底板岩层电阻率值较背景值显著增大，分析为采动应力超前效应引起。

③ 图 6.17d、e 为工作面推进至距孔口 57.4m 和 50.4m 处测试区域视电阻率异常系数剖面图。由图表明，局部视电阻率值继续增加，横向破坏显著，尤其在底板深度 14m 以浅的局部岩层变形与破坏特征相对明显。

④ 当工作面推进至距孔口 48m 时，底板岩层视电阻率异常系数发生变化，且随工作面的继续推进，岩层视视电阻率异常系数分化较为明显，如图 6.17f~m 所示。与背景电阻率测试值比较表明，岩层变形与破坏特征通过视电阻率异常系数增加的特征反映更为清晰，发生了巨大的变化，局部视电阻率异常系数达到 3 以上，其中在深度 14m 内的砂泥岩组成的亚关键层部位，视电阻率异常系数变化突出位置。

综上所述，煤层底板破坏的特征主要集中在深度 14m 左右的粉砂岩和泥岩分界线位置。

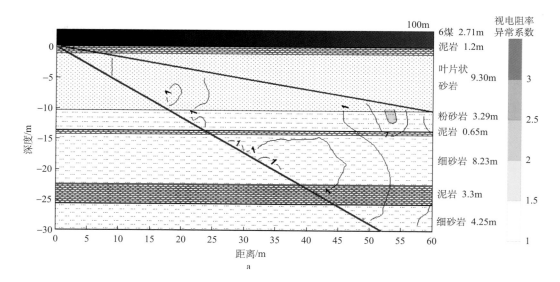

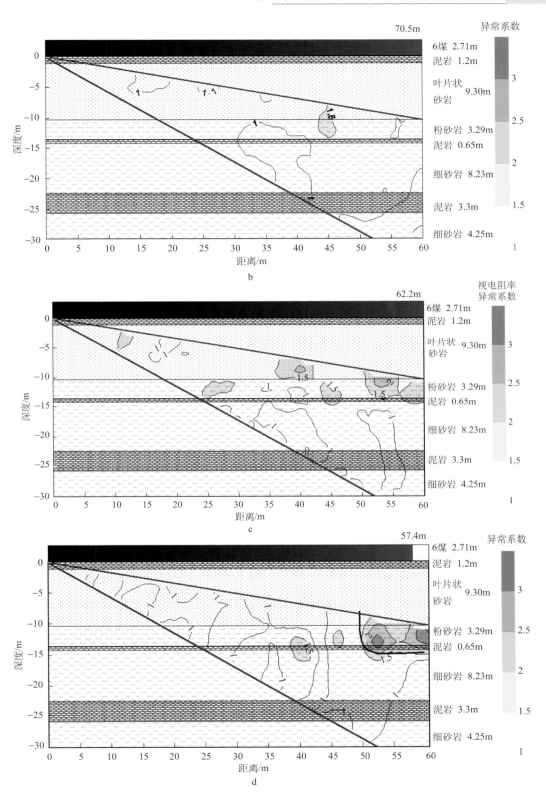

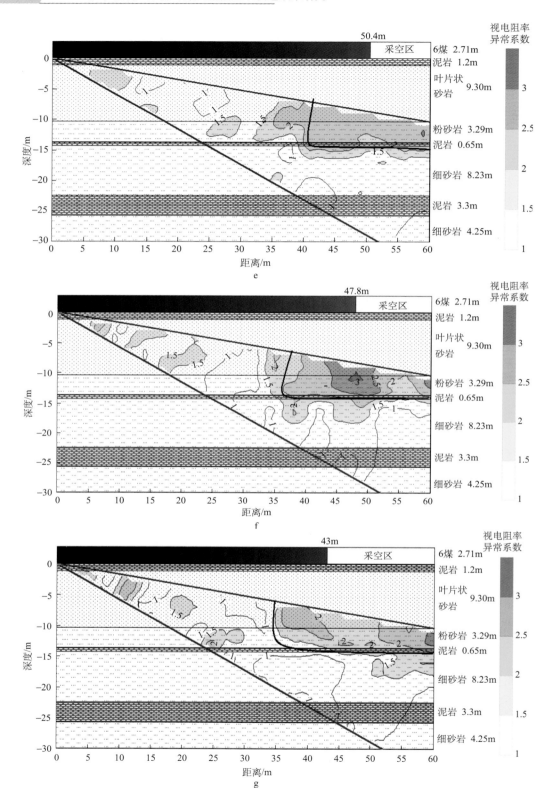

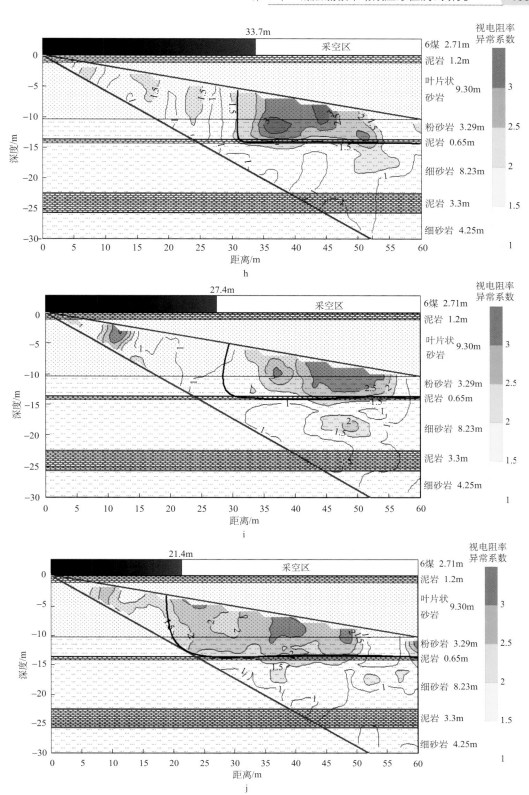

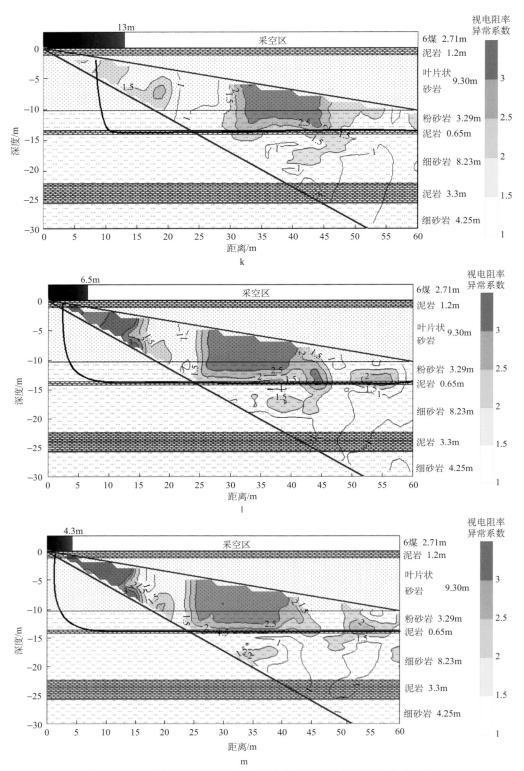

图 6.17   随工作面推进钻孔探测区域岩层视电阻率异常系数分布图

3）底板变形与破坏特征分析

受采动影响，煤层底板岩层发生变形和破坏，岩层破碎后向上进入采空区，岩石碎胀，电阻率值升高数倍以上。底板下部的岩层"弯曲变形带"内，岩层中较少有裂隙发育，但由于上部岩层破坏，其下部岩层会逐个向上弯曲变形，在岩层界面附近常有裂隙或真空离层发育，在离层裂隙发育阶段，视电阻率值明显升高，局部闭合后视电阻率值下降。

根据钻孔电法监测结果（图 6.17），对于探测区内的底板岩层变形与破坏过程可进行有效判断。工作面推进至距孔口 57.4m 与 4.3m 之间这一阶段，为底板岩层电阻率值变异分化相对集中、稳定的一个过程。随着推进距离的不断增加，工作面逐渐进入到钻孔剖面的主观测区段，因此对底板岩层的变形与破坏过程判定更为清楚。

结合岩层背景电阻率值大小，以及岩层变形与破坏过程中电阻率值的变化特征，可确定岩层破坏的电性判断标准。从电性参数比值剖面图中可知：底板下方 14m 内岩层视电阻率比值差异大，其变化达 1.0~3.0 倍左右，说明其电阻率的变化较背景值成倍发生，为裂隙发育所致，特别是底板深度 6~8m 以内，电阻率的比值多在 2.5~3.0 以上，可以看作为底板破坏强烈段；而底板下方 14m 以深的部分岩层，测试过程中视电阻率异常系数整体保持为 1 左右，局部稍有变化，可以看成未发生破坏区域。

由于目前对于底板破坏的"下三带"通常表述为底板破坏带、完整岩层带和承压水导高带。根据底板破坏岩层视电阻率异常系数典型特征，结合区域基本地质条件，分析认为：6 煤层开采过程中底板岩层变形与破坏的最大深度为 14m 左右，该段岩层视电阻率异常系数整体较高，基本上超过背景电阻率值 1.5 倍以上，有的甚至达到 3 倍以上，为典型的底板破坏带特征。

从底板破坏带与工作面位置关系来看（图 6.17），可以比较与分析底板破坏前缘与工作面位置的相对关系。底板破坏位置多表现出一定的超前工作面位置，超前距离为 0~10m，此超前距离的裂隙发育为采动应力的综合影响范围。

通过底板跨孔电法 CT 监测，结合工作面地质资料综合分析，认为：

① Ⅱ615 工作面 6 煤层开采过程中底板破坏带深度为 14m 左右，其中 8m 深度以内为岩层破坏裂隙特别发育范围。

② 煤层底板破坏存在一定距离的超前影响，该范围通常为 0~10m。

6.3.3　Ⅱ6112 工作面底板采动效应孔巷间电阻率 CT 法监测与分析

1. Ⅱ6112 工作面底板电阻率 CT 法现场施工技术与方法

1）钻孔位置

图 6.18 为实际监测工作面及其施工位置。在工作面机巷中专门设置钻场，施工底板钻孔电法探测系统，布置两个倾角不同的钻孔，进行钻孔间电法成像。

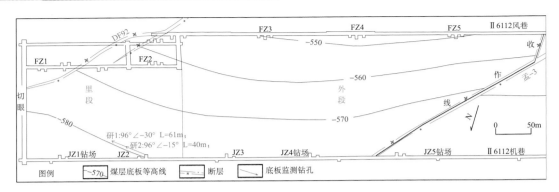

图6.18　Ⅱ6112工作面底板监测钻孔布置图

2）钻孔技术参数

钻孔施工的技术参数见表6.3。1#和2#探测孔均为俯角孔，两个钻孔在同一垂直剖面上，形成有效的探测与监测空间。

表6.3　现场监测钻孔参数表

孔号	与机巷夹角 /（°）	与煤层夹角 /（°）	孔径/mm	孔深/m	套管长度/m	钻孔控制范围
1#	30	俯15	91	40	7	控制垂高距煤层底板10.35m，平距38.63m
2#	30	俯30	91	61	7	控制垂高距煤层底板30.5m，平距45.75m

具体施工中，1#钻孔61m孔深下入电极长度57m，其控制垂高距离煤层底板为28.5m，控制平距为49.36m，结合钻探资料，该段共布置32个电极，电极间距为1.7m；2#钻孔中40m孔深下入电极长度32.5m，其控制垂高距离煤层底板为8.4m，控制平距为31.39m，该段共布置32个电极，电极间距为1.0m；两者所形成的探测区域完全满足孔间全电场电性参数采集及探测技术要求。图6.19为钻孔地质剖面及电极总体布置示意图。钻探设备、施工程序和技术要求与Ⅱ615工作面底板监测孔施工要求相同。

2. 现场数据采集

监测钻孔相关测试系统于2012年10月16日安装完毕，孔口位于F22点后32m机巷JZ2钻窝中。仪器监控站位于钻孔后10m处，并对测试电缆进行了有效保护。现场电极安装完毕后，首先将两孔中电极连接线按设计顺序接好，并布置好必要的电极电位参照点（无穷远极B极与N极）。待钻孔中水泥浆固结后，开始测量背景电阻率值。在回采工作面在监测钻孔孔口60m以内时，为监测灵敏阶段，回采工作面每推进约5m采集一次数据即可满足要求。为更好地观测采后底板破坏稳定情况，需将孔中电缆置入铁管内向外延伸20m，以保护电极电缆来观测工作面推过钻孔后的情况。

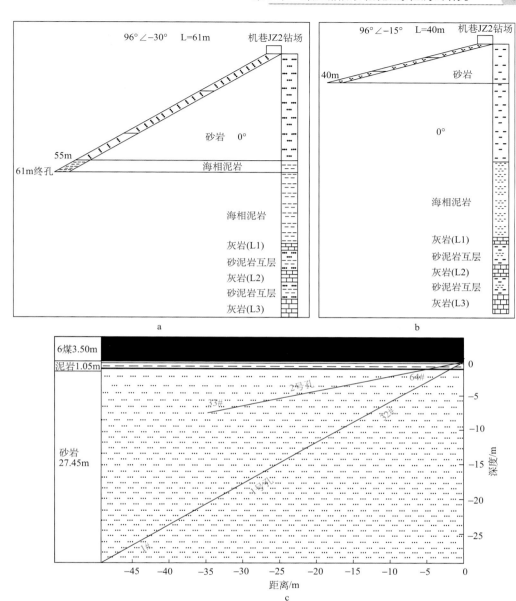

图 6.19　监测钻孔地质剖面和电极布置示意图

a.1#孔单孔施工柱状图；b.2#孔单孔施工柱状图；c.监测钻孔地质剖面图

2012 年 10 月 25 日第一次进行孔中电法数据采集，从 2012 年 11 月 17 日至 2012 年 12 月 2 日工作面回采至孔口 10m 处，完成了整个现场数据采集任务。表 6.4 对回采退尺与测试时间进行了统计，目的是通过与回采进度数据相结合，可进一步分析采动超前压力等基本特征。现场每天实际采集数据在三组以上，包括 0.5s~50ms AM 数据两组和 0.2s~100ms ABM 数据一组，目的是加强对数据采集有效性的验证。对于电阻率变化较大的时间，每天选取其中较为稳定的一组进行数据反演与解释，另两组作为对比参考。

监测过程中总共采集数据 16 个工作日，采集有效物理数据点数 129024 个。

表 6.4 监测孔电法数据采集情况表

序号	采集日期/（y-m-d）	工作面距孔口距离/m	采集方法/（次数）	有效数据物理点数/个
1	2012-10-25	160	AM 法（2 次）	64×63×2=8064
2	2012-11-17	57	AM 法（2 次）	64×63×2=8064
3	2012-11-19	53	AM 法（2 次）	64×63×2=8064
4	2012-11-20	49.2	AM 法（2 次）	64×63×2=8064
5	2012-11-21	43	AM 法（2 次）	64×63×2=8064
6	2012-11-22	37.5	AM 法（2 次）	64×63×2=8064
7	2012-11-23	33	AM 法（2 次）	64×63×2=8064
8	2012-11-24	29	AM 法（2 次）	64×63×2=8064
9	2012-11-25	26	AM 法（2 次）	64×63×2=8064
10	2012-11-26	23	AM 法（2 次）	64×63×2=8064
11	2012-11-27	20	AM 法（2 次）	64×63×2=8064
12	2012-11-28	17.5	AM 法（2 次）	64×63×2=8064
13	2012-11-29	16.5	AM 法（2 次）	64×63×2=8064
14	2012-11-30	14.5	AM 法（2 次）	64×63×2=8064
15	2012-12-01	12	AM 法（2 次）	64×63×2=8064
16	2012-12-02	10	AM 法（2 次）	64×63×2=8064

3. 数据处理

数据处理方法与 Ⅱ615 工作面底板测试数据处理方法相同，钻孔测试区域网格划分不同，综合考虑反演计算精度和实际有效测试区域特点，本面探测网格划分时采用矩形网格方式，设计在两个钻孔之间划分网格单元较密，单元边长为 0.5m，共划分 99×57 个网格。

4. 孔间电阻率 CT 监测成果

1）背景电阻率

图 6.20 为 2012 年 11 月 17 日测试的底板岩层视电阻率成像结果剖面。

从图 6.20 剖面图中可以看出，在回采工作面距监测范围较远时（离孔口 57m 以上），电阻率值总体在 $50\sim250\,\Omega\cdot m$，可以作为背景电性剖面，为后续采动影响对比提供基础。

2）采动变化过程

2012 年 11 月 17 日至 12 月 2 日，这段时间内工作面共推进 47m，平均推进速度为每天 2.94m 左右。为了突出底板岩层受采动影响的变化特征，将每天的视电阻率测试分布与电阻率背景值作比较，后期的视电阻率值剖面图较好地表达了底板岩层电性参数的变化，其变化过程明显。

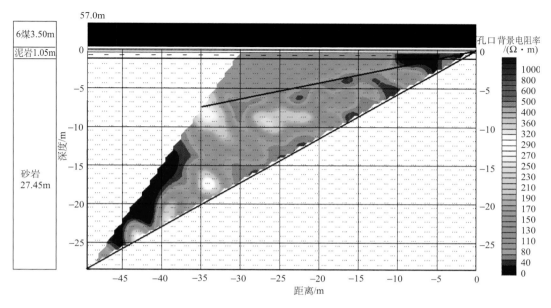

图 6.20　回采工作面距监测孔孔口 57m 处钻孔视电阻率成像剖面图（背景值）

① 在工作面回采距孔口距离由 53m 推进至 49.2m，工作面刚推进到监测区域，底部岩层整体视电阻率值基本没有变化，视电阻率剖面见图 6.21a、b，分析为未受采动影响。

② 随工作面推进，在距孔口距离 33.0m 之前，底板局部视电阻率值有所增加，其中在工作面前方附近底板岩层电阻率值较背景值显著增大，视电阻率剖面见图 6.21c~e，分析为采动应力超前效应引起，其超前距离达到 10m 左右。

③ 随工作面的继续推进，在距孔口距离 23.0m 之前，电阻率值继续增加，横向裂隙破坏显著，尤其在底板深度 14.5m 以浅的局部岩层变形与破坏特征相对明显，视电阻率剖面见图 6.21f~h。

④ 在工作面推进距孔口距离小于 23.0m 以后，岩层视电阻率分化较为明显，视电阻率剖面见图 6.21i~n，与背景视电阻率测试值比较表明，岩层变形与破坏特征通过视电阻率值增加的特征反映更为清晰，发生了巨大的变化，局部视电阻率值达到 $1000\Omega\cdot m$ 以上，其中在深度 14.5m 内的砂泥岩组成的亚关键层部位，视电阻率值变化相对突出。

3）底板变形与破坏特征分析

受采动影响，煤层底板岩层发生变形和破坏，岩层破碎后向上进入采空区，岩石碎胀，电阻率值升高数倍以上。底板下部的岩层"弯曲变形带"带内，岩层中较少有裂隙发育，但由于上部岩层破坏，其下部岩层会逐个向上弯曲变形，在岩层界面附近常有裂隙或真空离层发育，在离层裂隙发育阶段，视电阻率值明显升高，局部闭合后视电阻率值下降。

根据 2012 年 11 月 17 日至 12 月 2 日钻孔电法监测结果（图 6.21），对于探测区内的底板岩层变形与破坏过程可进行有效判断。2012 年 11 月 17 日至 12 月 2 日这一阶段为底板岩层电阻率值变异分化相对集中、稳定的一个过程。随着推进距离的不断增加，

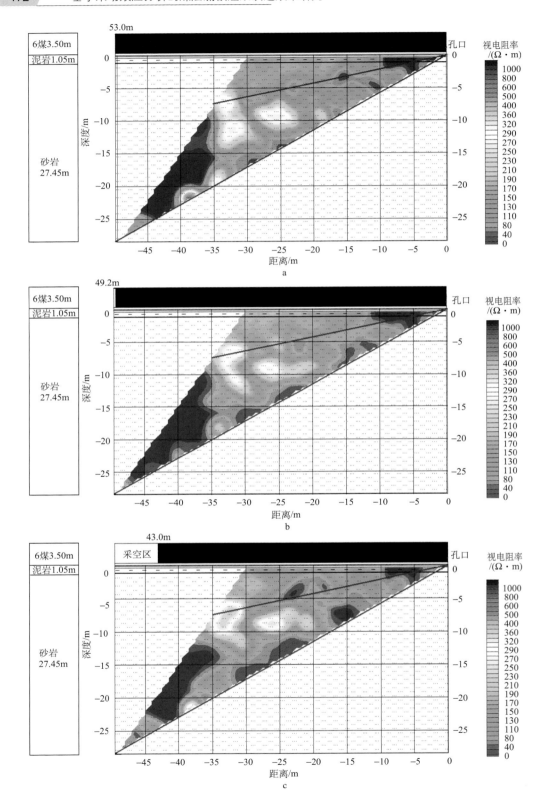

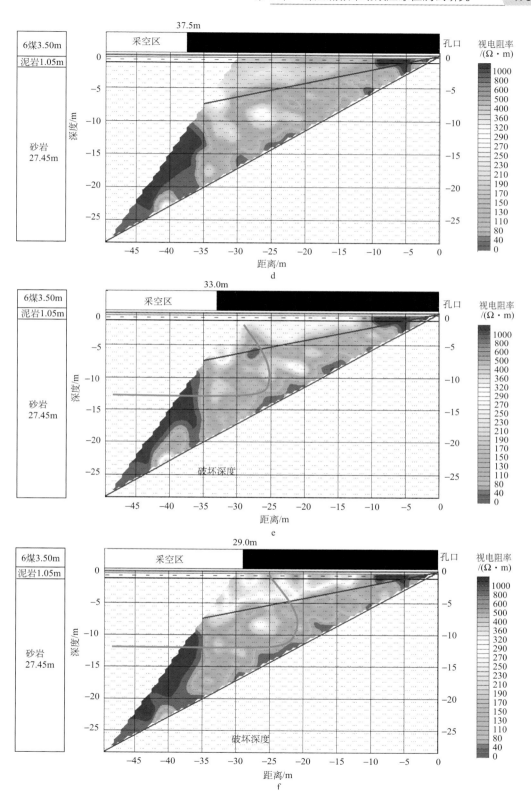

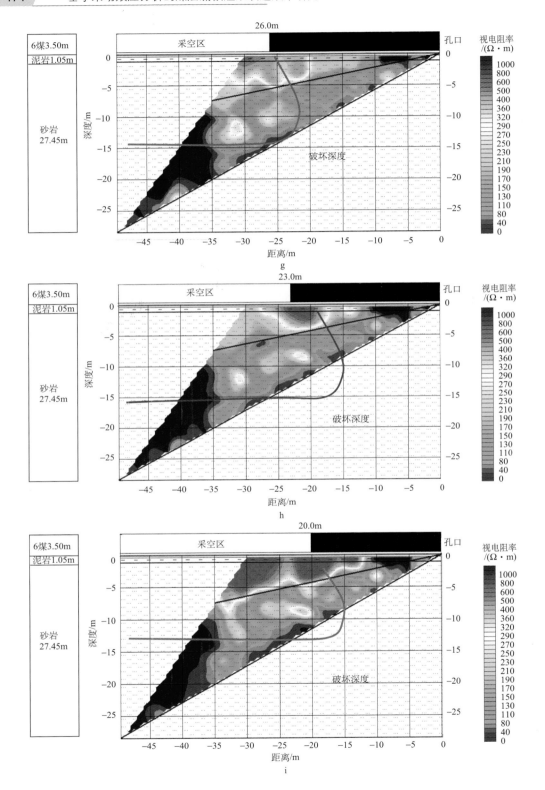

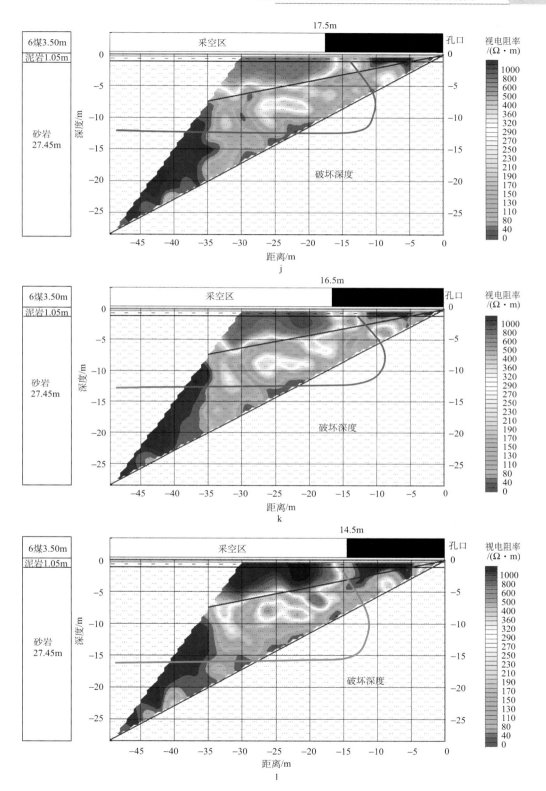

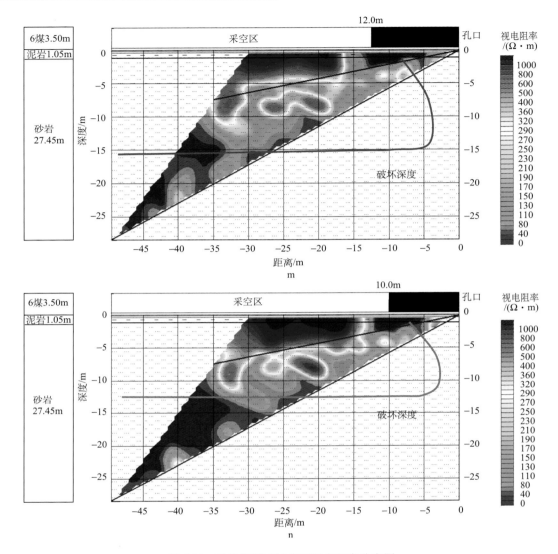

图 6.21 钻孔探测区域岩层视电阻率分布图

工作面逐渐进入到钻孔剖面的主观测区段，因此对底板岩层的变形与破坏过程判定更为清楚。

结合岩层背景电阻率值大小，以及岩层变形与破坏过程中电阻率值的变化特征，可确定岩层破坏的电性判断标准。从电性参数比值剖面图中可知：底板下方 14.5m 内岩层视电阻率值差异大，其变化达 1.0~3.0 倍左右，说明其电阻率的变化较背景值成倍发生，为裂隙发育所致，特别是底板深度 6~8m 以内，电阻率的比值多在 2.5~3.0 以上，可以看作为底板破坏强烈段；而底板下方 14.5m 以深的岩层，测试过程中电阻率值整体保持不变，局部稍有变化，可以看成未发生破坏区域。

根据底板破坏岩层视电阻率值典型特征，结合区域基本地质条件，分析认为：该面

6 煤层开采过程中底板岩层变形与破坏的最大深度为 14.5m 左右，该段岩层电阻率值整体较高，基本上超前背景电阻率值 1.5 倍以上，有的甚至达到 3 倍以上，为典型的底板破坏带特征。

从底板破坏带与工作面位置关系来看（图 6.21），从 2012 年 11 月 17 日到 12 月 2 日，可以比较与分析底板破坏前缘与工作面位置的相对关系。底板破坏位置多表现出一定的超前工作面位置，超前距离为 0~10m，此超前距离的裂隙发育为采动应力的综合影响范围。

6.4　注浆前后工作面底板采动效应探测结果评价

6.4.1　注浆与非注浆工作面底板采动变形破坏深度

1. 注浆底板工作面底板采动效应特征

通过底板跨孔电法 CT 监测，结合工作面地质资料综合分析，得出注浆底板工作面底板采动效应特征为：

① Ⅱ615 工作面 6 煤层开采过程中底板破坏带深度为 14m，该段岩层电阻率比值整体较高，基本上超前背景电阻率值 1.5 倍以上，有的甚至达到 3 倍以上，为典型的岩层破坏特征，其中 8m 深度以内为岩层破坏裂隙特别发育范围。最大破坏深度与工作面宽度的比值为 0.065。

② Ⅱ6112 工作面 6 煤层煤厚 3.5m，开采过程中底板破坏带深度为 14.5m，该段岩层电阻率值整体较高，基本上超前背景电阻率值 1.5 倍以上，有的甚至达到 3 倍以上，为典型的岩层破坏特征，其中 8m 深度以内为岩层破坏裂隙特别发育范围。最大破坏深度与工作面宽度的比值为 0.081。

③ 煤层底板破坏存在一定距离的超前影响，该范围通常为 0~10m。

2. 非注浆底板工作面底板采动效应特征

通过底板震波 CT 监测，结合工作面地质资料综合分析，得出非注浆底板工作面底板采动效应特征为：

① Ⅱ614 工作面在综采条件下，其煤层底板采动破坏分带特征明显，呈"两带"分布，其中底板岩层破坏带在 0~9.8m 范围，而裂隙发育带在 9.8~14.9m 范围，岩层中垂直裂隙与横向裂隙发育特征明显。

② 结合工作面推进情况综合分析，可得出煤层开采过程中采动应力超前的规律，该工作面采动条件下，超前应力在 10~16m 范围内。

注浆与非注浆工作面采动底板破坏带深度对比如表 6.5 所示。

6.4.2　注浆与未注浆工作面底板采动变形破坏深度差异性分析与注浆效果评价

Ⅱ615、Ⅱ6112 工作面与 Ⅱ614 工作面底板监测结果相比，底板破坏均存在分带性，但探测的底板破坏深度存在差异，如表 6.5 所示。

表 6.5   恒源矿井底板注浆前后破坏深度探测对比表

工作面名称	标高/m	宽度/m	开采方式	底板破坏深度/m		备注
				强破坏带	裂隙带	
Ⅱ615	−430~−460	213	综采	8.0	14.0	注浆
Ⅱ6112	−560~−580	133~178	综采	8.0	14.5	注浆
Ⅱ614	−430~−460	130~190	综采	9.8	14.9	非注浆

  三个工作面地质与水文地质条件基本相似,均采用综采技术,但各个面的几何参数不同,根据"三下"采煤规程给出的底板破坏深度计算公式(国家煤炭工业局,2000),预计Ⅱ615、Ⅱ6112 与Ⅱ614 工作面底板破坏深度分别为:24.45m、21.70m 和 21.97m,煤层倾角相近(3°~16°)取 10°。正常(未注浆)情况下,Ⅱ615、Ⅱ6112 工作面底板破坏深度比Ⅱ614 工作面底板破坏深度大,但测试结果表明,注浆后工作面底板破坏深度减小了,说明底板注浆加固与含水层注浆改造对抑制底板破坏有较显著的效果。

  我国煤矿的观测结果表明,底板带动破坏过程主要取决于工作面的矿压作用,其影响因素有开采深度、煤层倾角、煤层开采厚度、工作面长度、开采方法和顶板管理方法等。其次是底板岩层的抗破坏能力,主要包括岩石强度、岩层组合及原始裂隙发育状况等。同样的开采条件和开采工艺,底板岩层的工程地质条件对底板破坏深度有较好的控制作用(李运成,2006;吴基文等,2011)。开滦赵各庄矿和新汶华丰煤矿的底板采动破坏实测资料揭示了这种特征(高延法等,1999;李兴高,2000)。开滦赵各庄矿 1237 试采面回采 12 槽煤,煤层平均厚度 10m,赋存稳定,倾角一般为 26°,采面斜长 200m,平均走向长 185m。采用倾斜分层走向长壁采煤法,采高 2.0~2.2m,共分五个分层开采,底板岩层如图 6.22 所示。

真厚/m	岩层倾角/(°)	柱状	岩石名称	岩性描述
	28		煤	12S(未见顶板)
1.60	28		粉砂岩	灰色、泥质胶结
6.73	28		粉砂岩	灰色、泥质胶结
0.80	28		煤	12、1/2S
2.33	28		粉砂岩	灰色、泥质胶结细砂岩
5.50	28		粉砂岩	灰色、泥质胶结
1.20	28		泥灰岩	灰色、泥质胶结
0.10	28		煤	13S
1.11	28		粉砂岩	泥质胶结
22.24	28		粗砂岩	硅质胶结,石英为主
4.27	28		细砂岩	灰色、泥质胶结
3.50	28		粗砂岩	灰色(青灰)、硅质胶结
5.80	28		粉砂岩	灰色、泥质胶结

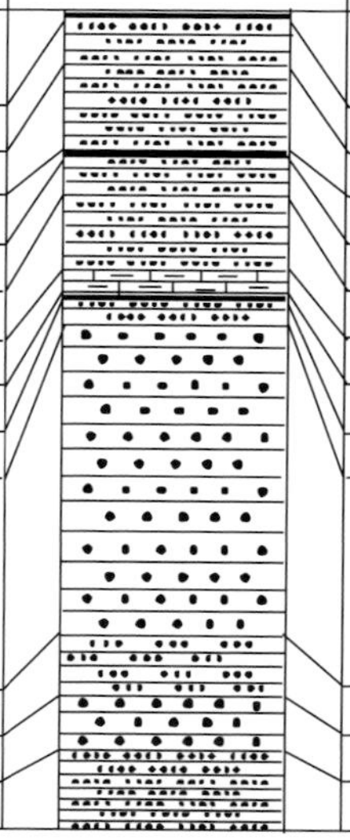

图 6.22   1237 工作面底板岩层柱状图

采用注水法确定该面第一分层开采的底板采动影响深度为 19m，上部较软弱地层全部破坏，且此位置正是底板坚硬粗砂岩的顶界，说明该层砂岩抑制了底板采动变形向深部的进一步扩展。

与赵各庄矿情况不同，新汶华丰煤矿 41303 工作面 13 煤层底板中、上部岩层以较坚硬的中砂岩、粉砂岩为主（图 6.23），实测底板采动影响深度在裂隙较发育部位为 10.3~13.6m，完整岩层处底板采动破坏深度很小。

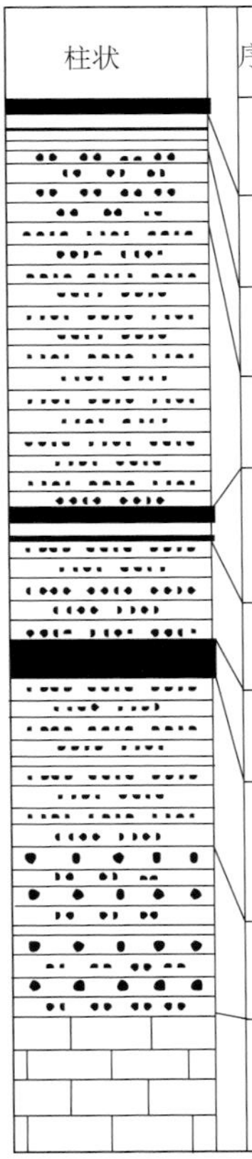

柱状	序号	真厚/m	累厚/m	岩性描述
	1	0.94		煤13:本区的首采煤层
	2	0.50	1.44	煤14及夹石:煤层0.23，上部夹层厚0.27
	3	2.50	3.94	中砂岩:灰白色中粒砂岩
	4	19.53	23.17	粉砂岩:灰黑色粉砂岩含层状钙质结核
	5	1.52	24.99	煤15:顶板局部为泥灰岩，中间夹厚约0.3m灰白色黏土岩
	6	5.98	30.97	粉砂岩:灰黑色粉砂岩
	7	1.94	32.91	煤16
	8	13.5	46.41	粉砂岩:灰色、黑色粉砂岩，中间夹厚约0.2m的燧石
	9	6.90	52.41	中砂岩:灰白色中粒、粗粒砂岩互层
	10	7.90	59.41	徐灰:黄灰色含砂质及燧石，厚度变化大

图 6.23　41303 工作面地层柱状图

综上所述，工作面底板经注浆加固和含水层改造后，底板岩层强度增加，隔水层厚度加大，完整性提高，抗水压能力和抗破坏能力显著提升，底板采动破坏深度明显减小，提高了承压水体上煤层开采的安全性。

第7章　煤层底板注浆改造效果数值模拟研究

7.1　计算程序简介

本书选用 FLAC^{3D} 数值计算软件模拟分析注浆前、后煤层底板采动效应特征及其差异性。FLAC^{3D}（Fast Lagrangian Analysis of Continua in Three-Dimensions）是由美国 Itasca 公司开发的三维显式有限差分计算程序（龚纪文等，2002；刘波、韩彦辉，2005；陈育民、徐鼎平，2008），它可以模拟岩土或其他材料的三维力学行为，特别是材料达到屈服极限后产生的塑性流动。FLAC^{3D} 将计算区域划分为若干六面体单元，每个单元在给定的边界条件下，遵循指定的线性或非线性应力—应变关系产生力学响应。由于 FLAC^{3D} 程序主要是为岩土工程应用而开发的岩石力学计算程序，程序中包括了反映地质材料力学效应的特殊计算功能，可计算地质类材料的高度非线性（包括应变硬化/软化）、不可逆剪切破坏和压密、黏弹（蠕变）、孔隙介质的应力-渗流耦合、热-力耦合以及动力学行为等。FLAC^{3D} 程序设有多种本构模型：各向同性弹性材料模型、横观各向同性弹性材料模型、摩尔-库仑弹塑材料模型、应变软化/硬化塑性材料模型、双屈服塑性材料模型、遍布节理材料模型和空单元模型，可用来模拟地下硐室的开挖和煤层开采。

另外，程序设有界面单元，可以模拟断层、层理、节理和摩擦边界的滑动、张开和闭合行为（唐东旗等，2006）。支护结构，如衬砌、锚杆、可缩性支架或板壳等与围岩的相互作用也可以在 FLAC^{3D} 中进行模拟（谢和平等，1999；康红普，1999）。同时，用户可根据需要在 FLAC^{3D} 创建自己的本构模型，进行各种特殊修正和补充。

FLAC^{3D} 程序建立在拉格朗日算法基础上，特别适合模拟大变形和扭曲。FLAC^{3D} 采用显式算法来获得模型全部运动方程（包括内变量）的时间步长解，从而可以跟踪材料的渐进破坏和垮落，这对研究采矿设计是非常重要的。FLAC^{3D} 程序具有强大的后处理功能，用户可以直接在屏幕上绘制或以文件形式创建和输出打印多种形式的图形。使用者还可根据需要，将若干个变量合并在同一幅图形中进行研究分析。

7.2　注浆前后煤层底板采动效应数值模拟

7.2.1　计算模型构建

根据资源勘探和井下探查钻孔实际揭露资料，恒源煤矿 6 煤层底至一灰间厚度在 38.02~70.13m 之间，厚度差异较大，为了考虑不同厚度底板结构特征对采动效应的影响，本次模拟建立了煤层底板厚度为 40m、50m 和 60m 三种模型；考虑注浆加固后岩体强度提高对采动效应的影响，建立了底板厚度 50m，底板强度提高 10%和 20%两种模型；考虑注浆套管的加筋作用，建立了底板厚度 50m、强度提高 10%底板加桩结构模型。各种地质模型的基本特征见表 7.1。

本次模型中的岩层设计为水平结构，模型建成长 x 为 550m，宽 y 为 290m，底板厚度 40m 和 50m 模型高 z 为 100m，底板厚度 60m 模型高度 z 为 110m。地质模型见图 7.1。各计算模型岩层柱状结构特征及厚度与分层情况见表 7.2、表 7.3、表 7.4。采用 Mohr-Coulomb 塑性本构模型和 Mohr-Coulomb 屈服准则。

表 7.1　煤层底板地质模型分类表

类型	亚类	底板岩性	底板厚度/m	强度特征
厚度模型	A1	上部砂泥互层段，下部海相泥岩段	40	原岩强度
	A2	上部砂岩段，下部海相泥岩段	50	原岩强度
	A3	上部砂岩段，中部砂泥互层段，下部海相泥岩段	60	原岩强度
强度模型	B1	上部砂岩段，下部海相泥岩段	50	强度提高 10%
	B2	上部砂岩段，下部海相泥岩段	50	强度提高 20%
加筋模型	C1	上部砂岩段，下部海相泥岩段	50	强度提高 10%，加套管结构

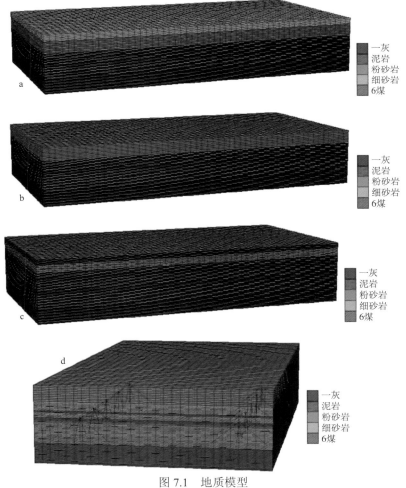

图 7.1　地质模型

a.底板厚 40m 地质模型；b.底板厚 50m 地质模型；c.底板厚 60m 地质模型；
d.底板厚 50m 加套管地质模型（图中黑色为套管）

　　不同水平因素可通过模型顶面面力的增加实现。模型上边界作用上覆岩层的自重应力，底板作用有承压水压力。在模型的建立过程中，为消除左右边界的边界效应，将采空区放置在模型的中间，同时采空区两侧留取足够宽度的岩柱，本次两侧各留设 35m 岩柱，开切眼距模型边界留设 50m 煤柱。

表 7.2　底板厚度 40m 模型岩层柱状参数

序号	岩性	厚度/m	网格分层数
1	石灰岩	3	3
2	泥岩	23	23
3	粉砂岩	6	6
4	泥岩	2	2
5	细砂岩	8	8
6	泥岩	1	1
7	煤层（6 煤）	3	3
8	泥岩	4	4
9	细砂岩	3	3
10	粉砂岩	3	3
11	泥岩	3	3
12	粉砂岩	10	10
13	泥岩	20	10
14	粉砂岩	11	5

表 7.3　底板厚度 50m 模型岩层柱状参数

序号	岩性	厚度/m	网格分层数
1	石灰岩	3	3
2	泥岩	23	23
3	细砂岩	9	9
4	粉砂岩	11	11
5	细砂岩	5	5
6	粉砂岩	1	1
7	煤层（6 煤）	3	3
8	泥岩	4	4
9	细砂岩	3	3
10	粉砂岩	3	3
11	泥岩	3	3
12	粉砂岩	10	10
13	泥岩	22	10

表 7.4　底板厚度 60m 模型岩层柱状参数

序号	岩性	厚度/m	网格分层数
1	石灰岩	3	3
2	泥岩	21	21
3	细砂岩	9	9
4	粉砂岩	3	3
5	细砂岩	9	9
6	粉砂岩	4	4
7	泥岩	7	7
8	粉砂岩	4	4
9	细砂岩	4	4
10	粉砂岩	2	2
11	细砂岩	3	3
12	粉砂岩	2	2
13	煤矿（6 煤）	3	3
14	泥岩	3	3
15	细砂岩	3	3
16	粉砂岩	3	3
17	泥岩	3	3
18	粉砂岩	13	10
19	泥岩	10	10

7.2.2　计算参数选取

在 5.1.7 节中已经计算出注浆前后岩体参数的换算系数，砂岩段为 1.25，泥岩段为 1.04，即注浆前砂岩段的参数乘以 1.25 为注浆后砂岩段参数；注浆前泥岩段参数乘以 1.04 为注浆后泥岩段参数。由于一灰强度和结构同细砂岩相当，因此注浆后 6 煤底板的一灰参数也乘以 1.25；注浆前各岩性段的泊松比除以相应的系数作为注浆后的泊松比；注浆前后 6 煤顶板岩体参数没有发生改变；由于注浆对岩体的容重基本没有影响，所以注浆后岩体的容重没有发生改变。表 7.5 为注浆前地质模型的物理力学参数，表 7.6 是注浆后的各岩层的平均物理力学参数。

表 7.5　注浆前煤层顶底板岩体物理力学参数

序号	岩石名称	容重/（kg/cm^2）	弹模/MPa	泊松比	内聚力/MPa	抗拉强度/MPa	内摩擦角/（°）
1	粉砂岩	2.63	2700	0.13	4.5	2.30	38
2	泥岩	2.62	710	0.35	2.2	1.64	28
3	细砂岩	2.64	3700	0.10	5.7	3.40	42
4	煤（6 煤）	1.40	300	0.35	1.0	0.15	25
5	石灰岩（一灰）	2.75	4200	0.11	7.1	4.20	38

表 7.6   注浆后煤层顶底板岩体物理力学参数

序号	岩石名称	容重 /（kg/cm²）	弹模 /MPa	泊松比	内聚力 /MPa	抗拉强度 /MPa	内摩擦角 /（°）
1	煤（6 煤）	1.40	300	0.35	1.00	0.15	25
2	粉砂岩	2.63	3375	0.10	5.63	2.88	48
3	细砂岩	2.64	4625	0.08	7.13	4.25	53
4	泥岩	2.62	738	0.36	2.29	1.71	29
5	石灰岩（一灰）	2.75	5250	0.09	8.88	5.25	48

7.2.3   计算方案与模拟计算过程

采动效应问题的研究主要包括煤层底板的破坏深度、底板变形以及采动底板应力分布特征，本次以矿井不同底板厚度区域工程地质特征为基础，分析研究了不同水平，不同底板结构的地质模型及其底板破坏状态、应力分布、底板位移。

考虑恒源煤矿开采范围主要集中在二水平，该水平范围在−400~−600m 深度之间，所以选择−400m 和−600m 两种水平分别进行模拟计算。模拟开挖时，切眼宽度 220m，初次来压 30m，周期来压 20m，顶板自由垮落充填。

根据模型的几何尺寸划分计算网格，给相应层位岩体赋予煤岩物理力学参数，建立数值计算模型。计算前按模型所在的深度施加荷载（自重荷载和承压水压力），并对模型的侧面和底面提供约束。计算时首先根据模拟的条件构成初始应力场，岩体垂直应力 σ_z 按岩体自重（$\sigma_z = \lambda H$）计算；岩层的水平应力 σ_x、σ_y 根据岩体泊松效应计算（$\sigma_x = \sigma_y = 0.33\sigma_z$）；最后模拟不同模型在相同开采条件下的底板破坏特征、底板变形量和应力分布特征。

7.2.4   模拟结果分析

1. 底板破坏深度分析

1）底板隔水层厚度的影响

由于初次来压前，控顶距最大，破坏深度最大，所以考虑开挖 30m 时底板破坏情况。底板采动塑性破坏图如图 7.2 所示。模拟结果为−400m 水平，底板厚度 40m、50m、60m 的最大破坏深度分别为 13m，11m，12m；−600m 水平，不同厚度底板的最大破坏深度为 17m，14m，15m。

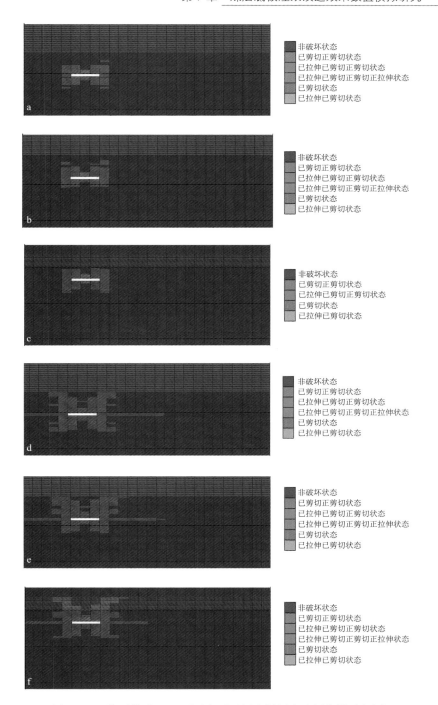

图 7.2　工作面推进 30m 不同水平不同底板厚度底板塑性破坏图

a. –400 水平，底板厚度 40m 底板塑性破坏图；b. –400 水平，底板厚度 50m 底板塑性破坏图；c. –400 水平，底板厚度 60m
底板塑性破坏图；　d. –600 水平，底板厚度 40m 底板塑性破坏图；e. –600 水平，底板厚度 50m 底板塑性破坏图；f. –600
水平，底板厚度 60m 底板塑性破坏图

从图 7.2 中可以看出，底板破坏深度不仅与底板厚度有关，同时与底板埋深及底板岩体结构组合有关。总体表现为破坏深度随埋深的增加而增加，如图 7.3 所示；但是底板厚度 50m 破坏深度较小，对比模型柱状可以看出，底板破坏深度与粉砂岩、细砂岩互层厚度有关，并不是单一与底板厚度成正相关关系。

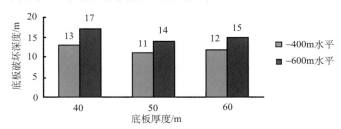

图 7.3　不同水平不同底板厚度底板破坏深度变化趋势图

2）底板强度的影响

随强度增加底板塑性破坏数值模拟结果见图 7.4。

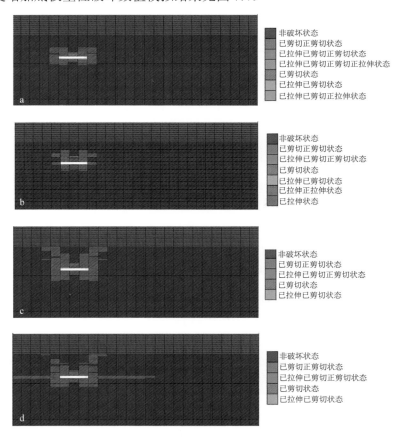

图 7.4　工作面推进 30m 不同水平不同强度底板厚度 50m 时底板塑性破坏图

a. −400 水平，底板强度提高 10%底板塑性破坏图；b. −400 水平，底板强度提高 20%底板塑性破坏图；c. −600 水平，底板强度提高 10%底板塑性破坏图；d. −600 水平，底板强度提高 20%底板塑性破坏图

数值模拟结果显示，对于底板厚度 50m，–400m 水平条件下，当底板强度提高 10% 时，底板破坏深度为 7m，当底板强度提高 20% 时，底板破坏深度为 6m；在 –600m 水平条件下，底板破坏深度为 11m；当底板强度提高 20% 时，底板破坏深度为 9m。模拟结果表明，注浆之后，随底板整体强度的提高，底板破坏深度将逐渐减小。

3）考虑注浆套管的加筋作用

为模拟实际注浆套管所起的加筋作用，在模型工作面切眼沿推进方向布置锥形套管，为接近实际效果，布置原则按照套管长度 30m，锥形半径 35m，钻窝间距 80m 依次布置。考虑到套管影响，本次选取两钻窝之间为一个周期，观察一个周期内的底板破坏情况，推进 110m，模型底板厚度为 50m。底板塑性破坏数值模拟结果见图 7.5。

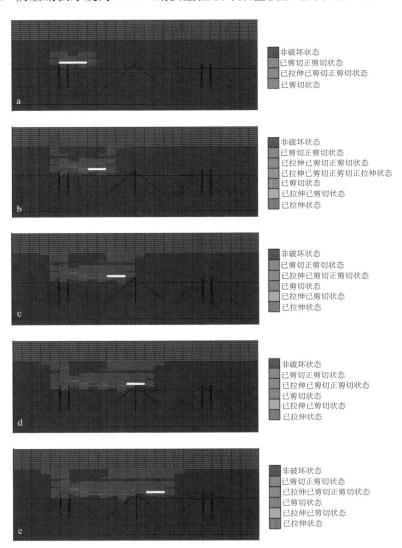

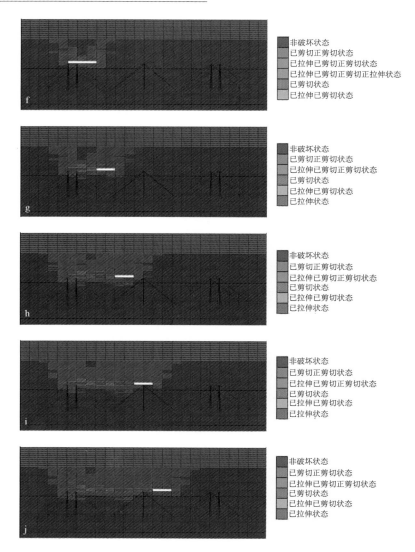

图 7.5　不同水平不同推进步距注浆加筋底板塑性破坏图

a. –400 水平，推进 30m 底板塑性破坏图；b. –400 水平，推进 50m 底板塑性破坏图；c. –400 水平，推进 70m 底板塑性破坏
图；d. –400 水平，推进 90m 底板塑性破坏图；e. –400 水平，推进 110m 底板塑性破坏图；f. –600 水平，推进 30m 底板塑
性破坏图；g. –600 水平，推进 50m 底板塑性破坏图；h. –600 水平，推进 70m 底板塑性破坏图；i. –600 水平，推进 90m 底
板塑性破坏图；j. –600 水平，推进 110m 底板塑性破坏图

从图 7.5 中可以看出，在考虑底板强度整体提高的基础上再考虑套管的加筋作用，
即模拟桩结构类型，底板破坏深度较只提高强度进一步减小。推进一个周期内，底板破
坏深度具有一定规律，以 –600m 水平为例，随着工作面推进不同步距，底板破坏深度分
别为 6m、7m、10m、10m、6m，可以看出当工作面推过一个钻窝时，底板破坏深度和
初次来压时相同，周期变化，底板注浆加固对底板破坏深度的减小有较为理想的效果。

2. 周期来压期间底板岩层的应力状态

对于上述几种模型，选取–600m 水平，对未注浆改造底板与注浆加筋底板进行对比，分析底板在注浆加固改造之后，在采动影响下，底板应力的变化情况。

图 7.6 为–600m 水平注浆前后不同推进步距底板垂向应力云图。从图 7.6 中可以明显看出，未注浆条件下，煤层开采之后，煤层底板应力减小，即在采空区范围出现卸压现象，随着工作面的不断向前推进，底板卸压范围逐渐变大，如图 7.6a~e 中的底板浅色范围应力较深色小，随着推进，底板应力减小区范围逐渐扩大，底板应力松动明显；在注浆加套管条件下，煤层开采之后虽然底板也有一定的卸压范围，但是与同一推进步距条件下的未注浆底板条件相比，卸压范围明显减小，底板浅色区范围有明显的缩小趋势（图 7.6f~j）。

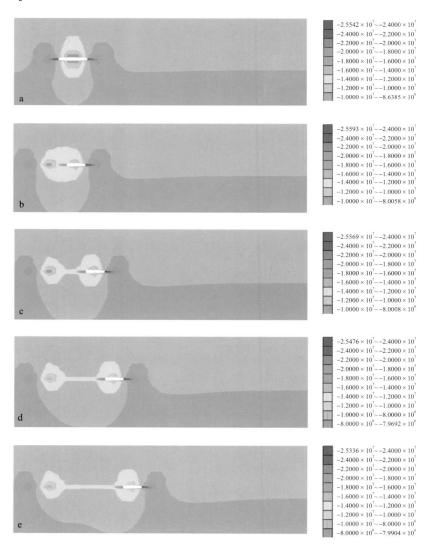

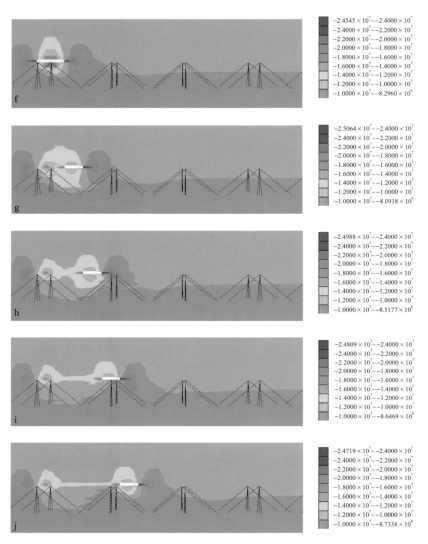

图 7.6 −600m 水平注浆前后不同推进步距底板垂向应力云图

a.未注浆条件，推进 30m 底板垂向应力云图；b.未注浆条件，推进 50m 底板垂向应力云图；c.未注浆条件，推进 70m 底板垂向应力云图；d.未注浆条件，推进 90m 底板垂向应力云图；e.未注浆条件，推进 110m 底板垂向应力云图；f.注浆条件，推进 30m 底板垂向应力云图；g.注浆条件，推进 50m 底板垂向应力云图；h.注浆条件，推进 70m 底板垂向应力云图；i.注浆条件，推进 90m 底板垂向应力云图；j.注浆条件，推进 110m 底板垂向应力云图（黑色线段为套管）

　　本次选取工作面推进 90m 时，对底板应力进行了监测，结果如图 7.7 所示，从图 7.7 中可以看出，注浆后底板应力较注浆前明显提高，说明在注浆加套管之后，底板松动范围变小，底板整体性明显提高，煤层底板注浆加固对底板破坏起到了很好的抑制效果，注浆成效显著。

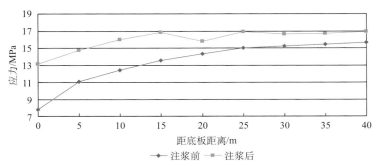

图 7.7　推进 90m 注浆前后底板应力监测图

3. 周期来压期间底板岩层的位移特征

同样选取–600m 水平为研究对象。煤层开采之后，采空区底板位移出现正值，代表底板底鼓现象。未注浆底板条件下，初次来压时最大底鼓量为 7.2cm，随着工作推进，周期来压时，采空区逐渐被压实，底鼓量逐渐减小，减小到 5cm 以下；注浆加固底板条件下，初次来压前最大底鼓量为 3.17cm，较未注浆条件明显降低；同样，随着周期来压底鼓量逐渐减小。图 7.8 为–600m 水平注浆前后不同推进步距底板垂向位移云图。

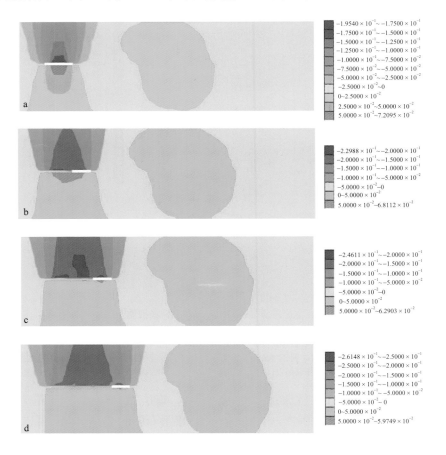

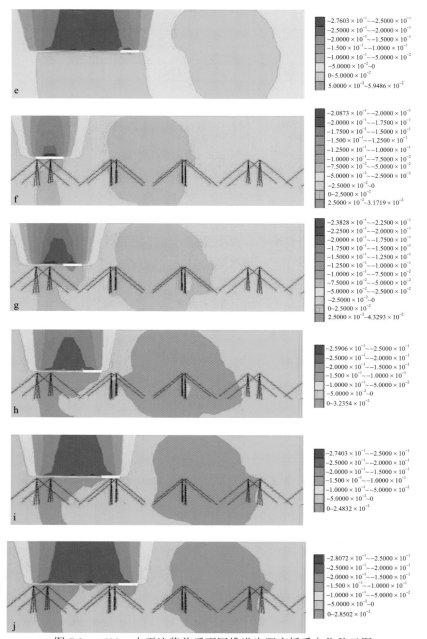

图 7.8 　–600m 水平注浆前后不同推进步距底板垂向位移云图

a.未注浆条件，推进 30m 底板垂向位移云图；b.未注浆条件，推进 50m 底板垂向位移云图；c.未注浆条件，推进 70m 底板垂向位移云图；d.未注浆条件，推进 90m 底板垂向位移云图；e.未注浆条件，推进 110m 底板垂向位移云图；f.注浆条件，推进 30m 底板垂向位移云图；g.注浆条件，推进 50m 底板垂向位移云图；h.注浆条件，推进 70m 底板垂向位移云图；i.注浆条件，推进 90m 底板垂向位移云图；j.注浆条件，推进 110m 底板垂向位移云图（黑色线段为套管）

从图 7.8 中可以看出，在注浆加固底板条件下，煤层开采之后，底板位移明显受到套管的约束，在两个钻窝间范围内，由于套管按照锥形布置，两钻窝之间可以互相影响，基本可以全覆盖底板区域，很好地限制了底鼓的发展。

选取推进 90m 为监控对象，对底板位移进行了监测，结果见图 7.9。从图 7.9 中可以看出，注浆后底板整体位移基本为零，说明注浆加套管加固底板，能够很好保持底板的完整性和整体结构，可以达到很好的加固效果。

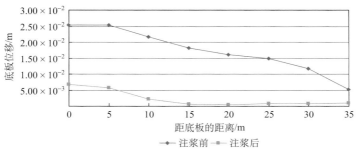

图 7.9　推进 90m 时注浆前后底板位移监测图

以上是按照恒源矿井不同厚度的岩层组合结构特征，模拟分析了工作面开采之后，煤层底板破坏深度、底板应力以及底板位移变化的基本特征。可以看出，工作面底板注浆下套管加固后，较未注浆底板条件，底板破坏深度减小，卸压范围和卸压量均较小，底鼓量变小，底板的整体性得到较大提高，整体强度也有所增加，煤层底板受采动影响大大减小，注浆加固效果明显。

下面以 Ⅱ615 和 Ⅱ6117 工作面具体底板岩性组合为基础，对注浆加固效果进行进一步模拟评价。

7.3　Ⅱ615 工作面注浆改造底板采动效应数值模拟分析

7.3.1　模型的建立

根据 Ⅱ615 工作面内的 13-14B7 孔柱状资料，建立了工作面地质模型和计算模型，在此基础上建立了注浆前正常底板模型和注浆加套管底板模型，具体模型结构见图 7.10。

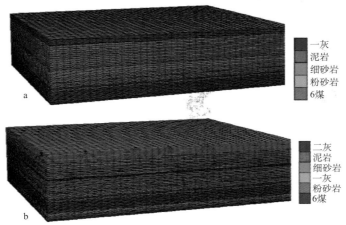

图 7.10　Ⅱ615 工作面注浆前后地质模型图

a.注浆前地质模型；b.注浆后（套管）地质模型

Ⅱ615 模拟工作面宽度为 220m，套管按锥形布置，钻窝间距离为 80m，套管长 30m，锥形半径 35m。计算参数按照 Ⅱ615 工作面注浆前后物理力学参数取值。计算模型岩层柱状见表 7.7。

表 7.7 　Ⅱ615 工作面地质模型岩层参数表

序号	岩性	厚度/m	网格分层数	序号	岩性	厚度/m	网格分层数
1	石灰岩	3	3	10	粉砂岩	10.5	10
2	泥岩	17.5	17	11	煤层（6 煤）	3	3
3	细砂岩	2	2	12	细砂岩	4	4
4	泥岩	3	3	13	粉砂岩	2	2
5	细砂岩	7	7	14	细砂岩	1	1
6	泥岩	1	1	15	粉砂岩	7	7
7	细砂岩	1	1	16	细砂岩	10	10
8	粉砂岩	3	3	17	粉砂岩	10	10
9	细砂岩	4	4	18	泥岩	11	10

7.3.2　模型结果分析

1. 底板破坏深度分析

本次模拟按照初次来压 30m，周期来压 20m，顶板自由垮落填充模拟，推进步距 30~110m，同前选取代表性步距进行分析。Ⅱ615 工作面注浆前、后随工作面推进不同步距底板塑性状态图如图 7.11、图 7.12 所示。

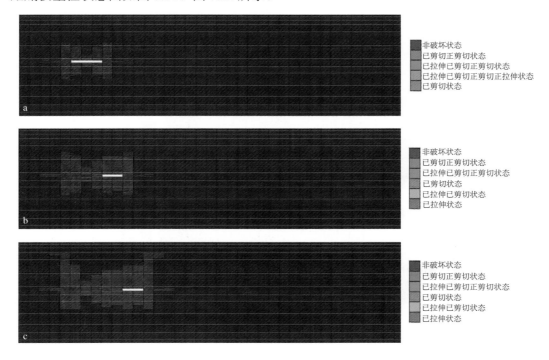

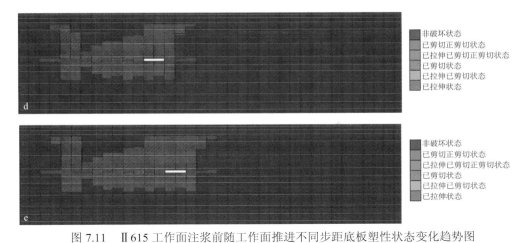

图 7.11　Ⅱ615 工作面注浆前随工作面推进不同步距底板塑性状态变化趋势图

a.推进 30m 底板塑性状态图；b.推进 50m 底板塑性状态图；c.推进 70m 底板塑性状态图；d.推进 90m 底板塑性状态图；

e.推进 110m 底板塑性状态图

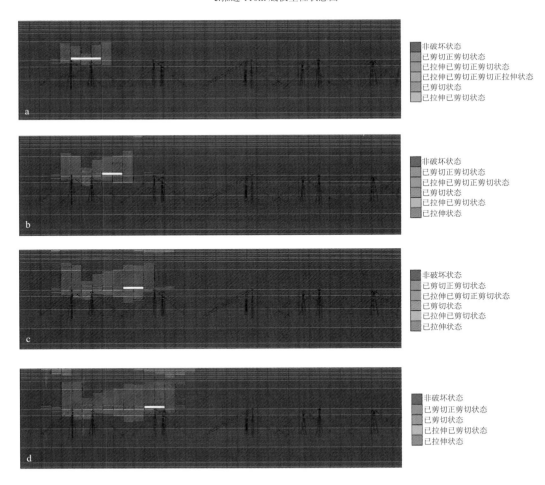

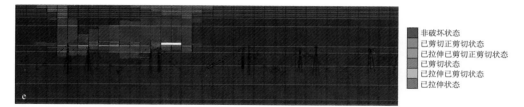

图 7.12 　Ⅱ 615 工作面注浆后随工作面推进不同步距底板塑性状态变化趋势图

a.推进 30m 底板塑性状态图；b.推进 50m 底板塑性状态图；c.推进 70m 底板塑性状态图；d.推进 90m 底板塑性状态图；

e.推进 110m 底板塑性状态图（黑色线段为套管）

从工作面底板塑性图中可以看出，注浆前底板最大破坏深度为 16m，而在注浆加固后，最大破坏深度仅为 14m，破坏深度减少了 2m，与注浆加固后现场物探所测破坏深度基本一致。

2. 底板应力状态分布情况分析

Ⅱ 615 工作面注浆前、后随工作面推进不同步距底板竖向应力云图如图 7.13、图 7.14所示。

对比图 7.13 和图 7.14 应力云图可以看出，注浆后较注浆前底板应力整体偏大，图中黄色为低应力区，绿色为高应力，可以明显看出注浆后底板整体应力高，说明受采动影响卸压小，底板整体性较好。

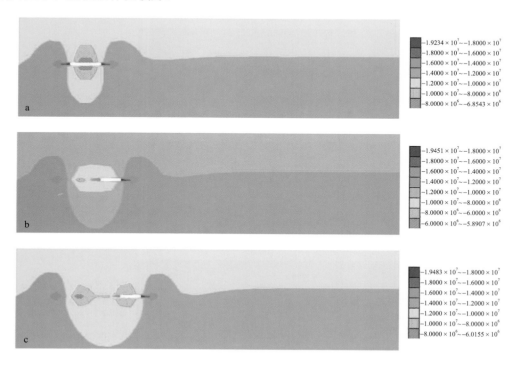

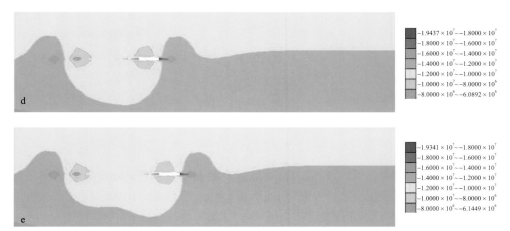

图 7.13 Ⅱ 615 工作面注浆前随工作面推进不同步距底板竖向应力云图

a.推进 30m；b.推进 50m；c.注浆前推进 70m；d.注浆前推进 90m；e.浆前推进 110m

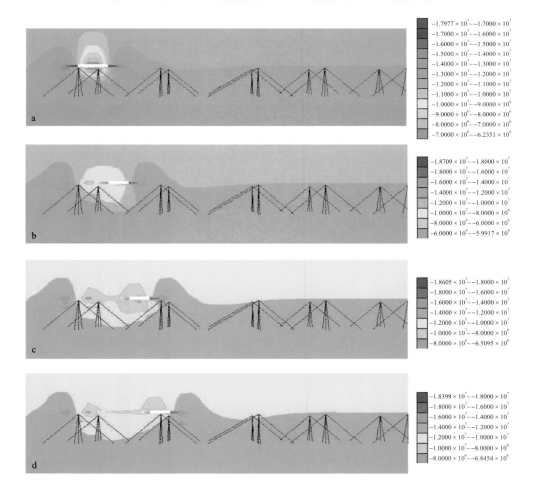

图 7.14 Ⅱ615 工作面注浆后随工作面推进不同步距底板竖向应力云图

a.推进 30m；b.推进 50m；c.推进 70m；d.推进 90m；e.推进 110m（黑色线段为套管）

同样对推进步距 90m，做了底板应力监测，监测范围底板下 0~40m，监测结果如图 7.15 所示，从监测图中可以看出，注浆后底板应力较注浆前大，但随着深度增加差异减小，说明注浆加固起到了较好效果。

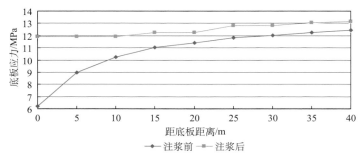

图 7.15 Ⅱ615 工作面注浆前后推进步距 90m 时底板应力监测图

3. 底板位移分布情况分析

图 7.16、图 7.17 为 Ⅱ615 工作面注浆前、后推进不同步距底板竖向位移云图。从位移云图中可以明显看出，注浆加套管之后，底板位移即底鼓明显比注浆前小。同时对推进 90m 做了底板位移监测，结果如图 7.18 所示，从图中可以看出，注浆前底板位移随深度增加而减小，说明受采动影响随深度逐渐消失，在同一深度，注浆后位移基本为 0，明显比注浆前减小，说明底板在注浆加套管后整体性得到提高，注浆加固效果明显。

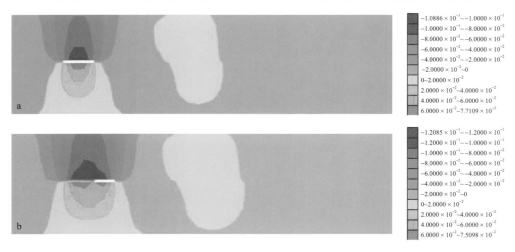

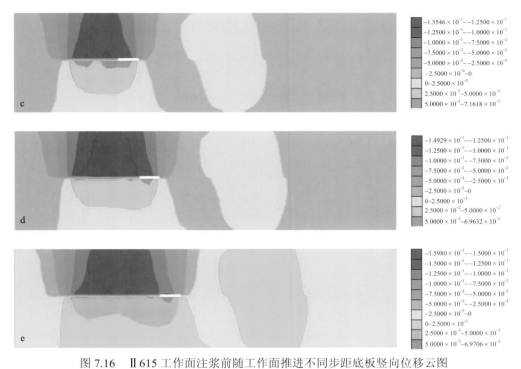

图 7.16　Ⅱ 615 工作面注浆前随工作面推进不同步距底板竖向位移云图

a.推进 30m 底板竖向位移云图；b.推进 50m 底板竖向位移云图；c.推进 70m 底板竖向位移云图；d.推进 90m 底板竖向位移云图；e.推进 110m 底板竖向位移云图

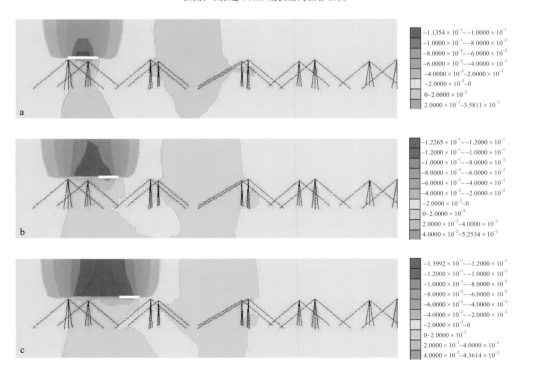

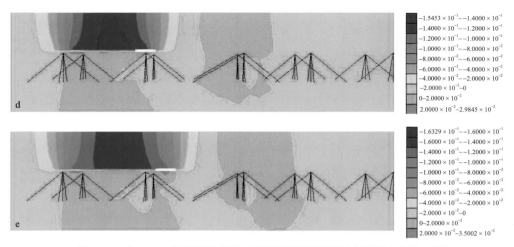

图 7.17　Ⅱ615 工作面注浆后随工作面推进不同步距底板竖向位移云图

a.推进 30m 底板竖向位移云图；b.推进 50m 底板竖向位移云图；c.推进 70m 底板竖向位移云图；d.推进 90m 底板竖向位移云图；e.推进 110m 底板竖向位移云图（黑色线段为套管）

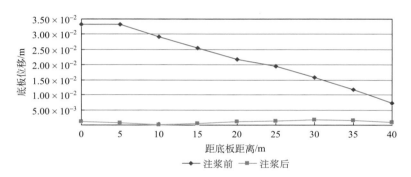

图 7.18　Ⅱ615 工作面注浆前后推进步距 90m 时底板位移监测图

7.4　Ⅱ6117 工作面底板注浆加固采动效应数值模拟分析

7.4.1　模型的建立

根据Ⅱ6117 工作面内 15_6 孔柱状资料，建立了工作面数值模型。为评价注浆前后采动效应的不同，同样建立了两种地质模型，即：注浆前正常底板模型和底板注浆加套管加固模型。根据实际情况，Ⅱ6117 工作底板大多加固到二灰，所以底板加固模型有效底板厚度增加到二灰。由于工作的煤层平均倾角较小，所以简化为水平模型。两种模型如图 7.19。

由于Ⅱ6117 工作面宽度在 175m~260m，变化范围大，本次模拟考虑最大宽度，模拟工作面宽度为 260m，套管按照锥形布置，钻窝与钻窝间距离 80m，套管长 30m，锥形半径 35m。参数按照Ⅱ615 面物理力学参数取值。计算模型岩层柱状见表 7.8。

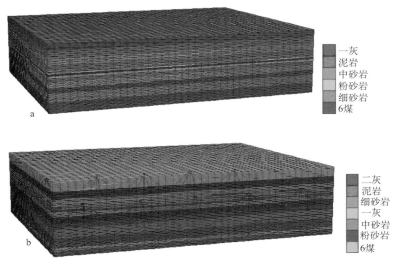

图 7.19　Ⅱ6117 工作面注浆前后地质模型图

a.注浆前地质模型；b.注浆后（加套管）地质模型

表 7.8　Ⅱ6117 工作面计算模型岩层参数表

序号	岩性	厚度/m	网格分层数	序号	岩性	厚度/m	网格分层数
1	石灰岩	3	3	9	粉砂岩	1.5	1
2	泥岩	13	13	10	细砂岩	3	3
3	中砂岩	13	13	11	粉砂岩	1	1
4	泥岩	7	7	12	细砂岩	7	7
5	粉砂岩	9	9	13	粉砂岩	10	10
6	细砂岩	6	6	14	细砂岩	10	10
7	粉砂岩	2.5	2	15	泥岩	11	10
8	煤层（6 煤）	3	3				

7.4.2　模型结果分析

1. 底板破坏深度分析

本次模拟也是按照初次来压 30m，周期来压 20m，顶板自由垮落填充模拟，推进步距 30~110m，并选取几个代表性步距进行分析。Ⅱ6117 工作面注浆前、后随工作面推进不同步距底板塑性状态变化趋势见图 7.20、图 7.21。

从注浆前后不同推进步距塑性图来看，由于 Ⅱ6117 工作面埋深较深而且开采宽度较宽，最大破坏深度为 17m，较前面一般情况深，而在注浆加固后，最大破坏深度为 15m，破坏深度减少 2m。尤其在工作面前方锥形半径范围内较同一推进步距注浆前来看，破坏深度明显减低。

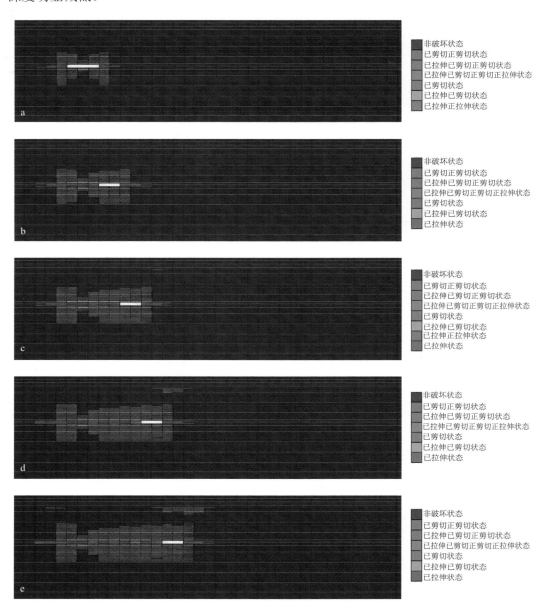

图 7.20　Ⅱ 6117 工作面注浆前随工作面推进不同步距底板塑性状态图

a.推进 30m 底板塑性状态图；b.推进 50m 底板塑性状态图；c.推进 70m 底板塑性状态图；d.推进 90m 底板塑性状态图；

e.推进 110m 底板塑性状态图

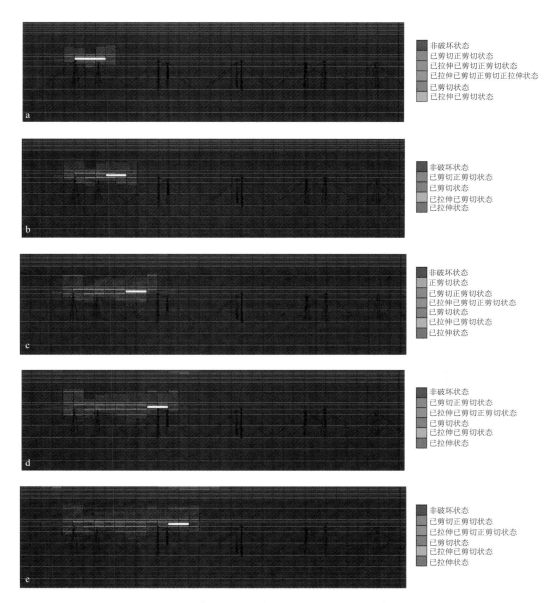

图 7.21　Ⅱ 6117 工作面注浆后随工作面推进不同步距底板塑性状态图

a.推进 30m 底板塑性状态图；b.推进 50m 底板塑性状态图；c.推进 70m 底板塑性状态图；d.推进 90m 底板塑性状态图；
e.推进 110m 底板塑性状态图（黑色线段为套管）

2. 底板应力状态分布情况分析

底板范围内岩层应力的大小可以反映该处岩体的整体性好坏，如若开采后底板应力降低明显，即应力松动，反映该处底板岩体破碎整体性遭到破坏，相反如果应力整体高即松动范围小，说明底板整体性较好。同样选取代表性推进步距分析煤层开采后底板应力分布特征，具体见图 7.22、图 7.23。

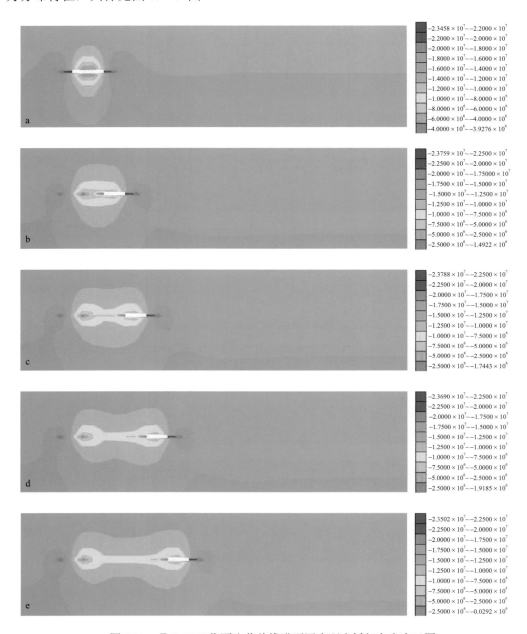

图 7.22　Ⅱ6117 工作面注浆前推进不同步距底板竖向应力云图

a.推进 30m 底板竖向应力云图；b.推进 50m 底板竖向应力云图；c.推进 70m 底板竖向应力云图；d.推进 90m 底板竖向应力云图；e.推进 110m 底板竖向应力云图

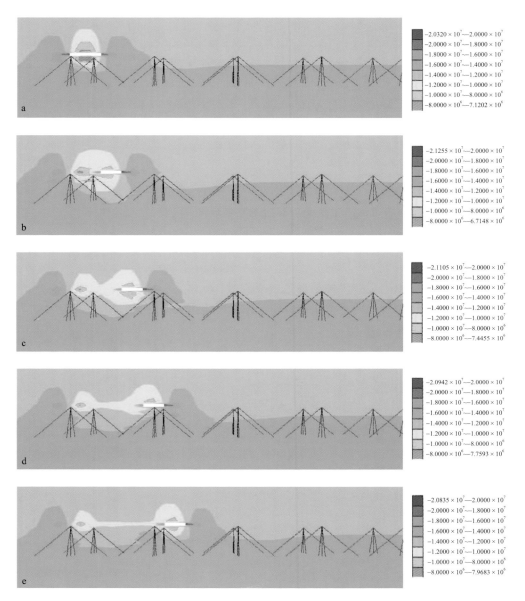

图 7.23　Ⅱ6117 工作面注浆后推进不同步距底板竖向应力云图

a.推进 30m 底板竖向应力云图；b.推进 50m 底板竖向应力云图；c.推进 70m 底板竖向应力云图；d.推进 90m 底板竖向应力
云图；e.推进 110m 底板竖向应力云图（黑色线段为套管）

从底板应力云图可以看出，注浆后底板应力较注浆前小，表现为应力云图中底板下方深色区域范围大，即应力松动范围小，工作面前方表现更为明显。同时还对底板应力大小进行监测，从推进 90m 步距底板下应力监测图可以看出（图 7.24），注浆后底板范围 20m 之内，底板应力大于注浆之前，如前所述，底板应力大，说明受采动影响小，即应力松动小。因此可以说明，经过注浆下套管之后，底板范围20m之内加固效果明显，煤层底板整体性提升，有效隔水底板厚度增加，注浆效果明显。

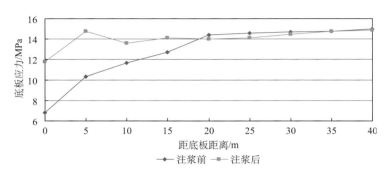

图 7.24   Ⅱ6117 工作面注浆前后推进步距 90m 底板应力监测图

3. 底板位移分布情况分析

煤层开采之后，由于采空区卸压导致底板底鼓，位移大小可以反应底板的底鼓情况，同样选取几个代表性步距，具体位移云图见图 7.25、图 7.26。

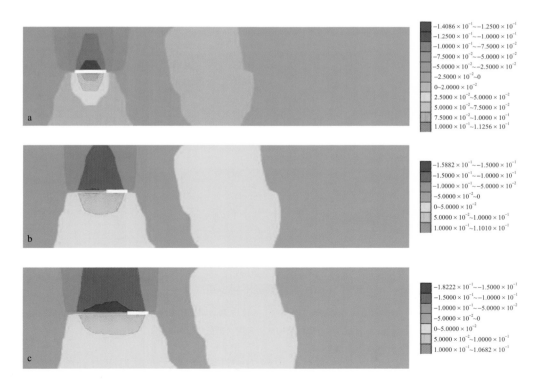

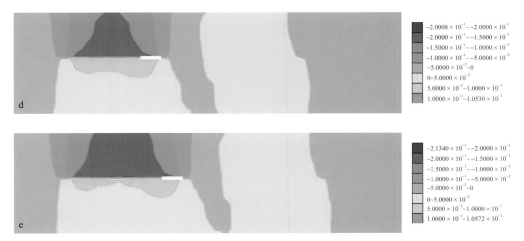

图 7.25　Ⅱ6117 工作面注浆前推进不同步距底板竖向位移云图

a.推进 30m 底板竖向位移云图；b.推进 50m 底板竖向位移云图；c.推进 70m 底板竖向位移云图；d.推进 90m 底板竖向位移云图；e.推进 110m 底板竖向位移云图

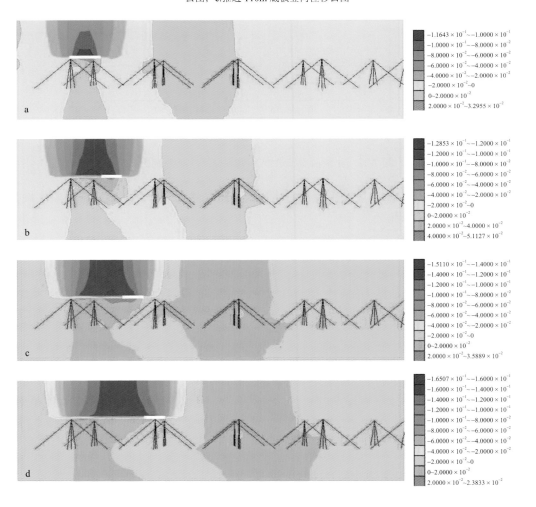

图 7.26　Ⅱ6117 工作面注浆后推进不同步距底板竖向位移云图

a.推进 30m 底板竖向位移云图；b.推进 50m 底板竖向位移云图；c.推进 70m 底板竖向位移云图；d.推进 90m 底板竖向位移
云图；e.推进 110m 底板竖向位移云图（黑色线段为套管）

从位移云图中可以看出在工作面底板，底板位移在注浆之后明显较注浆前小，尤其在钻杆影响范围内，更为明显。同样对推进步距 90m 情况下底板位移进行了监测，见图 7.27。

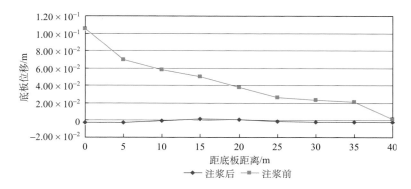

图 7.27　注浆前后推进步距 90m 底板位移监测图

从图中可以看出，注浆后底板位移基本消失，即注浆套管的存在很好地限制了底鼓，起到了较好的加固效果。

7.5　本 章 小 结

综上所述，可以得出以下几点结论：

① 不同岩性组合底板的岩体结构效应明显。底板破坏深度和采动应力调整形式均受到底板岩层组合结构的控制。

② 底板破坏深度不仅仅和底板厚度有关，还与具体的底板岩层结构（组合特征）有关，不同岩体结构底板即使厚度相同底板破坏深度也不同。

③ 煤层底板破坏深度和煤层埋深有关，随着煤层埋深的增加，底板破坏深度呈增大的趋势，同时也和采煤工作面宽度有关，工作面越宽，控顶距越大，在无特殊支护条件和顶板管理情况下，煤层底板破坏深度越大。

④ 注浆加固之后，底板强度提高，较未注浆加固底板破坏深度小，尤其在注浆套管影响范围内，工作面前方表现尤为明显。

⑤ 注浆加固与改造（含注浆套管）后，工作面底板应力较未注浆加固底板明显增大，说明受采动影响小，底板整体性好，应力松动范围小；底板位移亦有同样规律，加固后底鼓量明显减小，说明注浆加固对煤层底板整体性的提升有很好的效果。

⑥ 对Ⅱ615、Ⅱ6117 工作面注浆前后底板采动效应进行了数值模拟，得出其破坏深度为：注浆前分别为 16m、17m，注浆后分别为 14m、15m，均减小 2m。

⑦ 对Ⅱ615、Ⅱ6112 工作面注浆加固之后进行了底板采动现场物探监测（见第 6 章），实测底板最大破坏深度分别为 14m 和 14.5m，与数值模拟结果基本一致，说明数值模拟效果较好。

第8章 工程应用与效益分析

8.1 底板含水层注浆改造带压开采安全性评价

8.1.1 Ⅱ615工作面底板含水层注浆改造带压开采安全性评价

1. 工作面概况

Ⅱ615工作面位于Ⅱ61采区中上部右侧，设计为倾斜长壁、综采工作面。工作面走向长475~590m，平均长度为533m，倾斜宽为213m。工作面风巷标高为–428.0~–461.8m，机巷标高为–452.2~–482.1m，切眼标高为–428.0~–452.2m。Ⅱ615工作面煤层厚度为1.90~3.31m，平均为2.81m，为稳定的中厚煤层。地质储量40.1万t，可采储量38.1万t。

2. 注浆前工作面预评价

据勘探资料，Ⅱ615工作面平均底隔厚度为46.2m，底板隔水层计算至一灰顶，得出隔水层承受太灰水压为2.40~2.94MPa（根据水5孔水位–229m计算）；据此计算出工作面突水系数为0.052~0.064 MPa/m。通过实施井下网络并行电法物探，发现Ⅱ615工作面共有八个富水异常区，其中工作面1#、3#和4#低阻异常区在灰岩段和砂、泥岩段均存在富水异常区，且浅部异常区和深部异常区在垂向上有一定的连通关系。预计Ⅱ615工作面回采时，对底板岩层的破坏深度将达到16m，已经完全导通煤层底板砂、泥岩含水层裂隙。根据物探结果，灰岩含水层与其上部砂、泥岩层位，在垂向上存在一定的水力联系，易导致灰岩水沿砂、泥岩段的导水通道涌出，形成水害。施工的36个底板灰岩钻孔，一灰层位中出水量为0~40m³/h；二灰层位FZ3-2孔涌水量为74m³/h、JZ1-2孔涌水量为68m³/h，其余钻孔涌水量为0~40m³/h。一灰层位无明显出水钻孔17个，二灰层位无明显出水钻孔六个。从钻探情况看，工作面一灰富水性较弱，二灰在工作面范围内富水性不均一，整体含水性中等偏弱，局部地点可能有径流补给区，且一灰和二灰有一定的水力联系。因此，需实施钻探工程对Ⅱ615工作面底板灰岩进行注浆改造，改造层位为二灰底板。

3. 注浆后工作面安全性评价

1）Ⅱ615工作面注浆情况

36个煤层底板灰岩改造孔，除JZ3-5孔为井下注浆，其余全部采用地面注浆站注浆封孔，灰岩层位注浆量为6368.5m³，水泥用量为1086.3t，黏土用量1385.3t。钻孔涌水量为0.5~80m³/h，单孔平均涌水量为23.6m³/h，单孔水泥用量为30.2t，单孔黏土用量为38.5t，单孔注浆量为176.9m³。

2）注浆效果检查

经并行网络电法探查，注浆后底板低阻异常区范围明显减小或消失，砂岩和灰岩段电阻率值均显著升高。检查孔涌水量为 0.5~10m³/h。表明总体富水性显著减弱，注浆效果良好。

3）注浆后工作面太灰水突水系数分析

钻孔注浆量大，注浆效果良好，注浆改造区域工作面底板一灰—二灰岩层被改造为隔水层，底隔厚度增加为 57.1m，工作面内井下钻孔实测最大水压为 2.1MPa，根据工作面周边长观孔水 5 水位（−244m）计算，工作面底板带压值为 2.32~2.86MPa，注浆后底板破坏深度为 14m，注浆后工作面突水系数为 0.041~0.050 MPa/m。评价结果见表 8.1。

表 8.1　Ⅱ615 工作面注浆前后突水系数计算对比表

评价阶段	隔水层厚度/m	水压/MPa	底板破坏深度/m	突水系数/（MPa/m）
注浆前预评价	46.2	2.40~2.94	16	0.052~0.064
注浆后评价	57.1	2.32~2.86	14	0.041~0.050

4）注浆后工作面安全性

Ⅱ615 工作面经采取了相关的探查手段，查明了工作面的地质条件，并采取了合理的治理措施，消除了底板灰岩水的威胁。特别在底板灰岩水治理上，通过注浆改造后，绝大多数物探异常区消失，工作面底板薄弱地点得到有效加固，灰岩含水层得到有效改造。工作面突水系数降至 0.041~0.050 MPa/m，符合《煤矿防治水规定》要求，可实施工作面安全回采。

8.1.2　Ⅱ6117 工作面底板含水层注浆改造带压开采安全性评价

1. 工作面概况

Ⅱ6117 工作面位于 Ⅱ61 采区西部，设计为倾斜长壁、综采工作面。工作面倾斜长 1040~900m，走向宽 175~260m。Ⅱ6117 机巷标高 −513.3~−594.9m；风巷标高 −527.2~−575.1m，切眼标高 −511.7~−527.2m。Ⅱ6117 工作面煤层厚度 2.17~3.40m，平均为 2.81m，为稳定的中厚煤层。地质储量 76.0 万 t，可采储量 72.2 万 t。

2. 注浆前工作面预评价

根据现有资料 Ⅱ6117 工作面平均底隔厚度 51m，底板隔水层计算至一灰顶，得出隔水层承受太灰水压为 3.0~3.77MPa（根据水 18 孔水位−258m 计算）；据此计算出工作面突水系数为 0.059~0.074 MPa/m，已超过突水临界值。根据工作面两巷掘进及物探探查成果资料：工作面两端构造较复杂，工作面中部可能发育隐伏构造，且富水异常区面积较大。预计 Ⅱ6117 工作面回采时，对底板岩层的破坏深度将达到 17m，已经完全导通煤层底板砂、泥岩含水层裂隙。

工作面共施工底板灰岩钻孔 89 个，一灰出水大于 100m³/h 的两个，大于 50m³/h 的一个，其余小于 20m³/h；二灰出水大于 80m³/h 的一个，40~50m³/h 的三个，其余小于

$30m^3/h$；三灰出水大于 $130m^3/h$ 的一个，$50\sim60m^3/h$ 的两个，其余小于 $40m^3/h$。从钻探情况看，工作面一灰及二灰整体富水性弱；三灰富水性中等，但局部富水性较强，灰岩含水层垂向裂隙较发育，上部灰岩与下部灰岩之间的联通性好。因此，可以认为工作面绝大部分区域属于构造发育区，所以要对工作面底板灰岩含水层进行整体注浆改造，并对于物探异常区进行重点治理。

3. 注浆后工作面安全性评价

1）Ⅱ6117 工作面注浆情况

该面注浆工程分三段进行，其中里段和中段钻孔均穿过二灰，改造二灰；外段钻孔均穿过三灰，改造三灰。里段：29 个煤层底板灰岩改造孔，全部采用地面注浆站注浆封孔，灰岩层位注浆量为 $4410.6m^3$，水泥用量为 1984.8t。钻孔涌水量为 $0\sim60m^3/h$，单孔平均涌水量为 $10.2m^3/h$，单孔水泥用量为 68.44t，单孔注浆量为 $152.1m^3$。中段：35 个煤层底板灰岩改造孔，当出水量大于 $20m^3/h$ 时，采用下行注浆方式，在灰岩层位采用地面注浆站封堵岩层裂隙。个别钻孔在使用地面注浆站注浆后，仍存在渗水现象，为保证注浆效果，对渗水的钻孔使用井下注浆进行注浆处理。灰岩层位注浆量为 $2012.6m^3$，水泥用量为 592.85t，单孔平均涌水量为 $16.2m^3/h$，单孔水泥用量为 16.94t，单孔注浆量为 $57.5m^3$。外段：25 个煤层底板灰岩改造孔，当出水量大于 $20m^3/h$ 时，采用下行注浆方式，在灰岩层位采用地面注浆站封堵岩层裂隙。个别钻孔在使用地面注浆站注浆后，仍存在渗水现象。为保证注浆效果，对渗水的钻孔，扫孔至孔底后，重新注浆封堵。灰岩层位注浆量为 $2560.4m^3$，水泥用量为 640.6t，单孔平均涌水量为 $32.8m^3/h$，单孔水泥用量为 25.6t，单孔注浆量为 $102.4m^3$。

2）注浆效果检查

经并行网络电法探查，注浆后底板低阻异常区范围明显减小或消失，砂岩和灰岩段电阻率值均显著升高。检查孔涌水量大多在 $0\sim10m^3/h$。工作面注浆后电阻率值都有明显提高，表明注浆效果较为显著。通过注浆改造，二灰、三灰间地层已无明显大范围富水区和导水区，基本达到阻隔水层效果。

3）注浆后工作面太灰水突水系数分析

工作面里段和中段注浆改造区域工作面底板一灰—二灰岩层被改造为隔水层，工作面外段注浆改造区域工作面底板一灰—三灰岩层被改造为隔水层。根据工作面周边长观孔水 18 孔水位（−258m）和底板注浆孔实际揭露底隔厚度资料计算，工作面里段底板带压值为 $3.0\sim3.4MPa$，中段底板带压值为 $3.4\sim3.6MPa$，外段底板带压值为 $3.6\sim3.8MPa$，注浆后底板破坏深度为 14.5m，各段底板突水系数计算结果见表 8.2。

表 8.2 Ⅱ6117 工作面注浆前后突水系数计算对比表

评价阶段		隔水层厚度/m	水压/MPa	底板破坏深度/m	突水系数/(MPa/m)
注浆前预评价		51.0	3.00~3.77	17.0	0.059~0.074
注浆后评价	里段	63.4	3.00~3.40	14.5	0.047~0.054
	中段	65.4	3.40~3.60	14.5	0.052~0.055
	外段	73.5	3.60~3.80	14.5	0.049~0.052

4）注浆后工作面安全性

Ⅱ6117 工作面经采取了相关的探查手段，查明了工作面的地质条件，并采取了合理的治理措施，消除了底板灰岩水的威胁。通过注浆改造后，绝大多数物探异常区消失，工作面底板薄弱地点得到有效加固，已将灰岩含水层（一灰—三灰）改造为隔水层。工作面突水系数降至 0.047~0.055 MPa/m，符合《煤矿防治水规定》要求，可实现工作面安全回采。

8.1.3　Ⅱ6112 工作面底板含水层注浆改造带压开采安全性评价

1. 工作面概况

Ⅱ6112 工作面位于 Ⅱ61 采区东部边缘。设计为走向长壁、综采工作面。工作面走向长 690m，倾斜宽 178m。Ⅱ6117 机巷标高−577.7~−601.6m；风巷标高−544.7~−567.4m，切眼标高在−565.5~−592.7m 之间。Ⅱ6112 工作面周围中小型断层较发育，两巷掘进中，共揭露断点 18 处，组合成断层 11 条。其中孟-3 断层斜穿整个工作面（落差为 4.5~14m），DF92 断层由风巷斜穿至切眼内（落差为 0.5~4.5m），对工作面回采影响较大。Ⅱ6112 工作面整体为一倾向北北西的单斜构造。一般煤岩层倾角 6°~14°，平均倾角 12°，受断层影响，局部煤岩层倾角较大，达到 20°左右。根据工作面两巷揭露及周边钻孔资料，Ⅱ6112 工作面煤层厚度为 2.35~3.40m，平均为 2.8m，为稳定的中厚煤层。工作面地质储量为 51.3 万 t，可采储量为 48.7 万 t。

2. 注浆前工作面预评价

根据现有资料 Ⅱ6112 工作面平均底隔厚度为 49.24m，底板隔水层计算至一灰顶。由于 Ⅱ6112 工作面位于长观孔水 5 和水 9 之间，取两孔水文标高的平均值为−244m（水 5 孔水位−236、水 9 孔水位−252m），得出隔水层承受太灰水压为 3.43~3.98MPa；据此计算出工作面突水系数为 0.070~0.081MPa/m，已超过突水临界值。根据工作面两巷掘进及物探探查成果资料：工作面两端构造较复杂，工作面中部可能发育隐伏构造，且富水异常区面积较大。预计 Ⅱ6112 工作面回采时，对底板岩层的破坏深度将达到 16m，已经完全导通煤层底板砂、泥岩含水层裂隙。

工作面共施工底板灰岩钻孔 90 个，有 26 个钻孔在一灰有明显出水，出水大于 20m³/h 的一个，大于 10m³/h 的一个，其余小于 10m³/h；有 27 个钻孔在二灰有明显出水，出水大于 30m³/h 的一个，10~20m³/h 的两个，其余小于 10m³/h；有 73 个钻孔在三灰有明显出水，出水大于 100m³/h 的三个，70~80m³/h 的一个，大于 50~70m³/h 的八个，10~50m³/h 的 21 个，小于 10m³/h 的 42 个。从钻探情况看，工作面一灰及二灰整体富水性弱，三灰含水层富水性不均匀，裂隙发育程度不一致，局部地点富水较强，可能与构造影响有关，三灰含水层整体富水性中等。因此，必须对工作面底板灰岩含水层进行整体注浆改造，并对于物探异常区进行重点治理。

3. 注浆后工作面安全性评价

1）Ⅱ6112 工作面注浆情况

该面注浆工程分二段进行，钻孔均穿过三灰，改造一灰—三灰。里段：煤层底板灰岩层位注浆钻孔 40 个，注浆量为 2037.3m³，水泥用量为 594.7t，单孔注浆量为 56.6m³，单孔水泥用量为 16.5t。外段：50 个煤层底板灰岩改造孔，灰岩层位注浆量为 1419.2m³，水泥用量为 388.9t，单孔注浆量为 29.8m³，单孔水泥用量为 7.8t。从注浆情况看，单孔出水量较大的钻孔，注浆量也较大，两者呈正相关关系。

2）注浆效果检查

根据网络并行电法探查结果，工作面内注浆前存在的三个灰岩异常区基本消失；残留的低阻区范围较小，呈孤立块段，且富水性较弱。检查孔出水量明显减小，大多小于3m³/h。通过注浆改造，一灰—三灰地层已无明显富水区和导水区，达到阻隔水效果。

3）注浆后工作面太灰水突水系数分析

注浆改造后工作面底板一灰—三灰岩层被改造为隔水层。根据工作面周边长观孔等水位线，计算工作面里段灰岩等水位线在–285 左右，工作面里底板最大带压值为3.20~3.60MPa；工作面外段灰岩等水位线在–300m 左右，外段底板带压值为3.00~3.60MPa。钻探过程中各孔未发现灰岩水原始导高，评价结果见表 8.3。

表 8.3 Ⅱ6112 工作面注浆前后突水系数计算对比表

评价阶段		隔水层厚度/m	水压/MPa	底板破坏深度/m	突水系数/（MPa/m）
注浆前预评价		49.24	3.43~3.98	17.0	0.070~0.081
注浆后评价	里段	55.8~73.1	3.20~3.60	14.5	0.049~0.059
	外段	64.9~81.7	3.00~3.60	14.5	0.042~0.054

4）注浆后工作面安全性

通过对工作面水文地质条件的初步分析，采取钻探和物探等探查手段，进一步查明了工作面的地质和水文地质条件。通过注浆改造后，绝大多数物探异常区消失，工作面底板薄弱地点得到有效加固，已将灰岩含水层（一灰—三灰）改造为隔水层。工作面突水系数降至 0.042~0.059 MPa/m，符合《煤矿防治水规定》要求，可实现工作面安全回采。

8.1.4 Ⅱ6119 工作面底板含水层注浆改造带压开采安全性评价

1. 工作面概况

Ⅱ6119 工作面位于Ⅱ61 采区的西部边缘，西部为恒源煤矿与河南新庄煤矿矿井边界煤柱，工作面设计为倾斜长壁综采工作面，倾斜长 1060m，走向宽 142m。Ⅱ6119 风巷标高在–496.6~–594.4m；机巷标高在–509.7~–590.7m；切眼标高在–496.6~–509.7m。Ⅱ6119 工作面位于丁河向斜的西翼，整体为一单斜构造，煤层倾向 NNE，倾角 3°~13°，平均倾角 6.6°，其中里段倾角大，外段倾角较小。工作面煤层厚度在 2.10~3.20m，平均煤厚为 2.98m。煤层为结构简单、稳定的中厚煤层。工作面地质储量 65.94 万 t，可采储量 62.64 万 t。

2. 注浆前工作面预评价

Ⅱ6119 工作面底板承受太灰水压为 2.74~3.71MPa（根据 05-1 孔即水 18 孔水位−216m 计算）；Ⅱ6119 工作面平均底隔厚度 54.3m，预测底板破坏深度为 17m，所以工作面有效隔水层厚为 37.3m。据此计算出工作面突水系数为 0.050~0.068 MPa/m，均超过正常块段的临界突水系数。

采前采用瞬变电磁法和并行网络电法对底板进行了探查，存在异常区。工作面共施工底板灰岩钻孔 32 个，从钻探情况看，该工作面一灰富水性较弱，二灰在工作面范围内富水性不均一，含水性中等偏弱，三灰在工作面范围内富水性也不均一，含水性中等，局部区域富水性较强。根据物探探查结果，结合相邻工作面探查经验，确定该工作面实施局部注浆改造。

3. 注浆后工作面安全性评价

1）Ⅱ6119 工作面注浆情况

该面注浆工程分两段进行，其中里段钻孔均穿过二灰，改造二灰；外段钻孔均穿过三灰，改造三灰。里段：煤层底板灰岩层位注浆钻孔 17 个，全部采用地面注浆站封孔，注浆量为 2934.5m³，水泥用量为 499.06t，黏土用量为 645.4t。钻孔涌水量为 0~120m³/h，单孔平均涌水量为 37.6m³/h，单孔水泥用量为 29.34t，单孔黏土用量为 37.97t，单孔注浆量为 172.62m³。从注浆情况看，单孔出水量较大的钻孔，注浆量也较大，两者呈正相关关系。外段：16 个煤层底板灰岩改造孔，除 T26 孔为井下注浆，其余全部采用地面注浆站封孔，灰岩层位注浆量 2020.7m³，水泥用量为 345.8t，黏土用量为 442.8t。钻孔涌水量为 1~80m³/h，单孔平均涌水量为 35.2m³/h，单孔水泥用量为 21.6t，单孔黏土用量为 27.7t，单孔注浆量为 126.3m³/孔。

2）注浆效果检查

根据瞬变电磁探查结果，工作面内原 7# 和 8# 富水异常区已消失，其他区域注浆后电阻率值也都有所提高，表明注浆效果较为显著。检查孔基本无出水现象。通过注浆改造，一灰、二灰地层已无明显富水区和导水区，达到阻隔水层效果。经注浆改造后，工作面富水异常区底板有效隔水层厚度平均增加 16m（一灰顶至三灰顶），富水性明显减小，注浆效果明显，为工作面的安全回采奠定了坚实的基础。

3）注浆后工作面太灰水突水系数分析

注浆改造后工作面底板一灰—二灰岩层被改造为隔水层。根据工作面周边长观孔水 18 水位计算，工作面里底板最大带压值为 3.19MPa。外段底板带压值为 3.69~4.14MPa。钻探过程中各孔未发现灰岩水原始导高，工作面综采底板破坏深度按 14.5m 计，评价结果见表 8.4。

表 8.4　Ⅱ6119 工作面注浆前后突水系数计算对比表

评价阶段		隔水层厚度/m	水压/MPa	底板破坏深度/m	突水系数/（MPa/m）
注浆前预评价		54.3	2.74~3.71	17.0	0.050~0.068
注浆后评价	里段	59.6	3.19	14.5	0.054
	外段	59.2	3.69~4.14	14.5	0.062~0.070

4）注浆后工作面安全性

经工作面水文地质条件的初步分析，采取了相关的探查手段，进一步查明了工作面的地质条件，并采取了合理的治理措施，消除了底板灰岩水的威胁。特别在底板灰岩水治理上，通过局部注浆改造后，绝大多数物探异常区消失，工作面底板薄弱地点得到有效加固。工作面突水系数降至 0.054~0.070 MPa/m，符合《煤矿防治水规定》要求，可实现工作面安全回采。

8.1.5　Ⅱ628 工作面底板含水层注浆改造带压开采安全性评价

1. 工作面概况

Ⅱ628 工作面位于Ⅱ62 采区西侧，临近采区边界落差为 0~70m 的孟口断层。Ⅱ628 工作面设计为综采工作面，总体上属倾斜长壁，工作面倾斜长 752m，走向宽 149~169m，机巷标高−555.9~−522.8m，风巷标高−487.5~−542.7m，切眼标高−42.7~−555.9m。根据周边钻孔揭露和巷道见煤点资料，工作面煤层平均倾角为 5.5°，平均煤厚为 3.05m，地质储量为 52.4 万 t，可采储量为 49.7 万 t。

2. 注浆前工作面预评价

根据Ⅱ628 工作面附近的 10 补-4 水文孔灰岩水位标高−277m，工作面底板承受灰岩水压为（一灰顶界承受）2.50~3.18MPa，底板隔水层厚度为 45.61m，预计底板破坏深度为 16m，对应突水系数为 0.055~0.070 MPa/m。均超过正常块段的临界突水系数。

工作面里段施工的 21 个底板灰岩钻孔，一灰层位中出水量为 0~12m³/h；二灰层位除加 4 孔涌水量为 65m³/h，其余钻孔涌水量为 0~40m³/h。一灰层位无明显出水钻孔 14 个，二灰层位无明显出水钻孔两个。外段施工的 21 个底板灰岩钻孔，一灰层位中涌水量为 0~20m³/h；二灰层位涌水量为 0~15m³/h；一灰层位无明显出水钻孔 18 个，二灰层位无明显出水钻孔七个；无水钻孔七个，涌水量最大钻孔为加 17 孔，涌水量为 22m³/h。从钻探情况看，工作面一灰除局部地点弱富水外，其余地点基本不富水。二灰富水性不均一，整体含水性偏弱，局部地点富水性中等，可能有径流补给区，且一灰和二灰有一定的水力联系。

网络并行电法探查成果：共探查处富水异常区七处，1#、2#和 6#异常区灰岩层位富水性较强，且与煤层底板浅部砂、泥岩层位存在一定的水力联系，为防治水重点区域。

3. 注浆后工作面安全性评价

1）Ⅱ 628 工作面注浆情况

Ⅱ 628 工作面注浆分二段进行，均加固到二灰层位。里段：21 个煤层底板灰岩改造孔，全部采用地面注浆站封孔，灰岩层位注浆量为 3950.7m³，水泥用量为 987.86t，黏土用量为 869.51t。钻孔涌水量为 2~65m³/h，单孔平均涌水量为 16.1m³/h，单孔水泥用量为 47.04t，单孔黏土用量为 41.44t，单孔注浆量为 188.13m³。外段：21 个煤层底板灰岩改造孔，全部采用地面注浆站封孔，灰岩层位注浆量为 2658.3m³，水泥用量为 664.9t，黏土用量为 584.9t。钻孔涌水量为 0~22m³/h，单孔平均涌水量为 4.8m³/h，单孔水泥用量为 31.7t，单孔黏土用量为 27.9t，单孔注浆量为 126.6m³。

2）注浆效果检查

检查孔出水量在 0~7m³/h。物探检查结果为Ⅱ 628 工作面各低阻异常区，砂岩和灰岩段电阻率值均显著升高，低阻区范围显著减小或消失，仅在局部区域存在残留低阻区，表明总体富水性显著减弱，注浆效果良好。通过注浆改造，一灰、二灰地层已无明显大范围富水区和导水区，基本达到阻隔水层效果。

3）注浆后工作面太灰水突水系数分析

钻孔注浆量大，注浆效果良好，注浆改造区域工作面底板一灰—二灰岩层被改造为隔水层，根据工作面周边长观孔 10 补 4 孔水位（–277m）和底板注浆孔实际揭露底隔厚度资料计算，工作面里段底板带压值为 2.97~3.15MPa，工作面外段底板带压值为 2.79~3.20MPa。评价结果见表 8.5。

表 8.5　Ⅱ 628 工作面注浆前后突水系数计算对比表

评价阶段		隔水层厚度/m	水压/MPa	底板破坏深度/m	突水系数/（MPa/m）
注浆前预评价		45.61	2.50~3.18	16.0	0.055~0.070
注浆后评价	里段	53.0	2.97~3.15	14.0	0.056~0.059
	外段	53.1	2.79~3.14	14.0	0.053~0.059

4）注浆后工作面安全性

Ⅱ 628 工作面经采取了相关的探查手段，查明了工作面的地质条件，并采取了合理的治理措施，消除了底板灰岩水的威胁。特别在底板灰岩水治理上，通过注浆改造后，绝大多数物探异常区消失，工作面底板薄弱地点得到有效加固。工作面突水系数降至 0.053~0.059 MPa/m，符合《煤矿防治水规定》要求，可实现工作面安全回采。

8.2　效　益　分　析

皖北煤电集团公司于 2006 年在恒源煤矿建立了安徽省首座地面注浆站，之后在刘桥一矿、五沟煤矿也相继建成了地面注浆系统，开展了相关注浆工艺参数试验研究，并实施了底板加固与含水层改造工程，共改造工作面 28 个，安全回采煤炭资源 1490 万 t。其中恒源煤矿完成底板加固与含水层改造工作面 10 个，安全回采煤炭资源 518 万 t；刘桥一矿完成底板加固与含水层改造工作面 10 个，安全回采煤炭资源 462 万 t；五沟煤矿完成底板加固与含水层改造工作面 8 个，安全回采煤炭资源 510 万 t，取得了显著的经济效益。

底板注浆改造工程的实施，不仅解放了高承压水体的压煤量，而且提高了煤炭资源的回收率，同时也解决了煤矿生产接替的困境，对延长矿井服务年限，稳定职工生活和预防突水灾害发生有重要作用，更重要的是保护了水资源，具有显著的社会效益。

随着煤炭资源的进一步开发，浅部及条件简单地区的煤炭资源逐渐匮乏，深部、条件复杂地区的煤层开采，已构成我国目前乃至未来相当长时间内煤矿企业的攻关课题。为了预测和防治矿井煤层底板突水，解放受太灰、奥灰水威胁的呆滞煤量，底板注浆加固与含水层改造研究是解决问题的有效途径之一。因此，底板注浆改造效果评价研究对高承压岩溶含水体上采煤底板突水评价具有重要的指导作用，对皖北矿区乃至华北地区条件类似的矿井水害治理具有重要的指导意义，推广应用前景十分广阔。

第 9 章   结   论

9.1   主要结论

本书在系统分析皖北矿区区域地质及水文地质条件的基础上，基于恒源井田二叠系山西组 6 煤层底板突水危险性预评价结果，以恒源煤矿Ⅱ615、Ⅱ6117 和Ⅱ6112 工作面底板水害防治为研究对象，经过深入细致的调研，采用理论分析、实验室试验、数值模拟、现场测试等研究方法，系统地开展了煤层底板注浆加固与含水层改造效果研究，并应用于煤矿生产实际，取得了显著的经济效益和社会效益。本书研究取得的主要成果和结论如下：

① 在系统分析恒源煤矿井田地质与水文地质条件的基础上，采用五图-双系数法对恒源井田 6 煤底板突水危险性进行了评价，围绕"五图"、"双系数"和"三级判别"选取相关参数进行计算和图件绘制，并进行评价结果等级划分。指出了矿井二水平及以深区域存在太灰水突水危险性，为矿井防治水工程设计与实施提供了科学依据。

② 建立了地面注浆系统，优化了黏土水泥浆的配比方案，完善了注浆钻孔成孔工艺和注浆工艺，为工作面底板注浆改造的有效实施提供了保障。在此基础上实施了工作面底板注浆改造工程。

③ 通过对注浆前后底板岩层的岩石强度、岩块波速、钻孔岩体波速的测试研究与对比得出，注浆后底板岩体波速增加，岩体强度增大，阻隔水能力增强，注浆效果显著。主要表现在：i.注浆前和注浆后，砂岩段和泥岩段的岩块波速分别都大于各岩性段的岩体波速；注浆后底板砂岩段平均岩体波速明显增加，注浆后海相泥岩段平均岩体波速增加不明显；对于砂岩段，无论是岩块波速还是岩体波速，注浆前的正常区大于构造区，注浆后也有同样的特点；海相泥岩段，注浆前的正常区的波速小于构造区，注浆后也有同样的特点。ii.底板注浆加固后岩体强度有所增加，砂岩段约为注浆前的 1.25 倍，泥岩段增加不明显，约为 1.04 倍。底板注浆加固后，其工程地质性质明显提高。

④ 通过对注浆前后底板含水层富水性的钻探探查，结果表明，注浆前底板一灰、二灰或三灰含水层钻孔出水率高，出水量大，大多大于 $10m^3/h$，部分钻孔出水量大于 $50m^3/h$，少数大于 $100m^3/h$。注浆改造后底板灰岩含水层检查孔出水量 $\leqslant 10m^3/h$，大多小于 $3m^3/h$，出水量明显减小，富水性明显减弱，说明其已被改造为弱含水层，注浆效果明显。

⑤ 通过对注浆前后底板含水层富水性的物探探查，结果表明，注浆效果良好，工作面注浆前的各低阻异常区的砂岩段和灰岩段的电阻率值，在注浆后均显著升高，低阻区范围显著减小或不明显，总体富水性显著减弱，即通过注浆改造，一灰、二灰（或三灰）岩层已由含水层改造成弱含水层或隔水层，基本达到了阻隔水效果。

⑥ 通过底板震波 CT 监测，结合Ⅱ614 工作面地质资料综合分析，得出非注浆底板工作面底板采动效应特征为 i. Ⅱ614 工作面在综采条件下，其煤层底板采动破坏分带特

征明显，呈"两带"分布，其中底板岩层破坏带在 0~9.8m 范围，而裂隙发育带在 9.8~14.9m 范围，岩层中垂直裂隙与横向裂隙发育特征明显；ii.结合工作面推进情况综合分析，可得出煤层开采过程中采动应力超前的规律，该工作面采动条件下，超前应力在 10~16m 范围内。

⑦ 采用孔-巷电阻率 CT 法，对Ⅱ615、Ⅱ6112 工作面注浆改造底板采动破坏特征进行了监测得出，Ⅱ615 工作面 6 煤层开采过程中底板破坏带深度为 14m 左右，其中 8m 深度以内为岩层破坏裂隙特别发育范围；Ⅱ6112 工作面 6 煤层开采过程中底板破坏带深度为 14.5m 左右，其中 8m 深度以内为岩层破坏裂隙特别发育范围。与非注浆底板测试结果相比，两者底板破坏带均存在分带性，但注浆后底板采动破坏深度有减小的趋势。

⑧ 建立了注浆前原始底板、厚度增加底板、强度增加底板、强度厚度均增加底板、含注浆套管底板等五种底板工程地质模型，采用 FLAC^{3D} 软件对各种模型底板的采动效应进行了数值模拟，获得了各种模型的底板破坏状态、底板变形情况、底板应力和位移特征。主要表现有 i.不同岩性组合底板的岩体结构效应明显，底板破坏深度和采动应力调整形式均受到底板岩层组合结构的控制；ii.底板破坏深度不仅仅与底板厚度有关，还与具体的底板岩层结构（组合特征）有关，不同岩体结构底板即使厚度相同底板破坏深度也不同； iii.煤层底板破坏深度与煤层埋深有关，随着煤层埋深的增加，底板破坏深度呈增大的趋势；iv.注浆加固之后，底板强度提高，较未注浆加固底板破坏深度减小，尤其在注浆套管影响范围内，工作面前方表现尤为明显；v.注浆加固与改造（含注浆套管）后，工作面底板应力较未注浆加固底板明显增大，说明受采动影响小，底板整体性好，应力松动范围小；底板位移亦有同样规律，加固后底鼓量明显减小，说明注浆加固对煤层底板整体性的提升有很好的效果。

⑨ 对Ⅱ615、Ⅱ6117 工作面注浆前后底板采动效应进行了数值模拟得出，其破坏深度为注浆前分别为 16m、17m，注浆后分别为 14m、15m，均减小 2m；与底板采动现场物探监测结果基本一致。

⑩ 在研究采动效应的基础上，利用突水系数法对注浆后Ⅱ615、Ⅱ6117、Ⅱ6112、Ⅱ6119、Ⅱ628 等工作面底板突水危险性进行了评价。注浆改造后工作面底板的突水系数明显降低，符合《煤矿防治水规定》的要求，Ⅱ615、Ⅱ6117、Ⅱ6112、Ⅱ6119、Ⅱ628 工作面已实现安全带压开采，并推广应用于刘桥一矿、五沟煤矿等，取得了显著的经济效益和社会效益。

9.2　主要创新点

① 基于五图-双系数法，建立了 6 煤层底板突水危险性预评价模型，对矿井太灰水突水危险性进行了判别分区，为矿井防治水工程设计与实施提供了科学依据。

② 建立了地面注浆系统，优化了黏土水泥浆的配比方案，完善了注浆钻孔成孔工艺和注浆工艺。

③ 提出了注浆前后底板岩体结构差异性、含水层注浆改造效果的评价方法以及岩体强度计算方法和指标。

④ 基于孔-巷电阻率 CT 法对注浆后底板采动效应进行了监测，获得了注浆后底板岩层的破坏特征，并与非注浆工作面底板采动变形破坏震波 CT 探测结果进行了对比，揭示了工作面底板岩体结构注浆改造的效果，提出了底板岩层采动破坏的分带性。

⑤ 建立了五种底板工程地质模型，模拟得出各种模型的底板破坏状态、底板应力和变形特征及其差异性，揭示了工作面底板采动效应的岩体结构控制机理，为高承压岩溶水体上煤层开采底板注浆改造、水害防治技术提供了理论支撑。

参 考 文 献

安徽省地质矿产局.1987.安徽省区域地质志.北京:地质出版社

安徽省地质矿产局.1997.安徽省岩石地层.武汉:中国地质大学出版社

毕贤顺,王晋平.1997.矿井底板突水的数值模拟.淮南矿业学院学报,17(1):13~19

布雷斯 BHG,布朗 ET.1990.冯树仁等译.地下采矿岩石力学.北京:煤炭工业出版社

陈成宗.1990.工程岩体声波探测技术.中国铁道出版社

陈育民,徐鼎平.2008.FLAC/FLAC3D 基础与工程实例.北京:中国水利出版社

程九龙.2000.岩体破坏弹性波 CT 动态探测试验研究.岩土工程学报,22(5):565~568

程九龙,于师建,宋扬等.1999.煤层底板破坏深度的声波 CT 探测试验研究.煤炭学报,24(6):576~580

程学丰,刘盛东,刘登宪.2001.煤层采后围岩破坏规律的声波 CT 探测.煤炭学报,26(2):153~155

程学丰,刘盛东,张平松等.2004.缓倾角煤层开采顶底板破坏特征 CT 探测.煤炭科学技术,32(3):41~43

褚廷民,谭可夫.1999.承压开采底板破坏深度数值模拟研究.陕西煤炭科技,(1):13~19

多尔恰尼诺夫 H.A.1984.赵淳义译.构造应力与井巷工程稳定性.北京:煤炭工业出版社

冯启言,陈启辉.1998.煤层开采底板破坏深度的动态模拟.矿山压力与顶板管理,(3):71~73

高航,孙振鹏.1987.煤层底板采动影响的研究.山东矿业学院学报,(1):15~20

高延法,李白英.1992.受奥灰承压水威胁煤层采场底板变形破坏规律研究.煤炭学报,17(2):32~39

高延法,施龙青,娄华君等.1999.底板突水规律与突水优势面.徐州:中国矿业大学出版社

高召宁,孟祥瑞.2011.煤层底板变形与破坏规律电法动态探测研究.地球物理学进展,26(6):2201~2209

龚纪文,席先武,王岳军等.2002.应力与变形的数值模型方法—数值模拟软件FLAC介绍.华东地质学院学报,25(3):220~227

谷德振.1979.岩体工程地质力学基础.北京:科学出版社

谷德振.1985.中国工程地质力学的基本研究.见:地质矿产部书刊编辑室.工程地质力学研究.北京:地质出版社,11~35

关英斌,李海梅,路军臣.2003.显德汪煤矿 9 号煤层底板破坏规律的研究.煤炭学报,28(2):121~125

国家安全生产监督管理总局,国家煤矿安全监察局.2009.煤矿防治水规定.北京:煤炭工业出版社

国家煤矿安全监察局.2009.煤矿防治水规定释义.徐州:中国矿业大学出版社

国家煤炭工业局.2000.建筑物、水体、铁路及主要井巷煤柱留设与压煤开采规程.北京:煤炭工业出版社

侯进山.2013.21101 综采面底板注浆改造技术研究及应用.煤炭工程,45(6):55~57

胡荣杰,左群,程龙艺.2011.底板注浆改造技术在高承压水治理中的应用.中州煤炭,(9):91~94

贾星磊.2014.中国煤层底板突水问题的研究现状及展望.能源与节能,(10):33~34

蒋金泉,宋振骐.1987.回采工作面底板活动及其对突水的影响的研究.山东矿业学院学报,6(4):5~15

康红普.1999.回采巷道锚杆支护影响因素的 FLAC 分析.岩石力学与工程学报,18(5):534~537

克赛如 ZS.1987.矿坑突水的两个状态理论模型.水文工程地质译丛

黎良杰,钱鸣高,殷有泉.1997.采场底板突水相似材料模拟研究.煤田地质与勘探,25(1):33~36

黎良杰.1996.采场底板突水机理的研究.徐州:中国矿业大学

黎良杰, 钱鸣高. 1995. 底板岩体结构稳定性与底板突水关系的研究. 中国矿业大学学报, 24(4): 18~23

李白英. 1991. 预防采掘工作面突水的理论与实践. 矿井地质, (2): 18~38

李白英. 1999. 预防矿井底板突水的"下三带"理论及其发展与应用. 山东科技大学学报, 18(4): 11~18

李白英, 沈光寒, 荆自刚等. 1988. 预防采掘工作面底板突水的理论与实践. 煤矿安全, (5): 46~47

李彩惠. 2010. 带压开采防治水技术及研究方向. 煤矿开采, 15(1): 47~49, 108

李长春. 2005. 韩王矿煤层底板含水层注浆改造技术. 河南理工大学学报, 24(1): 18~21

李海梅, 关英斌. 2002. 综采工作面底板破坏深度的研究. 矿山压力与顶板管理, (4): 52~54

李鸿昌. 1988. 矿山压力的相似模拟试验. 徐州: 中国矿业大学出版社

李金凯. 1990. 矿井岩溶水防治. 北京: 煤炭工业出版社

李连崇. 2003. 承压水煤层底板突水的数值试验研究. 沈阳: 东北大学

李新伟, 王晓飞. 2011. 应用超声波与芯样强度对旧桥桩底岩完整性评价. 路基工程, (4): 54~56, 59

李兴高. 2000. 底板破坏型突水机理研究. 泰安: 山东科技大学

李运成. 2006. 煤层底板岩体结构对采动效应的影响研究. 淮南: 安徽理工大学

李运成, 吴基文, 胡雷. 2006. 完整水平层状结构底板采动效应研究. 矿业安全与环保, 33(2): 17~19

李自黎. 2006. 工作面煤层底板注浆改造工艺在车集矿的应用. 中州煤炭, (1): 43, 68

梁宁, 李锦昌. 2010. HZJM 型煤矿防治水地面注浆站成套设备设计. 煤炭科学技术, 38(7): 68~71

刘波, 韩彦辉. 2005. FLAC 原理、实例与应用指南. 北京: 人民交通出版社

刘长武, 陆士良. 1999. 锚注加固对岩体完整性与准岩体强度的影响. 中国矿业大学学报, 28(3): 221~224

刘传武, 张明, 赵武升. 2003. 用声波测试技术确定煤层开采后底板破坏深度. 煤炭科技, (4): 4~5

刘大刚. 2004. 公路隧道施工阶段围岩亚级分级研究. 成都: 西南交通大学

刘纪良, 于飞, 刘洪刚. 2013. 底板注浆改造治理边界水患技术研究. 山东煤炭科技, 3(2): 184~186

刘其声. 2009. 关于突水系数的讨论. 煤田地质与勘探, 37(4): 34~37

刘盛东, 李承华. 2000. 地震走时层析成像算法与比较. 中国矿业大学学报, 29(2): 211~214

刘士亮, 刘伟韬, 霍志超. 2015. 基于突变理论的底板突水危险性模糊综合评判研究. 中国煤炭地质, 27(8): 43~46

刘树才, 刘鑫明, 姜志海等. 2009. 煤层底板导水裂隙演化规律的电法探测研究. 岩石力学与工程学报, 28(2): 349~356

马超峰, 李晓, 成国文等. 2010. 工程岩体完整性评价的实用方法研究. 岩土力学, 31(11): 3580~358

孟如平, 高延法, 卢爱红. 2011. 矿井突水危险性评价理论与方法. 北京: 科学出版社

牛滨华, 孙春岩. 2007. 半无限空间各向同性黏弹性介质与地震波传播. 北京: 地质出版社

彭苏萍, 王金安. 2001. 承压水体上安全采煤. 北京: 煤炭工业出版社

朴化荣. 1990. 电磁勘探法原理. 北京: 地质出版社

钱鸣高, 缪协兴, 黎良杰. 1995. 采场底板岩层破断规律的理论研究. 岩土工程学报, (11): 55~62

邱庆程, 李伟和. 2001. 跨孔地震 CT 层析成像在岩溶勘察中的应用. 物探与化探, 25(3): 236~240

任德惠. 1989. 开采煤层底板应力的有限元分析. 煤炭科学技术, 16(1): 7~11

山东矿业学院. 1990 第三届国际矿山防治水会议论文集. 泰安: 山东矿业学院出版社

申宝宏, 张金才. 1989. 岩石力学在工程中的应用. 北京: 知识出版社

沈中其, 关宝树. 1998. 施工阶段围岩类别的定量评定方法. 上海铁道大学学报, 12(2): 12~18

施龙青. 1998. 采场底板突水力学分析. 煤田地质与勘探, (5): 36~38

施龙青. 2012. 突水系数由来及其适用性. 山东科技大学学报(自然科学版), 3(6): 6~9

施龙青, 宋振骐. 1990. 采场底板突水条件及位置分析. 煤田地质与勘探, (10): 49~52

施龙青, 韩进. 2005. 开采煤层底板"四带"划分理论与实践. 中国矿业大学学报, (1): 16~23

施龙青, 朱鲁, 韩进等. 2004. 矿山压力对底板破坏深度监测研究. 煤田地质与勘探, 32(6): 20~22

施龙青, 翟培合, 魏久传等. 2009. 三维高密度电法在底板水探测中应用. 地球物理学进展, 24(2): 733~736

施龙青, 牛超, 翟培合等. 2013. 三维高密度电法在顶板水探测中应用. 地球物理学进展, 28(6): 3276~3279

舒良树, 吴俊奇, 刘道忠. 1994. 徐宿地质推覆构造. 南京大学学报, 30(4): 638~646

苏培莉, 谷拴成, 李昂. 2014. 董家河煤矿大采深条件下底板破坏深度实测与模拟分析. 煤炭工程, 46(4): 93~95

宿淑春, 王守东, 吴律. 2001. 井间层析成像的平滑 SIRT 算法. 石油大学学报(自然科学版), 25(6): 29~31

孙广忠. 1988. 岩体结构力学. 北京: 科学出版社

唐东旗, 吴基文, 李运成. 2006. 断裂带岩体工程地质力学特征及其对断层防水煤柱留设的影响. 煤炭学报, 31(4): 455~460

铁科院西南研究所. 1978. 1976 年全国超声波检测技术交流会报告摘要. 北京: 科学技术文献出版社

王观石, 程渭民, 胡世丽. 2010. 波速和衰减对岩石力学参数和岩体结构变化的敏感性研究. 现代矿业, (4): 36~39

王桂梁, 琚宜文. 2007. 中国北部能源盆地构造. 徐州: 中国矿业大学出版社

王桂梁, 曹代勇, 姜波. 1992. 华北南部逆冲推覆、伸展滑覆和重力滑动构造. 徐州: 中国矿业大学出版社

王国际. 2000. 注浆技术理论与实践. 徐州: 中国矿业大学出版社

王辉, 黄鼎成. 2000. 地震层析成像方法及其在岩体结构中的应用. 工程地质学报, 8(1): 109~117

王吉松, 关英斌, 鲍尚信等. 2006. 相似材料模拟在研究煤层底板采动破坏规律中的应用. 世界地质, 25(1): 86~89

王家臣, 许延春, 徐高明等. 2010. 矿井电剖面法探测工作面底板破坏深度的应用. 煤炭科学技术, 38(1): 97~100

王金安. 1990. 承压水体上采煤相似模拟试验. 矿山压力与顶板管理, 7(3): 56~58

王经明, 董书宁, 吕玲等. 1997. 采矿对断层的扰动及水文地质效应. 煤炭学报, 22(4): 361~365

王连成. 2000. 矿井地质雷达的方法及应用. 煤炭学报, 25(1): 5~9

王希良, 梁建民, 王进学. 2000. 不同开采条件下煤层底板破坏深度的测试研究. 煤, 9(3): 22~23, 38

王心义. 2005. 矿井煤层底板含水层注浆改造技术. 矿业研究与开发, 25(6): 86~88

王宗明, 来永伟, 段俭君. 2016. 五图双系数法在北辛窑煤矿底板突水评价中的应用. 煤炭与化工, 39(5): 7~12, 17

王作宇. 1992. 底板零位破坏带最大深度的分析计算. 煤炭科学技术, (2): 2~6

王作宇, 刘鸿泉. 1993. 承压水上采煤. 北京: 煤炭工业出版社

魏久传, 李白英. 2000. 承压水体采煤安全性评价. 煤田地质与勘探, 28(4): 57~59

魏志勇. 1997. 杨村煤矿底板突水的工程地质研究. 徐州: 中国矿业大学

吴基文. 2003. 煤岩抗拉强度综合测试与评价. 北京: 中国科学技术出版社

吴基文. 2007. 煤层底板采动效应与阻水性能的岩体结构控制作用研究. 徐州: 中国矿业大学

吴基文, 姜振泉, 樊成等. 2005. 煤层抗拉强度的波速测定研究. 岩土工程学报, 27(9): 999~1003

吴基文, 姜振泉, 孙本魁. 2011. 煤层底板采动效应及其工程应用. 徐州: 中国矿业大学出版社

吴基文, 沈书豪, 翟晓荣. 2014. 煤层底板注浆加固效果波速探查与评价. 物探与化探, 38(6): 1302~1306

吴基文, 翟晓荣, 张海潮. 2015. 注浆加固与含水层改造底板采动效应孔巷电阻率 CT 探测研究. 地球物

理学进展, 30(2): 920~927

吴基文, 张朱亚, 赵开全等. 2009. 淮北矿区高承压岩溶水体上采煤底板水害防治措施. 华北科技学院学报, 6(4):83~86

吴玉华, 张文泉, 赵开全等. 2009. 矿井水害综合防治技术研究. 徐州: 中国矿业大学出版社

吴玉华, 赵开全, 孙本魁. 2009. 底板灰岩承压水上开采安全技术实践及认识. 煤矿开采, 14(4): 40~42

武强. 2013. 煤矿防治水手册. 北京: 煤炭工业出版社

武强, 张志龙, 马积福. 2007a. 煤层底板突水评价的新型实用方法 Ⅰ ——主控指标体系的建设. 煤炭学报, 32(1): 42~47

武强, 张志龙, 张生元等. 2007b. 煤层底板突水评价的新型实用方法 Ⅱ ——脆弱性指数法. 煤炭学报, 32(11): 1121~1126

武强, 解淑寒, 裴振江等. 2007c. 煤层底板突水评价的新型实用方法 Ⅲ ——基于 GIS 的 ANN 型脆弱性指数法应用. 煤炭学报, 32(12): 1301~1306

武强, 王金华, 刘东海等. 2009. 煤层底板突水评价的新型实用方法 Ⅳ ——基于 GIS 的 AHP 型脆弱性指数法应用. 煤炭学报, 34(2): 233~238

肖洪天, 荆自刚, 李白英. 1989. 周期来压的不同工作面长度对底板影响的电算模拟研究. 山东矿业学院学报, 8(2): 9~13

谢和平, 周宏伟, 王金安等. 1999. FLAC 在煤矿开采沉陷预测中的应用及对比分析. 岩石力学与工程学报, 18(8): 397~401

邢一飞, 张诚, 王建辉. 2016. 2007~2014 年我国煤矿突水事故分析及规律研究. 煤炭技术, 35(7): 186~188

徐树桐, 周海洲, 董树文. 1987. 安徽省主要构造要素的变形和演化. 北京: 海洋出版社

许学汉, 王杰. 1992. 煤矿突水预测预报研究. 北京: 地质出版社

杨成田. 1981. 专门水文地质学. 北京: 地质出版社

杨善安. 1994. 采场底板突水及其防治. 煤炭学报, 19(6): 620~625

冶金工业部鞍山黑色冶金矿山设计院. 1983. 国外矿山防治水技术的发展与实践. 北京: 冶金工业部出版社

易伟欣. 2013. 五图—双系数法在煤矿突水评价中的应用. 河南理工大学学报(自然科学版), 32(5): 556~560

于树春. 1997. 薄层灰岩注浆改造治理煤层底板岩溶水害. 山东煤炭科技, (1): 19~21

袁中帮, 刘以荣, 王德帝. 2009. 底板注浆改造技术在太灰高水位区的应用. 中州煤炭, (8): 77~78

臧秀平, 阮含婷, 李萍等. 2007. 岩体分级考虑因素的现状与趋势分析. 岩土力学, 28(10): 2245~2248

翟晓荣. 2015. 矿井深部煤层底板采动效应的岩体结构控制机理研究. 淮南: 安徽理工大学

张红日, 张文泉, 温兴林等. 2000. 矿井底板采动破坏特征连续观测的工程设计与实践. 矿业研究与开发, 20(4): 1~4

张金才. 1989. 煤层底板突水预测的理论与实践. 煤田地质与勘探, (4): 38~41

张金才, 刘天泉. 1990. 论煤层底板采动裂隙带的深度及分布特征. 煤炭学报, 15(2): 46~55

张金才, 刘天泉. 1993. 煤层底板采动因素的分析与研究. 煤矿开采, (4): 35~39

张金才, 肖奎仁. 1993. 煤层底板采动破坏特征研究. 煤矿开采, (3): 44~49

张金才, 张玉卓, 刘天泉. 1997. 岩体渗流与煤层底板突水. 北京: 地质出版社

张朋, 王一, 刘盛东等. 2011. 工作面底板变形与破坏电阻率特征. 煤田地质与勘探, 39(1): 64~67

张鹏, 陈剑平, 邱道宏. 2009. 基于粗糙集的隧道围岩质量可拓学评价. 岩土力学, 30(1): 246~251

张平松. 2004. 应用跨孔地震 CT 技术检测锚基基础断裂. 地质与勘探, 40(5): 87~89

张平松, 刘盛东, 吴荣新. 2004. 地震波 CT 技术探测煤层上覆岩层破坏规律. 岩石力学与工程学报, 23(15): 2510~2513

张平松, 吴基文, 刘盛东. 2006. 煤层采动底板破坏规律动态观测研究. 岩石力学与工程学报, 25(s1): 3009~3013

张文泉, 张红日, 徐方军等. 2000. 大采深倾斜薄煤层底板采动破坏形态的连续探测. 煤田地质与勘探, 28(2): 39~42

张勇. 2016. 基于"五图—双系数法"的带压开采煤层底板突水危险性评价. 中国煤炭地质, 28(5): 46~49, 54

张自政, 杨勇, 田立娇等. 2010. 模糊评价分类模型在矿井底板突水判别中的应用. 矿业安全与环保, 37(6): 41~43

赵兵文. 2008. 葛泉矿煤层底板承压隔水层整体注浆加固技术. 煤炭科学技术, 36(10): 86~88

赵贤任, 刘树才, 李富等. 2008. 煤层底板破坏带电阻率法异常特征研究. 工程地球物理学报, 5(2): 164~168

郑晨, 李博, 吴基文. 2014. 黏土—水泥浆室内实验研究及其在煤层底板注浆改造中的应用. 工程勘察, 42(3): 5~10

中国科学院地质力学研究所, 国家地震局地震地质大队. 1981. 地应力测量的原理和应用. 北京: 地震出版社

中国科学院地质研究所. 1992. 中国煤矿岩溶水突水机理的研究. 北京: 科学出版社

中国水泥标准化技术委员会. 2008. 中华人民共和国国家标准: 通用硅酸盐水泥(GB175－2007). 北京: 中国标准出版社

中华人民共和国水利部. 2015. 工程岩体分级标准(GB/T 50218－2014). 北京: 中国计划出版社

朱第植, 王成绪. 1998. 原位应力测试在底板突水预测中的应用. 煤炭学报, 23(3): 295~299

朱术云, 鞠远江, 赵振中等. 2009. 超化煤矿"三软"煤层采动底板变形破坏的实测研究. 岩土工程学报, 31(4): 639~642

Chen C Z, Wan S C. 1984. The Stability of surrounding Rock and its control of Railway Tunnel in weak Rock. Chinese Journal of Rock Mechanics & Engineering, 173~180

Duncan Fama M E, Pender M J. 1980. Analysis of the Hollow Inclusion technique for measuring in situ rock stress. International Journal of Rock Mechanics and Mining Sciences, 17(3): 137~146

Gerard C M. 1982a. Elastic models of rock masses having one, two and three sets of joints. Int J Rock Mech Min Sci & Geomech Abstr, 19: 15~23

Gerard C M. 1982b. Equivalent elastic model of a rock mass consisting of orthorhombic layers. Int J Rock Mech Sci & Geomech Abstr, 19: 9~14

Hu W T, Zhang X Z. 2001. Evaluation ways about integrity of the engineering rock mass. Journal of Xi'an Engineering University, 23(3): 50~55

Kuriyagawa M, Kobayashi H, Matsunaga I et al. 1989. Application of hydraulic fracturing to three-dimensional in-situ stress measurement. Int J Rock Mech Min Sci and Geomech, Abstr, 26: 587~593

Kuznetsov S V, Trofimov V A. 2002. Hydrodynamic effect of coal seam compression. Journal of Mining Science, 39(3): 205~212

Nevolin N V, Shilkov B P, Potepko V M. 2003. Sudden rock failures in miming coal seams of the kizel basin. Journal of Mining Science, 39(1): 21~28

Oad M. 1986. An equivalent model for coupled stress and flow analysis in jointed rock masses. Water

Resources Research, 22(7): 1945~1956

Salis M, Duckstein L. 1983. Mining under a limestone aquifer in southern Sardinia: a multiobjective approach Geotechnical and Geological Engineering, 1(4): 357~374

Singh R N, Jakeman M. 2001. Strata monitoring investigations a round Longwall Panels Beneath the cataract reservoir. Mine Water and the Environment, 20: 55~64

Wolkersdorfer C, Bowell R. 2005. Contemporary reviews of mine water studies in Europe. Ming Water and the Environment, 24

Wolkersdorfer C, Bowell R, O'Sullivan A D et al. 2012 Erratum to: contemporary reviews of mine water studies in europe, Part 3. Mine Water and the Environment, 23(3): 161